U0151851

活动断裂带工程地质调查研究理论与实践

——以安宁河断裂带为例

周洪福　符文熹　唐文清　刘　彬　等著

科学出版社

北京

内 容 简 介

本书紧紧围绕制约活动断裂带地区重大基础设施规划建设迫切需要解决的工程地质和关键科学技术问题，以安宁河断裂带为例，采用多种技术方法手段，开展活动断裂带工程地质与地质灾害综合研究。对安宁河断裂带几何学、运动学、现今分段活动性特征进行系统调查，查明断裂带附近地质灾害发育分布特征以及与断裂带关系。探索活动断裂带地质灾害效应，研究活动断裂带对地质灾害影响控制作用，揭示内外动力耦合作用下地质灾害成灾机理。通过物理模型试验和三维数值仿真试验，分析地震工况下，大型工程边坡岩体和隧道围岩破坏模式和机制以及动应力响应特征，为青藏高原东缘活动断裂带地区、强震山区重大基础设施规划建设以及防灾减灾提供科学依据和地质支撑。

本书可供从事地震地质、工程地质、地质灾害、重大基础设施规划建设领域的科研和工程技术人员以及高等院校相关专业的教师和研究生参考。

图书在版编目(CIP)数据

活动断裂带工程地质调查研究理论与实践：以安宁河断裂带为例 / 周洪福等著. — 北京：科学出版社，2020.12
ISBN 978-7-03-066591-1

Ⅰ.①活… Ⅱ.①周… Ⅲ.①活动带-地质调查-研究-四川 Ⅳ.①P315.2

中国版本图书馆 CIP 数据核字 (2020) 第 211368 号

责任编辑：罗 莉 / 责任校对：彭 映
责任印制：罗 科 / 封面设计：墨创文化

科 学 出 版 社 出版
北京东黄城根北街 16 号
邮政编码：100717
http://www.sciencep.com

四川煤田地质制图印刷厂印刷
科学出版社发行 各地新华书店经销

*

2020 年 12 月第 一 版 开本：787×1092 1/16
2020 年 12 月第一次印刷 印张：15 3/4
字数：373 000

定价：248.00 元
(如有印装质量问题，我社负责调换)

作 者 名 单

周洪福　　符文熹　　唐文清

刘　彬　　叶　飞　　巴仁基

徐如阁　　秦雅东　　马晓波

前　　言

　　青藏高原东缘地处青藏高原向云贵高原和四川盆地过渡区，大部分位于横断山区，涉及川、滇、藏、陕、甘五省区，是我国乃至全球地形陡度最大、内外动力地质作用最强烈、气候变化极端频繁的区域。区内地形陡峻，高差达 4000m。新构造运动活跃，地震频发，滑坡、泥石流、山洪等山地灾害广泛发育、活动频繁，是我国山地灾害发育最典型的地区，同时也是工程地质条件最复杂的地区。特殊的地形加上内外动力强烈作用，使得青藏高原东缘地质环境条件具有鲜明的特殊性和复杂性，可以总结为"四高四不利"：高陡地形、高地震烈度、高寒高海拔和高地应力，不利的构造背景、不利的岩土特征、不利的气候条件和不利的人口分布。

　　近年来随着国民经济的快速发展以及国家重大战略的逐步实施，在青藏高原东缘规划部署并陆续开工建设了一大批大型、超大型、巨型工程，在交通工程方面有川藏铁路、川藏高速公路、成兰铁路、渝昆铁路等。在水电工程方面有金沙江水电基地、澜沧江水电基地、大渡河水电基地、雅砻江水电基地等，以及中缅石油管道、西气东输、西电东送等重大工程。由于青藏高原东缘地质环境条件的特殊复杂性，这些重大战略工程的选址选线以及规划建设不可避免的将会遇到多条活动断裂以及高地震烈度区、高地应力区，成了摆在我国工程地质学者面前一个必须解决的"拦路虎"，也对活动断裂带工程地质调查研究提出了更高的要求。为此，本书以安宁河断裂带为例，从活动断裂带特征入手，通过多种技术方法，在调查研究活动断裂带空间展布、几何学、运动学以及活动性特征的基础上，查明断裂带附近地质灾害发育分布特征，总结断裂带对大型地质灾害控制模式，分析活动断裂带地质灾害效应，研究活动断裂诱发地震工况下，大型工程边坡岩体、隧道围岩破坏模式和机理以及动应力响应特征，为青藏高原活动断裂带地区以及强震山区重大基础设施规划建设和防灾减灾提供地质支撑。

　　根据研究区活动断裂与区域工程地质特征，在广泛收集已有相关地质资料的基础上，采用遥感解译与地面调查相结合、工程地质钻探与地球物理探测相结合、路线地质调查与重点地段大比例尺填图相结合、高精度全球定位系统(global positioning system，GPS)监测与断裂带测年相结合、物理模型试验与三维数值仿真试验相结合的技术方法，针对活动断裂带特征以及活动断裂带诱发的工程地质问题，开展活动断裂带工程地质调查研究。采用的主要技术方法和手段包括：

　　(1)已有资料收集与整理分析：主要收集国内外已有文献、调查区活动断裂、地震地质、工程地质、地质灾害以及各类城镇和大型工程规划建设有关的调查和研究成果。

　　(2)野外调查：野外调查是本次调查评价工作的主要工作手段之一。主要进行活动断裂、工程地质以及地质灾害调查。查明工作区活动断裂空间展布特征和活动性、工程地质条件以及地质灾害发育分布特征。

（3）遥感地质解译：主要解译区域地质环境条件、人类工程活动、地质灾害发育分布情况，用于指导地面调查。

（4）物探、钻探、槽探：主要用于辅助查明活动断裂位置、特征、性状以及地质灾害边界特征和物质结构类型。

（5）扫描电子显微镜（scanning electron microscope，SEM）测试：利用野外采集的断层泥样品进行石英微形貌观察统计，通过观察结果研究断层的活动方式。

（6）高精度 GPS 监测：应用现代构造学的理论，采用构造重点解剖和数据二次开发方法，以地块及断裂现今活动为主要研究对象，分析安宁河断裂带不同地段现今活动性质及特征。

（7）活动断裂带地质灾害效应研究：根据野外调查和遥感解译结果，对安宁河活动断裂沿线地质灾害进行耦合分析，揭示活动断裂对地质灾害的影响控制作用以及断裂带活动性差异对地质灾害发育分布的影响。

（8）典型地质灾害分析：采用现场调查、遥感解译、物探、钻探等技术手段，结合室内试验和数值模拟，研究受安宁河断裂影响控制的典型地质灾害，分析其成因机制和成灾模式。

（9）物理模型试验：以相似理论为基础，在满足基本相似条件下，通过模型试验分析研究地震工况下，大型工程隧道围岩和边坡岩体破坏模式、破坏机理和动力响应特征。

（10）数值仿真试验：根据物理模型试验，建立三维数值仿真模型，输入地震参数，分析结果作为物理模型试验的一种补充，同时也验证物理模型试验结果的科学性和合理性。

本书的撰写人员具有丰富的野外调查经验和相关专业知识，涉及的专业包括水文地质、工程地质、环境地质、遥感地质、构造地质、土木工程、岩土工程、水利工程等，整体业务能力强。研究过程中充分发挥团队成员的特点和优势，加强产学研紧密结合，体现各学科优势互补。具体编写分工如下：

内容简介及前言：周洪福撰写。主要介绍研究思路、研究意义以及取得的主要进展。

第 1 章：周洪福、巴仁基、唐文清、徐如阁撰写。主要介绍研究区自然地理、地质构造背景、地球物理场特征、新构造运动特征、构造应力场特征和地震情况，从工程地质角度阐述研究区的地层岩性和工程地质岩组。

第 2 章：唐文清、秦雅东撰写。根据资料收集整理、现场调查、遥感解译、高精度 GPS 监测、SEM 测试等技术手段，查明安宁河断裂带形成演化过程以及几何学、运动学、活动性特征，将安宁河活动断裂带进一步细分为 17 条全新世活动断裂，根据 GPS 监测结果获得安宁河断裂带不同部位现今分段活动速率。

第 3 章：刘彬、周洪福、马晓波撰写。通过遥感解译、野外调查等技术手段，查明安宁河断裂带石棉-冕宁段、冕宁-西昌段、西昌-德昌段地质灾害发育分布特征，分析地质灾害与断裂带关系。

第 4 章：周洪福、巴仁基、徐如阁撰写。归纳总结地震滑坡动力效应，采用数值模拟技术分析断裂带不同空间组合关系对斜坡稳定性影响控制作用。研究总结安宁河断裂带附近大型滑坡发育分布特征，同时分析断裂带活动性与大型滑坡发育之间的关系，总结安宁河断裂带对大型滑坡的 4 种控制模式，选取受安宁河断裂影响控制的典型滑坡进行重点解剖分析。

第 5 章：符文熹、叶飞、周洪福撰写。在阐述活动断裂带引发的工程地质问题以及国内外研究现状的基础上，开展物理模型试验和三维数值仿真试验，研究活动断裂带和高地震烈度地区，地震工况下大型隧道围岩和边坡岩体破坏模式、机理和动力响应特征。

第 6 章：周洪福撰写。基于取得的研究成果，总结得到的主要认识，并提出下一步的研究建议。

书稿完成后，由周洪福进行统稿。除上述标注的撰写人员外，参加本项研究工作的人员还有：李富、廖国忠、张清志、郎少林、赵江龙、袁星宇、向云龙、郑双、罗菲、刘晓宇、秦承运、蒋清明、王文坡、李巧学、许英杰。他们不同程度地参与了相关资料收集、野外调查、室内试验、资料整理、图件编制和分析研究工作，为本项研究成果的最终完成做出了贡献。

本书的出版得到了作者所在单位的大力支持与帮助。特别感谢中国地质科学院水文地质环境地质研究所张永双研究员，中国地质科学院地质力学研究所谭成轩研究员、吴树仁研究所、李滨研究员、吴中海研究员、孙萍研究员、王涛副研究员、郭长宝副研究员，四川大学刘建峰教授，四川省地质调查院成余粮教授级高级工程师、王军教授级高级工程师，中国地质大学(北京)文宝萍教授，中国地震局地壳应力研究所张世民研究员，他们对本项目的研究提供了很多思路与建议，同时也在野外调查和资料共享方面给予了大力支持。在项目的组织实施过程中，始终得到中国地质调查局水文地质环境地质部郝爱斌主任、石菊松处长、乐淇浪副处长等给予的多方面指导和帮助。本书出版得到中国地质调查局成都地质调查中心李文昌主任、胡世友书记、齐先茂副主任、谢渊副主任、李建星副主任、郑万模教授级高级工程师等不同形式的支持。借此机会，特向对本项目研究提供帮助、支持和指导的所有领导、专家、同事和同行表示衷心的感谢！

本书提出一套活动断裂带工程地质调查研究的理论与技术方法，研究成果有助于提高安宁河活动断裂带工程地质调查研究程度，推动活动断裂带工程地质和地震工程地质调查研究方法和技术的进一步发展，依托本书的研究成果，已授权发明专利 10 件，实用新型专利 5 件，发表多篇高质量文章。研究成果为活动断裂带和高地震烈度山区大型工程选址选线以及工程边坡和隧道支护措施设计、灾害防治提供科学建议，具有重要的理论指导和实践意义。

由于活动断裂带工程地质调查研究涉及多个学科领域，虽然作者对本书的全部内容和研究成果反复校核力求准确无误，在语言和用词上逐行推敲以期简而不疏。但是限于笔者水平，疏漏和不妥之处仍然在所难免，敬请同行专家批评指正。

目　　录

1 区域地质环境条件

1.1 自 然 地 理

1.1.1 地形地貌

研究区位于四川省南部和西南部,主要涉及四川省雅安市和凉山彝族自治州(简称凉山州)。区内交通状况较好,目前建成使用的主要有成昆铁路、G5 高速雅安-西昌段、G108 国道。另外区内还有西昌机场、攀枝花机场和西昌卫星发射中心等重要基础设施。

区内海拔为 261~5783m,最高点在甘孜藏族自治州(简称甘孜州)九龙县。总体地势北高南低,西高东低,山脉水系严格受构造控制,呈南北向延伸,近于由北向南展延的山脉主要有大雪山系的牦牛山和大凉山系的小相岭、螺髻山、大小凉山等。参考中国 1∶400 万数字地貌数据集可知,工作区地貌以中海拔冲积洪积台地、中高海拔中起伏山地、中高海拔大起伏山地为主,局部出露高海拔极大起伏山地等地貌(图 1-1)。

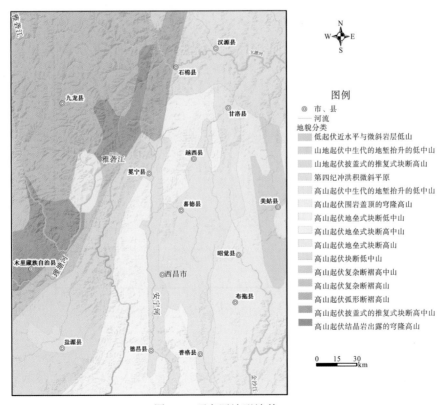

图 1-1 研究区地形地貌

1.1.2 气候与水文

1. 气候

研究区属亚热带气候，雨量充沛，全区多年平均降雨量 1000 mm 左右。但季节性分布不均，夏秋多雨，冬春干旱，每年 5～10 月为雨季，降雨量占全年 90%以上，多大雨、暴雨和夜雨。洪水大多出现在 6～9 月，洪水发生的时间、历时和大小，均与暴雨发生的时间历时和强度相应。由于流域内地形起伏较大，岸坡陡峻，支流短促而比降大，汇流时间短，山洪暴发时，来势汹涌，突发性强，易于成灾，工作区多年平均降雨量等值线见图 1-2。

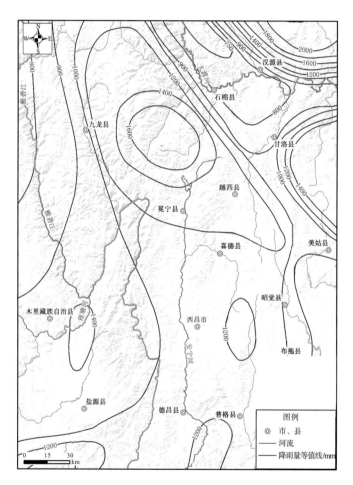

图 1-2 研究区多年平均降雨量等值线图

2. 水文

研究区内主要河流为雅砻江和大渡河，雅砻江为金沙江一级支流，大渡河为岷江一级支流（图 1-3）。雅砻江发源于青海省巴颜喀拉山南麓，东南流入四川省西北部，在甘孜县以下称雅砻江，沿大雪山西侧经新龙、雅江等县至攀枝花市注入金沙江。长 1187km，流域面积 14.4 万 km²。工作区内雅砻江干流由北向南流经木里县、冕宁县、西昌市、盐源县、德昌县、盐边县。大渡河发源于青海省玉树藏族自治州阿尼玛卿山脉的果洛山南麓，河流源头为足木足河，向东南流经阿坝县与马尔康市境接纳梭磨河、杜柯河后称大金川，向南流经金川县、丹巴县，于丹巴县城东接纳小金川后始称大渡河，再经康定市、泸定县、石棉县转向东流，经汉源县、峨边彝族自治县等，于乐山市城南注入岷江，全长 1062km，流域面积 7.77 万 km²。

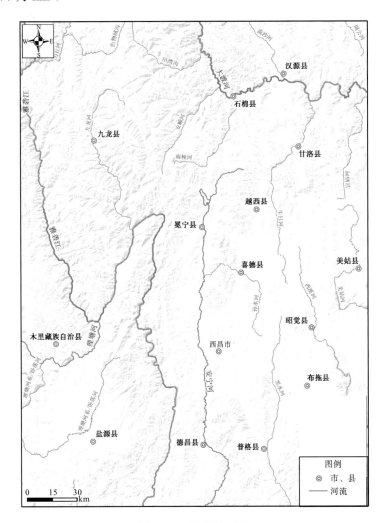

图 1-3　研究区水系图

安宁河是工作区的一条重要水系，为雅砻江下游段的最大支流，发源于冕宁拖乌北部羊洛雪山牦牛山的菩萨冈，全长 326km，干流长 303km，流域面积 1.12 万 km²。冕宁大桥水库以上为上游，冕宁到德昌黄水塘附近为中游，黄水塘以下为下游。安宁河水量丰沛，径流主要是降雨和地下水补给，时空变化规律同降雨基本一致，年际变化不大，年内分配极不均匀，径流深由北向南递减，出界处多年平均流量 217m³/s，径流量 69.1 亿 m³。主要支流有 24 条(表 1-1),其中流域面积大于 500 km^2 的有 4 条,即孙水河、海河、茨达河、锦川河。小于 500 km^2、大于 100 km^2 的河流 19 条。干支流多以直角交汇,形成典型的羽状水系。全区水能蕴藏量 272 万千瓦。

表 1-1 安宁河主要支流统计表

河 名	流域面积/km^2	河流高差/m	支流长/km	比降/‰	多年平均流量/(m^3·s^{-1})
苗冲河	394.7	4280～1941	34	69	17.50
北径河	401.3	3900～1941	34	58	17.80
曹古河	118.9	3940～1876	21	98	4.52
樟木河	155.9	4020～1831	28	78	6.43
南河	404.3	3950～1756	37	59	12.20
马尿河	120.7	4000～1751	24	94	3.64
河边河	200.5	2750～1620	30	38	4.77
孙水河	1617.5	3040～1616	95	15	37.20
沙坝河	279.0	3400～1580	30	61	5.75
热水河	161.4	2950～1548	36	39	2.46
拖琅河	263.7	2400～1546	27	32	4.18
海河	770.4	2800～1496	41	32	11.70
西溪河	175.4	3640～1478	23	94	2.22
麻栗河	138.0	3650～1398	23	98	1.97
茨达河	555.6	2540～1312	49	25	11.50
二道沟	137.2	3450～1260	17	12.9	3.06
乐跃沟	103.9	3300～1243	30	69	2.31
锦川河	918.0	2680～1195	57	26	20.40
摩挲河	243.3	2400～1152	39	32	5.01
桂榜河	116.0	2350～1121	28	44	2.39
草场河	99.9	2100～1082	26	39	2.06
橄榄河	118.6	2940～1060	21	90	2.26
新河	166.6	2300～1050	33	38	3.06
楠木河	277.9	2400～1030	33	41	4.85

1.2 地 质 构 造

1.2.1 区域地质构造背景

印度板块与欧亚板块的碰撞、汇聚形成了青藏高原。青藏高原地质构造复杂多样,是中国大陆地壳运动和变形最强烈的地区(Molnar et al.,1984;Tapponnier,1975)。其活跃的新构造运动、强烈的地震活动、剧烈的环境变迁对我国乃至亚洲大陆自然环境产生巨大的影响(孙鸿烈等,1998)。青藏高原具有最广阔、最活跃的陆内造山带,产生了一系列典型的大陆地质构造，是研究大陆地壳运动形变的天然实验室。

青藏高原东缘作为青藏高原的重要组成部分，位于活跃的青藏板块和相对稳定的华北及华南两大板块过渡带，是印度板块和欧亚大陆汇聚所产生重要变形区。在持续的板块碰撞、陆内汇聚以及深部物质流动的作用下，引起地壳大规模、高强度变形，在该区形成了错综复杂的地质构造和边界条件，是中国大陆地壳最活跃的地区之一，在地球动力学、运动学研究中占有重要的位置。得天独厚的地质构造也为研究地壳运动和变形提供了条件。

在青藏高原的形成演化过程中，由于持续的板块碰撞、陆内汇聚以及深部物质流动的作用影响，青藏高原东缘地壳隆升、挤压、碰撞，并引起地壳大规模、高强度变形，地壳内部进行不同层次的构造变动，地壳内部非均匀形变及地质条件的复杂性造成了地壳的不同部位运动具有不均匀性，在地壳相对薄弱地带形成了一系列规模宏大的活动断裂。不同方向、不同性质的断裂进而组成一条复杂断裂构造带。不同性质的活动裂将地壳切割成各种类型的活动块体(张培震，1999)。活动地块及其相邻的断裂有机地组合在一起，在空间上相互依存、物质上相互补偿、动力上相互转换，组成一个相互联系不可分割的系统，成为统一地球动力学系统的一对孪生体。活动地块、活动断裂相互作用、相互影响，使得青藏高原东缘表现出不同构造性质及运动特征，呈现出复杂多变的构造图像。这些不同规模、不同性质的断裂组成的断裂带及不同层次的活动地块作为基本构造单元，构成区域基本构造框架。

1.2.1.1 活动地块特征

在青藏高原东缘，高原地壳内部长期的强烈构造变动，形成了大量的活动断裂。这些活动断裂又将地壳切割成大小不同、形状各异的活动地块。不同层次、不同大小的活动地块以及不同期次、不同性质和强度的活动断裂一起，共同决定了青藏高原东缘的构造格架(图1-4)。中国大陆晚新生代和现代构造变形以块体运动为主要特征(邓起东等，1980；马杏垣，1989；丁国瑜，1991；张培震，1999)。断裂将地壳切割成为一系列不同级别的活动地块。不同级别地块之间的构造变形在更大区域框架下具有协调性，地块内部构造变形、地震活动和地球物理场具有相似性。

根据工作区活动地块内部构造变形、地震活动和地球物理场等特征，结合马杏垣(1989)、丁国瑜(1991)及张培震等(2003)活动构造块体的划分方案，将青藏高原东缘被西秦岭、鲜水河、安宁河、则木河、小江、红河、金沙江等深大断裂所分割和围限区域划分为川青地块、川滇地块、华南地块、印支地块，对各地块描述如下：

1. 川青地块

川青地块位于青藏高原东缘的西北部，是由构造活动相对较强的西秦岭断裂带、鲜水河断裂带、龙门山断裂带所围限的区域。西南与川滇地块、东与华南地块相邻，为活动性较强的地块。地块内的活动断裂主要有作为组成"雪山隆起"边界的岷江断裂、塔藏断裂、虎牙断裂、叶塘断裂、元宝山断裂等。

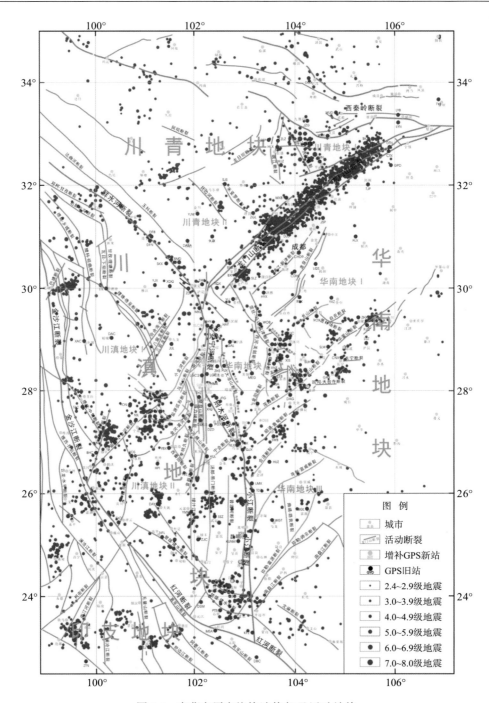

图 1-4　青藏高原东缘构造格架及活动地块

　　根据地块内部的运动形变特征，以岷江断裂为界，将川青地块进一步分成川青地块
Ⅰ、Ⅱ次级活动块体。川青地块Ⅰ次级块体为龙门山断裂中北段、岷江断裂及西秦岭断
裂所围区域，反映了川青地块东北部的运动特征。川青地块Ⅱ次级块体为岷江断裂、龙
门山断裂中南段、鲜水河断裂所围区域，反映了川青地块西南部的运动特征。

2. 川滇地块

川滇地块位于青藏高原东缘的西南隅,通常称为川滇菱形块体,是中国大陆地震活动最为强烈的地区之一,晚第四纪构造活动十分强烈。川滇菱形地块是由现今构造活动强烈的鲜水河断裂、安宁河断裂、则木河断裂、小江断裂、红河断裂、金沙江断裂等深大断裂带围成的区域。北部与川青地块、东部与华南地块相邻,西南部与印支地块相邻。川滇菱形地块西侧边界断裂为右旋走滑运动特征,东侧边界断裂为左旋走滑运动特征。地块内活动断裂主要有丽江-小金河断裂、南华-楚雄断裂、磨盘山-绿汁江断裂等。

以丽江-小金河断裂为界,将川滇地块分成北川滇次块体(川滇地块Ⅰ)和南川滇次级块体(川滇地块Ⅱ)。川滇地块Ⅰ所在的区域位于地块西北,代表了地块西北部的运动特征。川滇地块Ⅱ所在的区域位于地块东南,代表了地块东南部的运动特征。

3. 华南地块

华南地块位于青藏高原东缘的东面,为大华南地块的一部分,包括四川、云南部分地区。该地块活动性相对较小,西侧分别与川青地块、川滇地块、印支地块相邻。地块内活动断裂相对较少,主要有新津断裂、龙泉山断裂、曲靖-昭通断裂、荥经-马边-盐津断裂等,属相对较稳定地块。

以峨边-马边断裂、华蓥山断裂、曲靖断裂为界,华南地块可被进一步分为华南地块Ⅰ、Ⅱ、Ⅲ次级块体。华南地块Ⅰ次级块体为龙门山断裂中北段、峨边-马边断裂、华蓥山断裂所围区域,位于四川盆地,反映了华南地块北部地区的运动特征。华南地块Ⅱ次级块体为安宁河-则木河-小江断裂、峨边-马边断裂、莲峰断裂所围区域,覆盖了四川盆地南缘及云南部分地区,反映的是华南地块中西部的运动特征。华南地块Ⅲ次级块体被红河断裂、小江断裂、莲峰-华蓥山断裂所围区域,反映的是华南地块南部地区的运动特征。

4. 印支地块

位于青藏高原东缘的南面,主要属于云南南部地区。北部以金沙江断裂带、红河断裂带为界,西侧以班公湖-怒江断裂带为界,分别与华南地块和川滇地块相邻,地块活动性中等。

1.2.1.2 活动断裂特征

受到青藏高原南东向的挤压作用以及华北地块和华南地块阻挡作用的影响,青藏高原东缘及邻区发育有多条规模宏大、具有重要影响的边界活动断裂,这些断裂组成的区域构造格架控制了这一地区的构造活动和主要地震活动分布,也影响本区地壳活动。

研究区主要活动断裂近30条,主要为一系列北西向、南北向及北东向的断裂(图1-5)。其中,北西向的断裂形成时代相对较晚,近期活动强烈,主要有理塘-德巫断裂、则木河断裂、荥经-马边-盐津断裂、大凉山断裂。南北向断裂主要有安宁河断裂、程海断裂、小江断裂、磨盘山断裂、昔格达断裂、绿汁江断裂、汤郎-易门断裂、普渡河断裂等。北东向的断裂主要有丽江-小金河断裂、金河-箐河断裂、宁会断裂、莲峰断裂、昭通-鲁甸断裂等。各主要活动断裂特征见表1-2,描述如下:

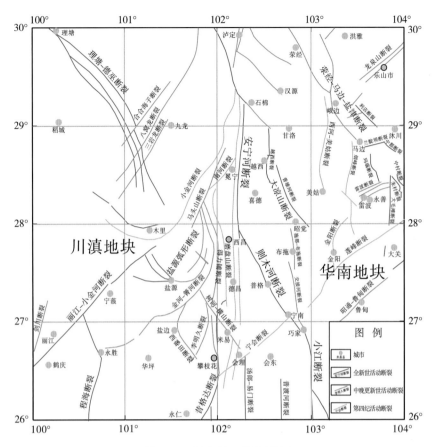

图 1-5　研究区主要断裂简图

表 1-2　研究区主要活动断裂带发育情况一览表

序号	断裂带名称	断裂性质	长度/km	走向	倾向	倾角/(°)	活动时代	地震活动
1	安宁河断裂**	左旋走滑	170	SN	E/W	陡	Q_h	强烈地震活动带
2	则木河断裂**	左旋走滑	120	NNW	NE/NW	陡	Q_h	强烈地震活动带
3	小江断裂**	左旋走滑	450(120)	SN	NWW/SEE	较陡	Q_h	强烈地震活动带
4	理塘-德巫断裂	左旋挤压	120	NW	NE/SW	80	Q_h	发生过 5 级、7 级大震
5	剑川断裂	左行逆冲	130	NNW	SE	50~70	Q_p^{2-3}	
6	丽江-小金河断裂*	逆冲左旋走滑	360	N40°E	NW	陡	Q_p^{2-3}	地震活动频繁且较强,全新世以来三次古地震
7	马头山断裂	压扭	100	NE20°~40°	NW	60	Q_p^{2-3}	无
8	南河断裂	压扭	70	NNE-SN	NW	50~60	Q	无
9	盐源弧形断裂*	压扭	70	NE-SN	NW	60	Q_p^{2-3}	强烈地震活动带
10	程海断裂	左旋走滑	200	SN	W	较陡	Q_h	发生过 6 级地震
11	金河-箐河断裂	压扭		NE	W	40~70	Q_p^{2-3}	
12	西番田断裂	压扭	60	SN	W	60~73	Q_p^{2-3}	

续表

序号	断裂带名称	断裂性质	长度/km	走向	倾向	倾角/(°)	活动时代	地震活动
13	李明久断裂	压扭	70	SN	E/W	53～85	Q_p^{2-3}	
14	树河-横山断裂	反扭	46	N35°W	NE	60	Q_p^{2-3}	
15	得力铺断裂	压扭	150	SN	E/W	陡	Q_p^{2-3}	
16	磨盘山断裂	压扭	410	SN	SW	65～78	Q	
17	昔格达断裂	压性断裂	100	SN	E/W	60～70	Q_h	多次地震活动
18	绿汁江断裂*	左旋走滑	150(20)	SN	E/W	陡	Q_p^2	多次地震活动
19	汤郎-易门断裂*	左旋扭动	230(80)	SN	W	70	Q_p^{2-3}	北段1995年曾发生过6.5级地震
20	普渡河断裂*	左旋扭动	250(60)	SN	W	陡	Q_p^3	中、小震活动频繁; 1985年禄劝发生过6.3级地震
21	大凉山断裂*	左旋走滑	280	NW/SN	E	陡	$Q_p^{2-3}-Q_h$	由4条次级断裂组成。2014年越西发生过5.0级地震
22	西河-美姑断裂	压扭	140	SN	W	60～80	Q_p^{2-3}	
23	金阳断裂	压扭	80	NE	W	60～80	Q	
24	烟峰断裂	压扭	170	SN	W	60～80	Q	
25	荣经-马边-盐津断裂*	左旋逆冲	275	NW/NNW	SW	陡	$Q_p^3-Q_h$	由9条规模不等的纵向断裂和数条横向断裂组成宽25～30km北西向逆冲断裂带。地震活动北弱南强。2015年发生过5.0级地震
26	宁会断裂	右旋逆冲	70	NE	SE	陡	Q	与北北西断裂向交会部位是中强地震的场所
27	莲峰断裂	右旋逆冲	160	NE	SE	陡	Q_p^{2-3}	与北北西断裂向交会部位是中强地震的场所
28	昭通-鲁甸断裂*	右旋逆冲	130	NE	NW/SE	30～50	Q_h	2014年鲁甸发生过6.5级地震

注: ① 断裂右上角**为已较详细调查断裂; 断裂右上角*为已少量调查断裂; 其余为极少或没有调查断裂。

② 断裂长度: 600(100)为断裂总长(工作区出露长度)。

1. 主边界活动断裂带

1) 鲜水河断裂带

鲜水河断裂带是川青地块与川滇地块的边界断裂, 形成于中生代晚期-新生代早期, 是一条具有多期活动的左旋平移剪切带。该断裂的滑动速度高, 地震强度大, 是中国大陆地震活动最强的断裂之一(赵翔, 1985; 闻学泽等, 1989; Allen et al., 1991; 程万正等, 1994, 2002; 周荣军等, 1996, 2001; 车兆宏等, 2001)。断裂在几何学、运动学和地震活动性等方面具有明显的特征(程万正等, 2003; 邓起东等, 1994)。

鲜水河断裂带西北起甘孜北面, 南东止于康定以南。断裂总体走向呈北西40°～50°, 长约350km, 规模宏大, 为区域主体构造。根据断裂的活动特征, 鲜水河断裂带可分成两段, 即北西段、南东段。北西段为炉霍-道孚, 起于甘孜附近, 结构较为简单, 断裂走向东南，终止于道孚附近。南东段为道孚-康定，起于道孚以南，止于康定附近，主要由多条大致平行的羽列分支断裂组成。鲜水河断裂带作为川西巨型左旋走滑断裂的重要组成部分，在几何学、运动学和地震活动性等方面特征明显。鲜水河断裂带的几何学特征：断裂的北西段相对比较简单，属于"单一型"几何结构。南东段则由康定断裂、折多塘断裂、磨西断裂等多条分支断裂组成，在平面上，它们构成一个复杂的"帚状"几何结构(李坪等，1993；潘懋等，1994)。

鲜水河断裂带是一条活动断裂，历史上具有多期活动的特征，现今仍在活动(钱洪等，1988)。沿整个鲜水河断裂带，第四纪晚期以来形成的如断错水系、断错冲积扇、断错阶地、断错山脊和沟谷、断层崖等断错地貌丰富且保存完整、清晰，表明全新世以来鲜水河断裂具有强烈构造活动。同时，断裂带运动特征可以从地震裂缝得到体现。地震活动形成反"多"字形地裂缝带，这些反"多"字形地裂缝是断层水平剪切运动的产物。裂缝以张扭性的为主，伴有少量压性和扭性结构面，其组合形式有反"多"字形、斜列式、锯齿状和棋盘格式等四种，反映的运动方式以水平运动为主。新构造、地震地质、地形变等研究发现该断裂带活动具有明显的分段性。断裂北西段受近东西向的主压应力作用，呈现左旋压扭活动，且以水平蠕滑为主。断裂东南段受近东西向的主压应力控制，断层面形成较大的剪应变。鲜水河断裂带的北西段、东南段运动速度也存在着一定的差异(李天绍等，1985)。

鲜水河断裂带是我国巨型左旋走滑地震断裂的重要组成部分，是全球近代最活跃的地震断裂之一(江在森等，2001；李铁明等，2003)，历史上多次发生 6.0 级以上地震。地震活动具体到鲜水河断裂各段又有差异，北西段活动性大，为地震多发区，而与此对应的东南段却相对较小。地震的活动与断裂的几何学特征、周围断裂的组合方式密切相关(龙思胜等，2000)。

2) 龙门山断裂

龙门山断裂带位于青藏高原东缘的中部，地处青藏高原和四川盆地之间，是川青地块与华南地块的边界断裂，是由一系列压性、压扭性断裂及褶皱组成的著名逆冲断裂带(卢华复等，1993；林茂炳等，1996；杨晓平等，1999)，也是活动强烈的青藏高原与活动较弱的华南地块挤压拼接的交汇部位之一(陈富斌，1992；许志琴等，1992；陈社发等，1994)。龙门山断裂带南起泸定、天全，与北西向鲜水河断裂带交汇，沿四川盆地西缘呈北东-南西向延伸，经宝兴、都江堰、江油、广元进入陕西勉县一带，与昆仑-秦岭东西向构造带成斜角相交。断裂带全长约 500km，宽 40～50km。

龙门山断裂带是由多条挤压逆冲断裂和多个推覆构造体组成的一个巨型复合推覆构造带。横向上分为西支、中央和东支三断裂，习惯上以主中央断裂为界，将龙门山断裂分为前山和后山断裂，自西向东依次称为后山断裂、中央断裂、前山断裂。各主干断裂总体走向为北东向，倾向北西。主干断裂由多条次级断裂组成，而次级断裂又由若干更次级的断裂构成。后山断裂在地貌上处于龙门山的最高部位，占据了龙门山的主山脊线，印支期以来表现为挤压逆冲性质，比中央、前山断裂形成要早。中央断裂位于后山与山前之间，在断裂两侧发育一系列盆地，组合比较复杂，常呈断续左行雁列，挤压形变特征比较明显。剖面上呈叠瓦状，显示明显的压性特征。

纵向上，龙门山断裂带由几个不同的段落组成，划分为北、中、南三段。每一段包括大断裂的次一级断裂。龙门山断裂带北段指白龙江以北四川广元至陕西勉县、宁强一段。

此段包括后山断裂的青川-平武断裂、中央断裂的北川-广元朝天驿断裂、前山断裂的马角坝断裂。龙门山断裂中-南段，是龙门山断裂带极具构造特色的部分，在次级断裂中，以青川-茂汶断裂、北川-保兴断裂、江油-灌县(现都江堰)断裂规模较大。龙门山断裂带中段包括了后山断裂的汶川-茂汶断裂、中央断裂的映秀-北川断裂、前山断裂的江油-灌县断裂。断裂带南段包括了龙门山后山断裂的耿达-陇东断裂、龙门山中央断裂的盐井-五龙断裂、龙门山断裂南段的大川-双石断裂。

龙门山断裂带历史悠久，且具有多期活动(唐荣昌等，1991，1992；Chen, et al., 1994；Burchfiel et al., 1995)。挤压运动始于晚三叠，从侏罗纪到第四纪一直在活动，主要断裂现在仍在活动。新构造运动主要表现为断续挤压。横向上，龙门山断裂自西向东依次增强。后山断裂、中央断裂、前山断裂第四纪都具有活动性。后山断裂以中段汶川-茂汶段活动最强。中央断裂以中段北川-太平场段活动最强。前山断裂以南段即大川-天全断裂段活动最强。纵向上，龙门山断裂北段断裂活动相对较弱，西南段相对较强，特别在与岷山断裂相联系的中段，这里也是地震的多发地带。地质研究显示新生代和第四纪以来，东北段活动减弱，而龙门山断裂中段和西南段晚第四纪以来仍在活动。究其原因主要与岷山隆起有关，由于岷山隆起的形成，对龙门山断裂的东北段起着屏障作用，龙门山断裂东北段活动减弱，而龙门山断裂中南段和岷山隆起构造带共同成为块体持续挤压作用的东边界，控制着现代的地形、地貌和地震活动(邓起东等，1994；赵小麟等，1994；唐文清等，1999，2005；龙思胜等，2000)。

3) 安宁河断裂带

安宁河断裂带为川滇地块与华南地块的北部边界断裂。断裂带北起石棉，与鲜水河断裂带相连，南到德昌南，在西昌附近与则木河断裂带相接。断裂带呈近南北走向，沿安宁河谷发育，长约170km，以东倾为主，为中晚更新世活动断裂。

根据断裂带组成和形态特征，安宁河断裂带可以分为南、北两段(李玶等，1993)。该断裂带北段为石棉-西昌段。断裂带南段北起西昌，向南经德昌直达会理以南。在东西方向上，以安宁河为界，断裂带分为东、西两支。早更新世东、西两支断裂显示张裂活动，发生了几乎同等幅度的断陷活动，沿断陷谷沉积了巨厚地层。根据地层的变形特点，可以认为东西两支断裂都有强烈活动，表现为挤压和左旋运动。但中更新世以来，西支断裂失去了早先的强烈活动，晚更新世以来的主要活动集中在东支断裂上(唐荣昌，1992)。

安宁河断裂带具有较长的发育历史，最早开始于前寒武纪，控制了邻近地区的沉积过程和岩浆活动。沿安宁河断裂带上晚第四纪断裂活动以左旋走滑活动为主，兼有倾滑分量。走滑断裂活动主要发生在安宁河西支断裂上。除了泸沽至石龙段外，东支断裂基本没有走滑活动迹象。倾滑分量在安宁河断裂带的东、西两支上的表现也是不一致的，东支断裂上表现为正断，而西支断裂则表现为逆冲(何宏林等，2007)。

安宁河断裂带是青藏高原东缘重要的大型左旋走滑活动断裂带之一，发育于鲜水河断裂带与则木河断裂带之间的挤压阶区，断裂带上的逆冲断层活动是该地区挤压作用的结果(闻学泽等，1993)。地层记录和地层接触关系等综合分析表明，安宁河断裂带晚新生代经历了三次以挤压走滑为特征的变形期和两次以斜张走滑为特征的活动期。安宁河断裂带作为我国重要的活动断裂，具有强烈的地震活动性。沿安宁河断裂已发生过多次强震和大地震(闻学泽，1995；易桂喜等，2008)，表明其为一条强烈地震活动带。

4) 则木河断裂带

则木河断裂带是川滇地块与华南地块的中部边界断裂，属于鲜水河-小江断裂带的中段。断裂带走向北北西，全长约120km，西北由西昌市的安宁北开始，向东南经宁南后过金沙江进入云南省的巧家盆地。则木河断裂带由多条次级剪切断层左阶斜列组合而成。地壳形变测量结果表明，则木河断裂带的现今活动具有明显的分段性特征，以大箐为界分为南北两段：北段几何结构相对比较简单，以黏滑活动为主；南段以蠕滑活动为主，由多条分支断裂组成，呈北西方向撒开，构成"束状型"几何结构型(张崇立等，1995)。则木河断裂带所呈现的现代水系错断、晚第四纪洪积扇变形以及同等规模的位错体沿断裂由北向南位移量逐渐增大等特征，表明断裂带南段位移速度大于北段。

在则木河活动断裂带上，错断河流、冲沟、山脊、地层等地质构造、地貌现象屡见不鲜，次级剪切断层断错地貌的测量、探槽揭露、年代样品的采集分析与鉴定均证明，则木河断裂带是一条晚第四纪以来活动强烈的左旋水平走滑断裂带。则木河断裂带也是中国川西主要发震带的重要组成部分。沿断裂带的断错地貌可以看出，历史上则木河断裂带发生过多次破坏性强震(潘懋等，1994)。

5) 小江断裂带

小江断裂带总体呈南北展布，是川滇地块与华南地块的南部边界断裂。作为一条大型活动断裂和强震发生带，小江断裂带是构成中国南北地震带的一个重要组成部分，断裂带及附近地区地震活动频繁，历史上多次发生大地震(何宏林等，1993；李玶，1993；曹忠权等，1995；程万正，2003)。

小江断裂带北起云南巧家以北，通过巧家后，沿金沙江、小江河谷延伸，向南抵达建水、个旧附近。在东川以南，断裂开始分为东支和西支两条分支断裂，呈近平行延伸，到南面则呈帚状向南撒开。断裂沿走向分成北、中、南三段。东川以北为北段，为单一断层。中段为东川至澄江、宜良，分为东、西两支断裂。中段以南为南段，撒开为多条断层。小江断裂带北段与则木河断裂带呈斜列接触，在断裂带北端，受分叉结构的影响，形成一系列的小震密集区。中段是小江断裂带活动性较强、构造最复杂、最有地质特色的一段，也是强震和中强地震多发地带(程万正等，2003)。该段自东川开始，分裂为东、西两条左旋走滑断裂。西支断裂由多条次级的剪切断层组成，分别被几个较大的拉分盆地分开。断裂带中段是一条复杂的网状断裂(沈军等，1997；宋方敏等，1992)，两分支断裂间发育多条北东和北北东向断裂，这些小断层和由断裂围限的梭形、菱形和条形断块组成了小江断裂带中段具有特色的网状结构。东西支断裂之间所夹持的梭形断块可分为两大部分，北部为几个北东向断裂分割的菱形断块，南部为由北北东向断裂分割的长条形断块。在两支断裂之间的构造区域，现代构造活动表现为以拉张或张剪性破裂为主(彭万里等，1978)。小江断裂带南段与曲江断裂、异龙湖断裂以及红河断裂相互交汇，构成特殊而复杂的构造格局-楔形断块构造，这种格局严格控制了该区断裂的活动性和地震活动(俞维贤等，1997)。

大量地质研究表明，小江断裂带经历了多期构造活动。由于受到近北西向的挤压作用，小江断裂带中更新世以来一直是以左旋走滑运动为主，除在断裂带北段部分地段表现出张性外，近期活动主要表现为左旋走滑为主的压扭性(曹忠权等，1995；王二七等，1995)。

小江断裂带水平和垂直运动位移量呈现南强北弱的格局(闻学泽，1993)。

6) 金沙江断裂带

金沙江断裂带位于川藏交界处，是北川滇地块的西边界断裂，也是青藏高原东部重要的断裂构造之一，主要表现为右旋剪切运动特征。地震探测结果表明金沙江断裂带是一条深达上地幔、向南倾斜的深断裂带(许志琴等，2001)。

金沙江断裂带北起白玉附近，向南经巴塘、德荣、中甸，至剑川以南与红河断裂相交。走向总体近北北西，是由 6～7 条主干断裂组成的一条长约 700km，东西宽约 80km 的复杂构造带，并在巴塘及云南中甸附近分别被北北东向的巴塘断裂和北西西向的中甸-大具断裂错切。

金沙江断裂带历史悠久，经历过不同时期、不同性质的构造活动。印支期前主要表现为挤压缝合特征，印支期后向走滑拉分转变，喜马拉雅期遭受强烈压扭变形。金沙江断裂带控制着古近系沿断裂分布，从始新世开始活动，晚新生代以来的活动性主要表现为近东西向的强烈挤压。大量研究表明，金沙江断裂带晚第四纪以来为近东西向的缩短，在断裂走向转折为北北西或北北东向时，由于断裂带走向与区域主压应力场的夹角关系表现为水平走滑运动。同时，金沙江断裂带所在地区是中国大陆最显著的强震活动区。

2. 地块内活动断裂

研究区内，除将地壳划分为具有不同活动特征地块、构成区域主框架的边界断裂带外，地块内有许多大小不同、形态各异、性质不同的次级断裂，与边界断裂带一道组成青藏高原东缘复杂而统一的构造系统。区内主要的地块内次级断裂特征描述如下。

1) 理塘-德巫断裂

理塘-德巫断裂为川滇地块的北川滇次地块内一条重要的活动断裂带。该断裂带主要由几条北西向断层组成，沿理塘奔戈、甲洼、德巫一带展布，长 120km，走向为北西，倾向北东或南西，倾角 80°左右。断裂破碎带宽约 10m，影响带宽达 70m。以断错冲沟和断错洪积扇为代表的断错地貌现象表明该断裂具有左旋运动特点。断裂自晚更新世以来，具有明显的活动性。沿断裂带发育断层陡崖、边坡脊和水系扭错和山脊扭错等，最大错距达 50m，水平滑动速率为 5mm/a(唐荣昌，1992)。

在空间上，理塘-德巫断裂构造格局复杂，具有明显的分段性。理塘以北属于断裂西北段，活动性相对较弱，断错地貌不发育，仅发生过 5 级地震，属弱活动段。理塘-德巫段属于断裂中段，活动性相对较强，发生过 7 级大震，属强活动段。而德巫以南断裂活动不明显，仅发生过中小地震。

2) 马头山断裂

马头山断裂北起冕宁马头山北、大桥镇西，经麦地沟，最后与盐源弧形断裂相接。断裂活动历史悠久，在地壳拉张阶段是高角度北北西倾向的正断层，为锦屏山中央地堑的边界断裂。

马头山断裂分为两段，北段为马头山断裂，南段为周家坪断裂。周家坪断裂总长 30km，断层走向北东 20°～40°，倾向北西，倾角大于 60°，压扭性质。断层两盘岩性差异较大，地貌上具有明显的线性特征，表现为槽地、沟谷及垭口。断裂在里庄以北切割了IV级阶地砾石层，断层物质电子自旋共振及热释光年龄测试分别为 3 万年和 8 万年，表明周家坪断裂为晚更新世活动断裂。

3) 南河断裂

南河断裂位于安宁河断裂以西，是川滇菱形块体东边界，由解放桥等十余条韧性断层（剪切带）组成（张宏博等，2012）。断裂总体走向北东 45°，从北向南穿越冕宁盆地，过芜根地、河里乡、东方村，向南西延伸，在尔马嘎村一带线性消失，呈南北-北东向延伸，其中断裂北段呈北北东走向，断裂南段呈南北走向。断裂总长度约 70km，宽约 20m。

4) 丽江-小金河断裂

丽江-小金河断裂是一条多期活动的岩石圈断裂带，作为滇西北高原上一条重要的横向构造，将"川滇菱形地块"一分为二，成为北川滇地块与南川滇地块的分界断裂。丽江-小金河断裂为倾向北西的高角度逆冲左旋走滑型活动断裂带，由若干条次级断层组成。其在重力、地壳厚度和人工地震剖面上均显示为一明显的线性异常，宽度可达百余公里。丽江-小金河断裂西南始于剑川，向东北经丽江、宁蒗、天生桥、盐源木里后，在石棉一带与安宁河断裂相交汇。断裂总体走向北东 40°，全长约 360km。前人研究结果表明，小金河断-丽江裂带对于青藏高原物质东向挤出具有调节和吸收作用（徐锡伟等，2003）。

5) 盐源弧形断裂

盐源弧形断裂处于金河-箐河前缘弧形构造与小金河后缘弧形构造之间。由次级的盐源弧形断裂带及辣子沟弧形断裂带组成。盐源次级弧形断裂带南起白灵，北到小金河，西至麦加坪，东达小高山，总体形态为一弧面朝南的半圆。南北（轴部）长 55km，东西（两翼）宽 65km，弧顶曲段为 20km。西翼以北西向的棉垭断裂、霍儿坪断裂为主体，三叠系地层随之展布，新生代的沉积边界受其控制。东翼为北东向的小高山断裂、平川-香房乡断裂，翼内是较完整的三叠系向斜。弧顶在白灵一带，不同方向、不同性质及不同规模的断层较为发育，并互相交接或切错。轴部在合哨、干海、白乌一线，为三叠系地层折皱的转折端。弧内为断陷盆地，堆积了大面积的新生界地层。辣子沟次级弧形断裂带西翼由辣子乡断裂、辣子沟垭断裂组成。东翼由羊马山断裂、黄草坝断裂、小黄草坝断裂组成。

盐源弧形断裂带总体上西翼较东翼活动性强。在清水村一带发育温泉（水温 32～400℃），断裂带内多次发生地震，表明该断裂至今仍处于活动之中（李勇等，2001）。

6) 金河-箐河断裂

金河-箐河断裂是一条区域性大断裂，是盐源弧形构造的前缘断裂。北起里庄，向南经金河后，逐渐向西偏转，经盐边县的箐河进入云南，与永胜-宾川断裂相接。该断裂北段走向近南北，倾向北西，倾角 50°～70°。南段走向为北 40°～45°东，倾角 40°～50°，长 85km。断裂带规模巨大，破碎带宽 50～70m，最宽达 250m，属压扭性，由压碎岩、角砾岩、挤压透镜体组成。沿断裂带分布有燕山期黑云母花岗岩、海西辉绿辉长岩和超基性岩。断层最新活动发生在中更新世中晚期，是一条由北西向南东逆冲的推覆构造（吴贵灵等，2019）。

7) 得力铺断裂

得力铺断裂位于磨盘山断裂西侧，北起冕宁西的杨家村，南经马六村、得力铺、止于普威盆地，走向南北，倾角 60°～70°，长约 150km，为逆冲断层。断距约 2km，破碎带宽达 200m，压劈理带宽 20m，强挤压带形成千枚岩、次生石英脉和方解石团块。依据断裂上覆

的第四纪堆积物 ^{14}C 测龄及断层泥热释光测年结果,断裂活动时间为 12 万年前的中更新世。相较于附近的其他断裂,得力铺断裂的活动并不显著。但是 1951 年 5 月 10 日和 2018 年 10 月 31 日分别在断裂带上发生了 5.5 级地震和 5.1 级地震,表明得力铺断裂现今仍在活动。

8) 西番田断裂

西番田断裂在白岩脚与金河-箐河断裂相交,向南过鱼敢河,向东偏转至务本。走向南北,倾向西,倾角 60°～73°,长 60km,破碎带宽 12～30m,浅层断距 2km,深部为 500～600m,属压扭性。

9) 李明久断裂

李明久断裂北起雅砻江东岸的荒田附近,向南经溜巴湾、李明久、了垭坪丫口、黑古田、小得石、柳树湾、簸箕鲊至安宁鲊附近消失,长 70km,总体走向近南北。断层面主要倾向东,局部西倾,倾角 53°～85°。

10) 树河-横山断裂

树河-横山断裂北西端始于树河,向南东过雅砻江、火烧桥、张家闸、林海桥头、普威盆地至兰坝附近消失,全长 46km。断层总体走向北西 30°～35°,倾向北东,倾角 60° 左右,局部地段可达 80°。破碎带宽 0.2～1m,影响带宽 7～8m,具有反扭特征。

11) 磨盘山断裂

磨盘山断裂为川滇地块内断裂,断裂北起四川西昌南西侧,向南沿磨盘山山脊,经米易普威、攀枝花市红格、鱼鲊,过金沙江进入云南后经元谋、禄丰西南侧,后沿禄汁江展布,全长约 410km。总体走向南北,倾向东或西。根据断裂的几何结构、组合形态与活动性质等差异,可将断裂分成三段:

昔格达以北为北段,可进一步分为东、西两支:东支北起马六村,与西支斜接,向南经磨盘山、白马、马槽等,止于红石井南,长约 190km。沿断裂有多期岩浆活动,新生代以来具左旋压扭性质,切错昔格达组(Q_p^1x)地层,晚更新世以来活动不明显。西支北起冕宁西,南经马六村、得力铺至普威盆地,长约 150km。依据断裂上覆无构造形变的第四纪堆积物测龄及断层泥热释光测年结果,表明其明显的新活动时间为 12 万年前的中更新世。

中段为昔格达断裂,于九道沟(新九)以北分为东西两支,向南经昔格达、红格至拉鲊以南,长 150km,破碎带宽度一般在 1～5m,局部达 30～80m。总体走向呈南北,倾向东或西,倾角一般 60°～70°,局部地段达 85°,为压性断裂。该断裂切割了前震旦纪至中生代地层,局部地段在昔格达组和全新世地层中有迹象。昔格达断裂新活动时间晚于 (12.83±1.09)ka,为全新世走滑活动断裂,倾滑分量不大,总体西倾,且晚更新世以来的左行走滑速率约为 1.70 mm/a(卢海峰等,2011)。该断裂在 20 世纪曾有过 5 次中强地震记录,最大地震为 1955 年鱼鲊 6.75 级地震。

南段由数条分支呈束状的断裂组成,沿绿汁江延伸,多处与北东向、北西向断层交切。其中东断裂北起一平浪,向南经干海子、罗川、三家厂,长约 100km,控制了罗川等一系列小型第四纪断陷盆地的发育,可见早第四系褶皱等构造变形,反映最新活动时段为中更新世。西支为罗川-大庄断裂,自一平浪北,向南经罗川西缘、大庄至法表,长约 80km,对一平浪、大庄等小型第四纪断陷盆地亦有较强的控制作用。

12）大凉山断裂

大凉山断裂带是一条具有划界意义的区域性断裂。深部地球物理资料表明该断裂已向下切入地幔。大凉山断裂带呈近南北向或北北西展布于安宁河、则木河断裂东侧的大凉山腹地，是一条连接鲜水河、小江断裂的贯通性全新世活动断裂。

大凉山断裂北起石棉，与鲜水河断裂呈左阶羽列，向南经海棠、越西、普雄、昭觉竹核、拖都、吉夫拉打、交际河至云南巧家与小江断裂呈右阶羽列，全长约 280km。断裂总体走向为北西 30°至近南北，断面主要倾向东，倾角较陡，显示明显的左旋走滑运动特征。航、卫片解译及野外实地考察结果表明，大凉山断裂带由越西断裂、普雄河断裂、都布-布拖及交际河断裂等 4 条次级断裂组合而成。4 条次级断裂上的断错地貌清晰，主要表现为断层陡坎、断错冲沟、断错洪积扇、断错山脊及断塞塘等构造地貌现象，并在一些地段发育有第四纪新断层。研究成果表明（周荣军等，2003），大凉山断裂晚更新世晚期以来的平均水平滑动速率为 2.6～3.9mm/a，均值约为 3mm/a。

13）荥经-马边-盐津断裂

荥经-马边-盐津逆冲断裂地处青藏高原东南边缘，断裂带构造活动复杂，是由多条走向不同、规模较小断裂组成的活动断裂带，地震地质调查已发现具有晚第四纪乃至全新世的新活动性（唐荣昌等，1993）。

断裂北起天全以南，向南经荥经、峨眉、峨边、马边、利店至云南盐津以北，全长 275km 左右。断裂带北段与龙门山逆冲构造带南段相交，南端以华蓥山-莲峰断裂带为界，由九条规模不等的纵向断裂和数条横向断裂组成宽 25～30km 的北西向逆冲断裂带。地震活动表明，断裂活动具有明显的分段性（张世民等，2005；韩竹军等，2009）。在活动时代、活动强度上具有明显的北老南新和北弱南强的特点，在马边以北的峨边、沐川至荥经、汉源一带，断裂组合形式相对简单，主要由北西向的天全-荥经断裂、峨边-烟峰断裂和利店-五渡断裂组成。主要地质活动时期为晚更新世早期或更早，活动性较弱。在马边及其以南，断裂组合形式比较复杂，由近东西向的靛兰坝断裂、南北向的玛瑙断裂、猓子坝断裂、北西向的中都断裂、关村断裂及中村断裂等组成。沿断裂可见断裂错断河流阶地及阶地第四纪沉积物，显示其在全新世以来有明显的断裂活动。

14）程海断裂

程海断裂带位于"康滇古陆"西缘，总体呈近南北向的反 S 形展布。北端与金河-箐河断裂、小金河-丽江断裂相交，南端交于红河断裂，全长 200km。整个断裂带影响最宽处约 50km，控制着金官、永胜、程海、期纳、宾川、弥渡等盆地的发育。断裂北端始于金官盆地之北，向南经金官、永胜、程海、清水、期纳、宾川至弥渡，走向在永胜以北为北西方向，在永胜以南大致近南北方向，总体倾向西。

程海断裂带地貌上沿泥盆系灰岩形成断崖和断坎，主断面旁有北东、北东东和近东西向次级断层与之相交。断裂走滑活动明显，山脊、水系沿断裂带呈同步左旋错动，在南部弥渡-宾川和上沧-金沙江一带表现较清楚。根据弥渡-宾川断裂段和上沧-金沙江断裂段的山脊、水系断错点实地测量结果，参照地貌学方法，用河流逆源侵蚀速率估算了断裂的走滑速率，得到弥渡-宾川段断裂的走滑速率为 2.5mm/a，上沧-金沙江段断裂的走滑速率为 3.0mm/a，加权后程海断裂带平均速率为 2.7mm/a（周光全等，2003）。

总的说来，程海断裂形成于中更新世之前，曾经历了多期次活动过程，断裂强烈活动时代主要在中更新世和晚更新世，全新世以来强烈活动的频度相对较低。程海断裂活动方式以黏滑活动为主，与该断裂现今强震频繁发生的结果相一致（俞维贤等，2004）。

15）昭通-鲁甸断裂

昭通-鲁甸断裂带主要由3条右阶斜列的次级断裂，即昭通-鲁甸、洒渔河、龙树断裂组成，几何结构复杂。断裂带南起牛栏江边光明村，向北东经鲁甸、昭通、北闸镇、盘河，长约130km，总体走向40°～60°，倾角30°～50°。洒渔河和龙树断裂倾向南东，昭通-鲁甸断裂倾向北西，共同构成逆冲兼有右旋走滑分量的花状逆冲断裂系。

地貌上沿断裂表现为深大而平直的沟谷，定向排列的断层三角面以及在全新世坡、洪积层中发育北东向断层，断面上斜向擦痕明显。昭通-鲁甸断裂在晚更新世-全新世表现出明显的活动迹象，属于晚第四纪活动断裂，其运动性质以挤压逆冲运动为主兼有右旋走滑分量（常祖峰等，2014）。

16）汤郎-易门断裂

汤郎-易门断裂为川滇地块内的一条重要断裂带，位于南川滇次级地块内。断裂带由主干断裂及两侧的次级断裂组成。断裂北起四川会理通安附近，向南穿过金沙江后，经汤郎、罗茨、禄丰，止于易门以南，长度约230km。沿断裂发育宽数十至百余米的破碎带，破碎带由断层角砾岩、糜棱岩、碎裂岩、挤压褶曲等组成。断裂总体走向近南北，倾向西，倾角70°左右，局部达85°。

地质研究表明，断裂形成于晋宁运动，经历了多期构造运动，是一条中-晚更新世断裂（俞维贤等，2004）。根据断裂对地层的控制及其结构特征分析，断裂在印支期以右旋张拉运动为主，燕山期以来转变为以左旋压扭斜冲式活动。表明该断裂新生代以来活动较为强烈，沿断裂形成一系列新生代盆地。其中罗茨盆地为严格受断裂控制的断陷盆地，南北长约30km，东西宽仅5km，盆地内沉积了厚达450余米的古近系和新近系。沿断裂还发育断错水系、断崖、断层三角面等断层地貌现象。根据罗茨盆地内洪积扇、阶地等沿盆地东缘分布以及断裂东侧夷平面高差达300m左右等现象，该断裂第四纪以来的新活动主要表现为断裂两侧的垂直差异活动，兼有左旋水平运动特征。易门断裂北段1995年曾发生过6.5级地震，在断裂南端与北西向断裂的交汇部位，1755年曾发生过6.5级地震。

17）华蓥山断裂

华蓥山断裂为华南地块内的一条重要活动断裂。广义的华蓥山断裂带由华蓥山断裂、莲峰断裂、宁会断裂组成，走向呈北东向，长达860km。这些断裂在空间上呈右形排列，构成了一条规模巨大的右旋逆冲断裂带。其与北北西向的交会部位，如盐津、宁南附近，往往是中强地震的发震场所。

狭义的华蓥山断裂是四川盆地内规模最大的断裂带，是一条切割基底的深大断裂，北起华蓥山北，向南经荣昌至宜宾，长约600km。断裂走向北东45°，断面总体倾向南东，倾角30°～70°，具有右旋逆冲性质。由规模不等的若干次级断裂组成。按组合特征，大致以合川为界，分为南西段和北东段两段，南西段断裂均呈羽列状排列，北东段断裂天池以北为右阶羽列排列，其余地段呈平行带状排列。

华蓥山断裂形成于晋宁期，在晋宁期至燕山期，对川东及川中的沉积建造和构造变形有明显的控制作用。震旦纪-印支期，断裂带西侧的川中块体上升，东侧下降，形成华蓥山隆起带及次级断裂和各种旋钮构造。热释光(thermoluminescence，TL)及 SEM 分析表明华蓥山断裂的荣昌-宜宾一带中更新世中期到晚更新世早期有过活动(唐荣昌等，1993)。

华蓥山断裂与地震活动存在着密切的联系，沿断裂带的中小地震活动较为频繁。从地震分布来看，地震活动主要分布在西南段，如 1610 年高县贾村的 5.5 级地震、1892 年的南溪 5.0 级地震、1959 年富顺 5.0 级地震、1987 年的南溪 4.5 级地震，表明华蓥山断裂地震活动西南段较北东段强。

1.2.2 区域地球物理场和深部构造背景

1. 布格重力场特征

地球布格重力场主要反映地壳内部乃至上地幔的地质构造及物质分布状态。区域内布格重力异常见图 1-6。从图中可知，区内布格重力异常值均为负值，且具有由东向西不均匀逐渐降低的特点，变化的幅值大致为-100～-450mgal。布格重力异常分区明显，区域内成都—乐山—沐川一线以东的地区是布格重力异常相对高值区，等值线相对较稀疏，为以大足为中心的相对重力高的一部分，表明本区上地幔起伏相对平缓，深部构造较为简单。在东经 102°～104°的地区，布格重力异常呈明显的梯度带，该梯度带在龙门山地区呈北北东向，梯度值最大可达 2mgal/km 左右。并在汉源、石棉附近分成两支，西支走向为北东向，东支走向为南东方向，分别对应锦屏山构造带和马边-盐津断裂带。在东经 102°以西地区，重力异常值线展布无明显的优势方向，表现为较宽缓的高负异常区，异常值在-400mgal以上，反映出该区地壳厚度变化不大。

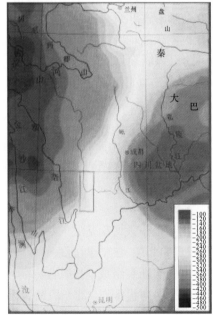

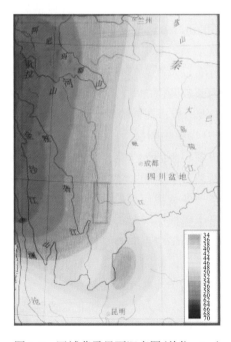

图 1-6 区域布格重力异常图(单位：mgal)   图 1-7 区域莫霍界面深度图(单位：km)

2. 地壳结构特征

区内莫霍界面深度图见图 1-7，从图中可知，龙门山断裂带和北北西向的荥经-马边-盐津断裂带两侧的地壳厚度变化强烈，地壳厚度具有东薄西厚的特点。东部是幔隆区的一部分，变化平缓，地壳薄的地方约 42km。西部为地幔拗陷区，地壳厚的地方约为 70km。在锦屏山构造带亦出现了较大的地壳厚度差异。表明区内的边界断裂具有深大断裂性质。

川西高原上地壳 20km 左右深处存在约 3～5km 厚的低速层，可能是川西高原深部滑脱的析离带，与该地区 20km 深度左右的中、强震优势发震层基本吻合，也可以以地震波层析成像的结果加以印证(王椿镛等，2000)。因此，在印度-亚洲板块会聚及青藏高原地壳物质重力的作用下，青藏高原东缘地区的上地壳物质沿此滑脱向东逸出，导致了川滇和川青块体的侧向滑移，在龙门山地区转化为脆性逆冲运动。

从前述资料可知，南北向安宁河断裂带在布格重力异常图上十分清晰，并向北延展到泸定、康定一带。北东向的龙门山构造带在布格重力异常图上则以北北东向的天全、黑水、松潘一带反映比较清楚，相当于图 1-8 中的平武-理县深断裂带和茂汶深断裂带。北西向的鲜水河断裂带只是隐约可见。

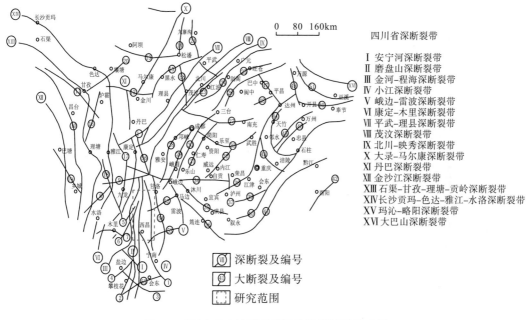

四川省深断裂带
- I 安宁河深断裂带
- II 磨盘山深断裂带
- III 金河-程海深断裂带
- IV 小江深断裂带
- V 峨边-雷波深断裂带
- VI 康定-木里深断裂带
- VII 平武-理县深断裂带
- VIII 茂汶深断裂带
- IX 北川-映秀深断裂带
- X 大渌-马尔康深断裂带
- XI 丹巴深断裂带
- XII 金沙江深断裂带
- XIII 石渠-甘孜-理塘-贡岭深断裂带
- XIV 长沙贡玛-色达-雅江-水洛深断裂带
- XV 玛沁-略阳深断裂带
- XVI 大巴山深断裂带

图 1-8　四川-重庆地区重磁异常推测断裂体系图

从上述地壳结构来看，边界断裂均具有深大断裂性质，断裂切割深度达地壳或上地幔。龙门山构造带和康定-木里断裂是一级构造区的边界，属深断裂带(即超岩石圈断裂、岩石圈断裂和地壳断裂)，但现今的地震活动和地热活动不明显。安宁河断裂带既是深断裂，现今活动又很明显。则木河断裂带是一条大断裂(即基底断裂，亦称硅铝层断裂)，现今活动不是特别明显。鲜水河断裂带的康定、道孚、炉霍段地震活动强烈。北北东向的天全-黑水-松潘地震带沿线，深部资料中也没有发现较大的断裂。

综上所述，区域地球物理场特征变化比较复杂，研究区正处在布格重力梯度带和地壳厚度陡变带附近。

1.2.3 新构造运动特征

研究区位于以鲜水河-安宁河-小江断裂为界的川滇断块与凉山断块结合部位，地跨中国西部强烈隆升区和东部弱升区两个截然不同的一级新构造运动单元，跨越了多个二、三级新构造运动单元(图1-9)。研究区东部和西部地区的新构造运动特征及地貌塑造过程具有明显差异(图 1-10)。东部地区即四川盆地第四纪以来表现为缓慢抬升，现存三期夷平面，高程分别为 300～500m、600～900m 和 1100～1600m(盆周区)，第四纪以来抬升幅度在 500～1500m 范围内，区内差异运动不明显。整体性较好，构造较简单，断裂规模小，活动性弱。

四川西部高原第四纪以来为强烈快速抬升区。新近纪末期尚处于准平原状态，高程仅1000m 左右，第四纪以来与青藏高原同步快速抬升，为青藏高原的组成部分。现存高夷平面海拔 4200～4500m，第四纪以来抬升幅度达 3000～3500m。断裂带规模大，由于高原的差异抬升以及高原内部断块的水平移动，导致主要的边界断裂表现出明显的活动性，是区内 6 级以上强震的分布区(唐荣昌等，1993)。

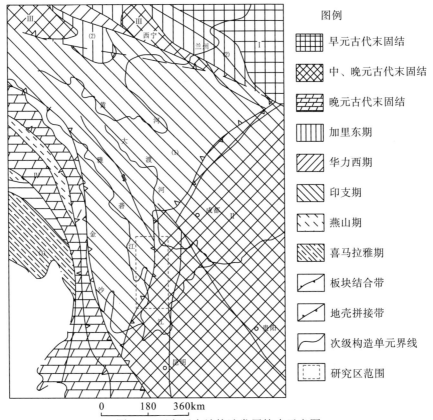

图 1-9 研究区大地构造发展简史示意图

陆块及地块：Ⅰ.华北陆块 Ⅱ.扬子陆块 Ⅲ.塔里木陆块 Ⅳ.羌塘-宝山陆块

褶皱带及活动带：(1)松潘-甘孜褶皱带；(2)秦岭褶皱带；(3)冈底斯-腾冲活动带

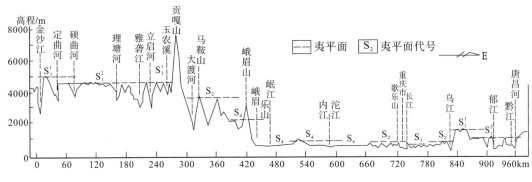

图 1-10 四川西部金沙江-重庆黔江地形剖面图(唐荣昌等，1993)

在西部强升区和东部弱升区之间的过渡地区，主要是指龙门山、大相岭、大凉山及攀西等地区，第四纪以来的抬升幅度大约在 2000m，主要表现为中深切割的高山峡谷地貌，强震主要集中在不同块体的边界断裂上，而块体内部整体性较好，较少发生 6 级以上地震。

四川地区新构造运动及地貌格局主要受喜马拉雅运动的影响。喜马拉雅运动可分为三期，即古近纪末、新近纪末和第四纪。古近-新近纪的运动性质以褶皱造山运动为主，第四纪则表现为大面积的整体抬升。在区域整体快速抬升的同时，沿一些边界断裂发生了明显的差异运动，包括水平与垂直运动，这种运动的速度差异直接导致了不同的地貌格局，为新构造的进一步分区提供了依据。

作为川滇高原的组成部分，攀西高原由大相岭-大凉山断块、螺髻山断块锦屏山-盐源断块等几个断块组成。张岳桥等(2004)提出了攀西地区晚新生代构造隆升和构造地貌发育的 4 阶段演化模式(图 1-11)：中新世早中期(12Ma 之前)以缓慢隆升与区域夷平化作用为

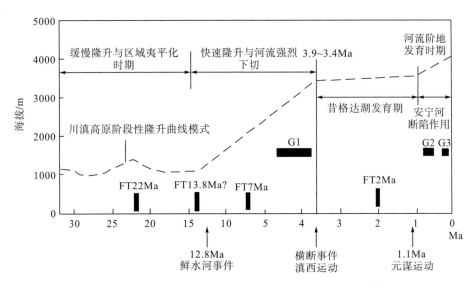

图 1-11 攀西地区晚新生代阶段性构造隆升历史示意图(张岳桥等，2004)
G1. 金沙冰期或安宁冰期；G2. 西溪冰期；G3. 螺髻冰期

主。中新世晚期-上新世早期(12～3.4Ma)是高原快速隆升与河流强烈下切的时期。上新世晚期—早更新世(3.4～1.1Ma)为昔格达湖盆发育时期。中晚更新世-全新世(1.1Ma 以来)是高原快速隆升与河谷阶地发育时期。并且还提出至上新世晚期(3.4Ma 以前)，攀西高原海拔高度可能超过了 3000m。

综上所述，研究区地处新构造运动比较活跃地区，第四纪以来差异活动显著。研究区 6 级以上强震往往发生在新构造运动分区界线附近，这些分区界线也常常是第四纪以来具有明显活动性的断裂构造。

1.2.4 构造应力场特征

中国西部的构造应力场受印度板块向北俯冲的强大力源控制，图 1-12 为前人研究成果给出的中国中西部地区构造应力场的大致方位，从图中可以看出，从拉萨—西宁一线及以西地区，最大主应力方向主要为北东向。而青藏高原向东挤压并受到相对刚性的华南地块约束的影响，川滇菱形断块构造应力场最大主应力方向主要为北北西向(图 1-13)。从图中可知安宁河断裂及附近地区最大主应力方向为北西向。

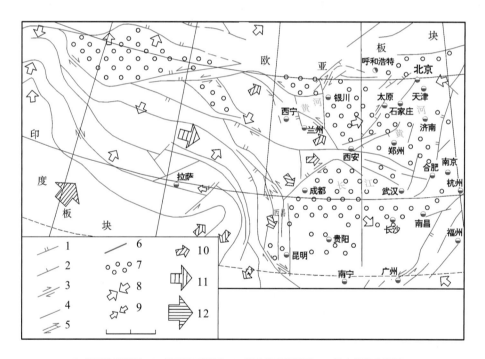

1. 活动性逆断层；2. 活动性正断层；3. 活动性平移断层；4. 没定性活动断层；
5. 晏构造带剪切方向；6. 板块间现代活动边界；7. 坚硬地块；8. 区域性主压
应力方向；9. 喜马拉雅弧形构造带的内侧次一级主压应力方位；10. 一次一级
断块的运动方向；11. 青藏断块的运动方向；12. 板块俯冲方向

图 1-12 中国西部构造应力场方向(据邓起东，有修改)

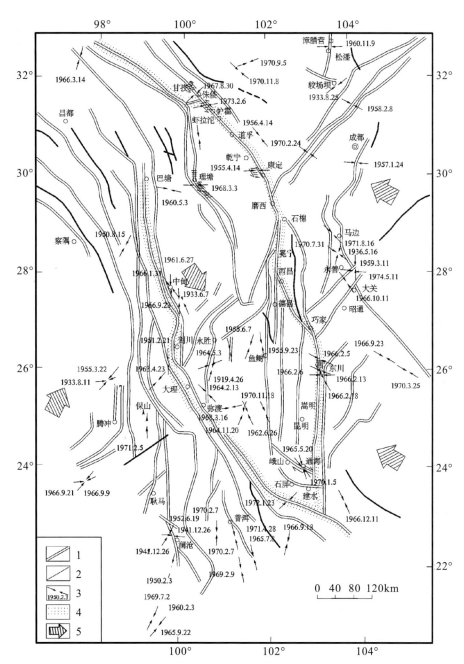

1.区域性断裂；2.一般性断裂；3.最大应力方位；4.地震带与全新世断层重合带；
5.板块或断块运动方向或最大主应力方向

图 1-13 川滇菱形断块地应力场最大主应力方向

在区域地应力场方向研究的基础上，收集了青藏高原东缘部分地区不同时间地震的震源机制解，见表1-3。从表中地震震源机制解的 P 轴方向可以看出，区域地应力场最大主应力方向为北西-南北向，这与前人分析的区域应力场方向是一致的。

表 1-3　区域地震震源机制解

编号	地震日期	震中位置			震级	震源深度/km	截面A			截面B			P轴		T轴		N轴	
		N/(°)	E/(°)	地区			走向/(°)	倾向	倾角/(°)	走向/(°)	倾向	倾角/(°)	方位/(°)	仰角/(°)	方位/(°)	仰角/(°)	方位/(°)	仰角/(°)
1	1933.6.7	27.5	99.9	中甸	6.3	20	138	NE	51	48	SE	90	356	26	100	26	228	51
2	1951.12.21	26.7	100	剑川东	61/4	20	311	NE	60	29	NW	71	347	36				
3	1955.6.7	26.5	101.1	华平南	6	20	121	NE	80	31		90	346	7	77	7	211	80
4	1961.6.27	27.8	99.7	中甸	6	20	118	NE	75	36	SE	61	169	10	73	32	272	57
5	1964.2.13	25.6	100.6	宾川	4.5	19	319	SW	55	249	NW	65	192	6				
6	1944.5.3	26.1	100.7	宾川	4.5	19	319	SW	55	249	NW	65	192	6				
7	1966.1.31	27.8	99.7	中甸	5.5	8	94		90	4	SE	54	142	25	43	25	274	54
8	1966.9.28	27.5	100	中甸东南	6.4	12	320	NE	49	358	W	48	341	70	249	1	158	2
9	1973.10.20	25.9	100.6		4.2	20	117	SW	40	42	NW	78	160	23	275	44		
10	1975.3.18	25.51	99.47	永平	4.8	8	306	NE	75	34	NW	85	349	14	81	28	190	75
11	1975.9.4	25.8	99.9	漾鼻	5	20	53	SE	60	63	NW	53	18	16	275	35		
12	1976.11.7	27.47	101	盐源宁蒗	6.7	21	115	SSW	88	22	SEE	50	167	29	62	25	298	50
13	1976.11.7	27.38	101	盐源宁蒗	5.4		130	NE	47	170	SWW	50	327	69	61	2	152	21
14	1976.11.7	27.4	101	盐源宁蒗	5.7		86	S	80	2	W	61	317	12	220	28	69	59
15	1976.11.9	27.57	101	盐源宁蒗	5.3	20	120	NE	38	11	NWW	75	318	47	74	23	181	35
16	1976.11.16	27.51	100.9	盐源宁蒗	5	20	122	SW	82	33	NW	78	348	7	257	12	107	77
17	1976.12.13	27.3	101	盐源宁蒗	6.4	21	112	NNE	84	24	SEE	70	160	10	66	18	275	69
18	1976.12.22	27.3	101	盐源宁蒗	5.4	20	118	NE	65	33	NWW	79	338	26	72	9	182	62
19	1977.1.15	27.5	101	盐源宁蒗	4.8	20	343	NEE	70	61	NW	59	25	37	290	7	192	52
20	1977.2.18	27.43	101.01	盐源宁蒗	4.6	20	125	SW	69	199	SE	55	167	41	69	11	327	48
21	1977.2.25	27.5	101.1	盐源宁蒗	4.3	20	115	NE	65	33	SE	74	343	6	77	30	242	6
22	1977.3.17	25.85	99.7	洱源	4.8	20	102	SW	74	1	E	55	147	37	47	125	301	51
23	1977.4.16	27.37	101	宁蒗东北	4.7	20	110	SW	83	15	SEE	55	160	30	58	19	300	54

编号	地震日期	震中位置			震级	震源深度/km	截面A			截面B			P轴		T轴		N轴	
		N/(°)	E/(°)	地区			走向/(°)	倾向	倾角/(°)	走向/(°)	倾向	倾角/(°)	方位/(°)	仰角/(°)	方位/(°)	仰角/(°)	方位/(°)	仰角/(°)
24	1977.5.1	27.3	101.2	宁蒗东北	5.2	20	117	SW	89	26	SE	81	162	7	76	7	304	81
25	1977.5.3	27.3	101	宁蒗东北	5	20	115	NE	85	24	NW	70	341	18	249	11	129	69
26	1977.5.6	27.38	101.2	宁蒗东北	4.7	20	102	N	60	2	W	73	319	34	54	8	156	55
27	1977.6.9	26.98	100.3	丽江	4.9	20	99	N	80	14	E	60	150	14	53	29	262	58
28	1977.10.17	26	98.91	泸水东	5.3	20	33.5	NE	75	64	NW	86	18	13	110	8	228	75
29	1978.5.19	25.53	100.3	下关	5.3	10	150	NE	45	54	NW	84	2	35	111	26	228	44
30	1978.8.7	28.1	101.3	木里	4.3	20	114	SSW	85	22	SE	70	160	18	66	10	307	69
31	1978.8.7	27.58	101.1	宁蒗	5.3	10	99	SSW	55	13	NWW	84	140	20	241	29	21	55
32	1966.2.3	27.3	100.2	丽江	6.9	10	337	NEE	50	6	W	44	3	75	266	4	169	15
33	1996.2.3	27.3	100.2	大具	7	10	337	NEE	50	6	W	44	3	75	260	4	169	15
34	1996.2.5	26.97	100.3	大具	6	15	330	SW	53	17	SEE	47	178	65	82	3	351	25
35	1996.2.5	26.97	100.2	大具	4.8	5	292	NNE	63	34	SE	70	341	5	74	34	245	56
36	1996.2.6	27.1	100.3	大具	5.7	15	322	SW	65	36	SE	57	181	43	87	5	353	46
37	1996.2.7	27.18	100.3	大具	5.4	15	146	SW	53	351	NEE	40	180	75	67	7	335	13
38	1996.2.7	26.98	100.3	大具	5	10	296	NNE	75	35	SE	61	167	9	73	31	272	57
39	1998.11.19	27.23	101	宁蒗	6	10	115	SW	85	207	NW	75	342	8	249	15	95	73
40	2000.1.15	25.34	101.1	姚安	5.9	30	293	NNE	89	23	NWW	75	339	11	247	11	117	75
41	2000.1.15	25.58	101.1	姚安	6.5	30	302	SW	85	31	SE	80	167	11	76	4	331	19
42	2001.5.24	27.63	100.8	宁蒗	5.8	5	270	N	88	1	E	80	314	6	46	8	191	80

　　为进一步分析区域地应力场方向和量值，以图1-12的研究成果为基础，建立区域地应力场有限元反演分析模型(图1-14)，根据区域上构造应力的方向，模型北侧和西侧为施力边界，东侧和南侧为约束边界。有限元反演模型一共9 973个单元，19 765个节点。

　　数值反演模型中岩石类型主要按时代、岩性作为材料类型，区内主要断裂按一定的宽度纳入材料类型中。模型中的材料按照地层时代考虑，有新生代、中生代、上古生代、下古生代以及花岗岩、岩浆岩、断层。各材料计算参数见表1-4。由于是构造应力场反演，因此材料参数赋值中不考虑材料的自重。

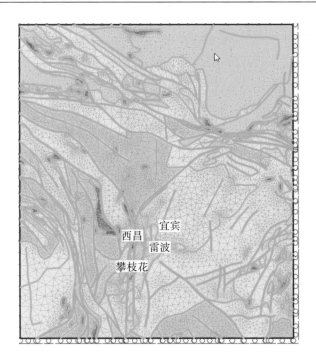

图 1-14　区域构造应力场反演分析模型

表 1-4　数值反演模型各材料计算参数

地层/岩性	变形模量/GPa	内聚力/MPa	内摩擦角/(°)	抗拉强度/MPa	泊松比
新生界	4.0	0.4	42	0.2	0.28
中生界	10	1.0	46	0.4	0.26
上古生界	23	2.3	58	2.5	0.23
下古生界	28	3.0	60	2.8	0.22
花岗岩	30	3.5	62	3.0	0.21
岩浆岩	35	3.8	65	3.6	0.2
断层	2.0	0.3	24	0	0.3

构造应力场反演的地应力拟合点选择区内已进行地应力实测的大型水电工程：

二滩水电站：σ_1=10MPa。

溪洛渡水电站：σ_1=9MPa。

向家坝水电站：σ_1=3～4MPa。

应力场最大主应力 σ_1 的参照方向为南北向。

计算得到的安宁河断裂带及周边地区最大主应力方向、量值和最小主应力量值见图 1-15～图 1-17，从图中可知：最大主应力方向为北西或北北西方向，这与前人分析得到的工作区构造应力场方向一致。区内最大主应力普遍为 5～10MPa，在断裂带附近局部地段有应力集中现象。区内最小主应力为 3～6MPa。

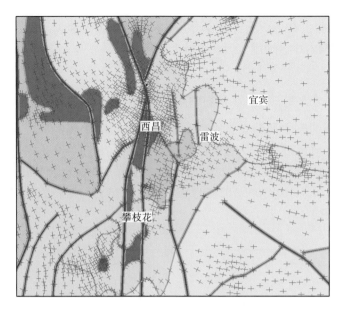

图 1-15 安宁河断裂带及周边地区最大主应力方向

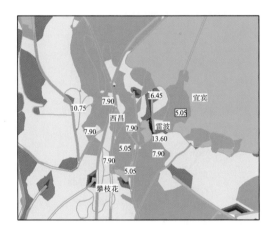

图 1-16 安宁河断裂带及周边地区最大
主应力量值(单位：MPa)

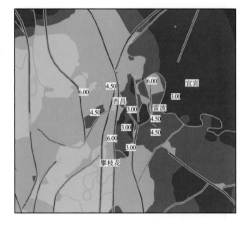

图 1-17 安宁河断裂带及周边地区最小
主应力量值(单位：MPa)

1.2.5 地震

1. 区域地震活动

青藏高原东缘及其邻区现代地壳运动活跃，活动构造和地震发育。青藏高原东缘具有其特殊构造环境，在区域构造应力的作用下，因应力集中而产生破裂，形成了一系列规模宏大、具有重要影响的断裂带，这些断裂带组成的区域构造格架不仅控制了区域主要构造活动，同时也是重要的发震构造，成为地震的多发区。

研究区位于青藏高原东缘，属于"南北地震带"中南段，是我国五个强震地区之一。

广义的"南北地震带"在历史上曾经多次发生 8 级以上强烈地震。最近的一次是 2008 年
5 月 12 日的汶川 Ms8.0 级地震。因此区域上地震具有频度高、强度大、震源浅、分布广
的特点。

2. 安宁河断裂带及附近地区地震活动

　　作为边界断裂的安宁河断裂带不仅是一条重要活动断裂，而且是一条强烈地震活
动带，是我国南北地震带中南段的重要组成部分，属安宁河-则木河地震带。历史上曾
发生过多次强震。通过野外调查和收集资料，全面了解、掌握安宁河断裂带及附近地区(北
纬 27°30′~29°30′；东经 101°30′~102°50′)震级大于 4.75 级地震的发生时间、位置、震级、
震中烈度等特征(图 1-18、表 1-5)：

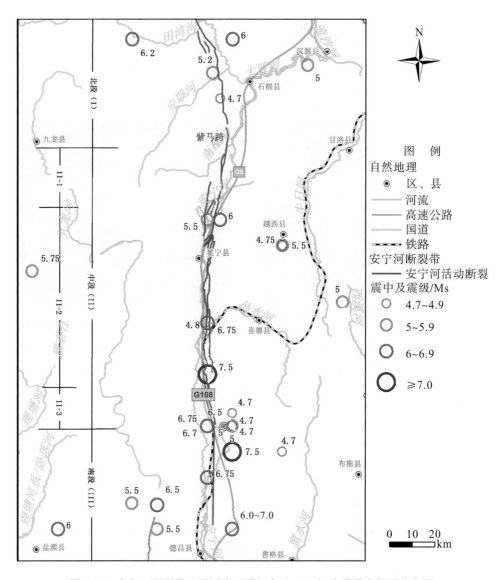

图 1-18　安宁河断裂带及附近地区震级大于 4.75 级地震震中位置分布图

表 1-5 安宁河断裂带及附近地区震级大于 4.7 级历史地震统计表

日期	纬度/(°)	经度/(°)	震级	震中烈度	震中位置
B.C116	27.5	102.3	6.0～7.0	≥VIII	西昌海南古城村
624/08/15	27.9	102.2	6.7	IX	西昌西北小庙乡
814/04/06	27.9	102.2	6.5	VIII	西昌西北小庙乡
1427/00/00	27.9	102.3	5.0	VII	西昌北张家凹
1467/01/19	27.6	102.0	6.5	VIII	盐源县金河沙坪堡
1478/08/17	27.5	101.6	6.0	VII	盐源县城东北火垭口
1480/09/22	28.6	102.5	5.5	VII	越西县城南丁山乡
1489/01/06	27.9	102.2	6.75	IX	西昌小庙乡
1495/02/10	27.9	102.3	4.7		西昌北张家凹
1499/04/02	27.9	102.3	4.7		西昌北张家凹
1536/03/29	28.1	102.2	7.5	X	西昌北礼州镇新华村
1732/01/29	27.7	102.2	6.75	IX	西昌南河西
1830/07/00	27.8	102.5	4.7		西昌东哈土觉莫
1850/09/12	27.8	102.3	7.5	X	西昌邛海南田霸
1881/06/00	28.6	102.5	4.75	VI	越西县城南丁山乡
1913/08/19	28.7	102.25	6.0	VIII	冕宁县小盐井
1923/08/00	28.7	102.2	5.5	VII	冕宁县大桥镇
1935/04/28	29.4	102.3	6.0		石棉县城北茶山
1944/08/03	28.5	101.5	5.75		九龙县麻柳湾
1951/03/16	29.3	102.6	5.0	VI	石棉县新民乡
1951/05/10	27.5	102.0	5.5	VII	德昌县城东北傅家湾
1952/02/06	27.9	102.3	5.0	VI	西昌高枧乡
1952/09/30	28.3	102.2	6.75	IX	冕宁县石龙乡
1962/02/27	27.6	101.9	5.5	VII	盐源县右所乡
1972/05/07	27.95	102.3	4.7		西昌邛海南田霸
1975/01/15	29.4	101.9	6.2	VIII	康定县六巴乡
1977/01/13	28.27	102.2	4.8	VI	冕宁泸沽南
1989/06/09	29.27	102.22	5.2	VII	石棉县安顺场
2008/06/18	29.17	102.25	4.7	VI	石棉县安顺乡麂子坪乡白椿树
2014/10/01	28.38	102.74	5.0		越西县保石乡

(1)安宁河断裂及附近地区一共发生 4.7 级以上破坏性地震 30 次,其中震级在 4.7～4.9 级的地震一共有 7 次;震级在 5.0～5.9 级的地震一共有 10 次;震级在 6.0～7.0 级的地震一共有 11 次;震级大于 7.0 级地震一共有 2 次。

(2) 安宁河断裂及附近地区震级最强的地震分别是 1536 年 3 月 29 日发生在西昌北礼州镇新华村附近，以及 1850 年 9 月 12 日发生在西昌邛海南田霸的地震，地震震级均为7.5 级，震中烈度均达到 X 级。

从历史地震发生的位置可知，工作区范围内安宁河断裂带对地震活动有着明显的控制作用，其中地震活动最强烈的地段为冕宁-西昌段，在冕宁以北，地震活动性相对较弱。

根据《中国地震动参数区划图》(GB18306—2015)，安宁河断裂带及附近地区地震动峰值加速度呈长条形分布(图 1-19)，在西昌市及附近地区地震动峰值加速度最大，达到 0.4g。在冕宁-西昌和会泽-东川呈北西长条形的区域内，地震动峰值加速度为 0.3g。冕宁-西昌-普格-巧家一带地震动峰值加速度为 0.2g。从地震动峰值加速度区划图可以看出，安宁河断裂带及附近地区地震动峰值加速度普遍较大，属于高烈度地震区。

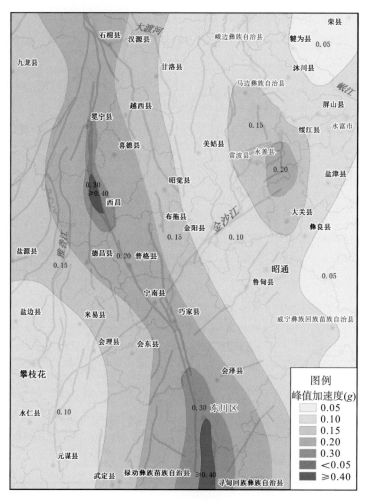

图 1-19 安宁河断裂带及附近地区地震动峰值加速度区划图

1.3 地层岩性与工程地质岩组

1.3.1 地层岩性

受研究区内地质构造复杂的影响，区内地层单元多，岩性复杂，除石炭系、志留系和古近-新近系缺失外，其余地层从元古界至新生界均有出露。总体上看，大致可以安宁河谷为界，在安宁河谷地带和山间盆地地层时代较新，河谷地区主要为第四系堆积，向安宁河河谷四周地层渐老。安宁河东侧以沉积岩为主，地层时代相对较新，主要岩性为白垩系和侏罗系的砂岩、灰岩、碎屑岩等。安宁河西侧地层时代相对较老，主要岩性为二叠系、震旦系、古生界(华力西期)、三叠系(印支期)、侏罗-白垩系(燕山期)的碳酸盐岩、灰岩、花岗岩和闪长岩(图1-20和表1-6)。

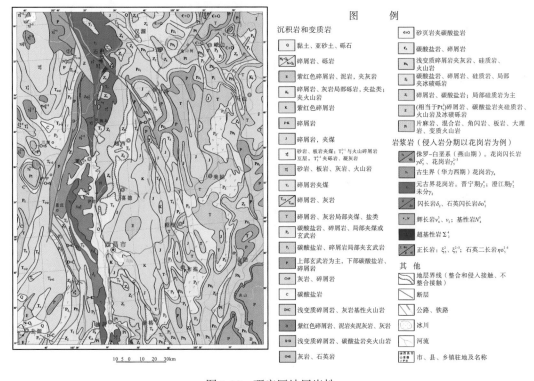

图 1-20 研究区地层岩性

1.3.2 工程地质岩组

工程地质岩组是指具有一定成生联系、相似工程地质性质的岩层组合。工程地质岩组的划分方法主要是从岩体结构观点出发，即以岩性和原生结构面的性质及其分布规律等为标志进行划分。具体表现在，首先就岩性而言，要求每一岩组内岩性基本相同，主要指成因相同和岩石物质成分相类似。其次要求每一岩组中的原生结构面性质相同或相似，主要指成因相同、分布规律相同、密度相同、层厚一致及延展性相同等，然后对岩体进行工程地质岩组划分，划分出的每一岩组具有相似的物理力学指标、水理性质、渗透性质及波速传播特征等，这些共同点决定了每一岩组内具有相类似的工程地质性质。

根据岩石类型、岩体完整程度和区域构造特征，将研究区的地层岩性划分为 5 大类、13 组工程地质岩组（图 1-21、表 1-6），各工程地质岩组的基本特征和分布规律描述如下：

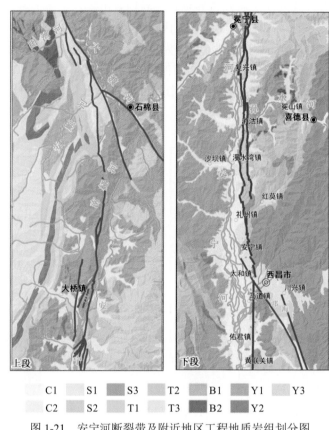

图 1-21　安宁河断裂带及附近地区工程地质岩组划分图

（图例编号对应表 1-6 岩组编号）

表 1-6　安宁河断裂带及附近地区工程地质岩组一览表

	岩组编号	工程地质岩组名称	面积/km²	比例/%
松散岩类	C1	卵砾类土	426.22	4.61
	C2	黏性土和砂类土	1004.79	10.86
碎屑岩类	S1	极软弱中薄层半胶结砂岩、泥岩岩组	76.48	0.83
	S2	坚硬-较坚硬互层-厚层状砂岩夹泥岩、页岩岩组	851.42	9.20
	S3	较坚硬-软弱薄层-中厚层状砂岩、泥岩岩组	1175.43	12.70
碳酸盐岩类	T1	坚硬的中-厚层状灰岩及白云岩岩组	502.75	5.43
	T2	较坚硬的薄-中厚层状灰岩、泥质灰岩岩组	17.13	0.19
	T3	软硬相间的中-厚层状灰岩、白云岩夹砂、泥岩、千枚岩、板岩岩组	744.84	8.05

续表

	岩组编号	工程地质岩组名称	面积/km²	比例/%
变质岩类	B1	坚硬-较软弱薄-中厚层状板岩、千枚岩与变质砂岩互层岩组	106.56	1.15
	B2	较弱-较坚硬的薄-中厚层状千枚岩、片岩夹大理岩、砂岩、火山岩岩组	323.65	3.50
岩浆岩类	Y1	坚硬块状花岗岩、闪长岩岩组	3009.19	32.51
	Y2	坚硬块状玄武岩岩组	221.59	2.39
	Y3	较坚硬块状-薄层状流纹岩、凝灰岩岩组	795.38	8.59

1. 卵砾类土(C1)

该工程地质岩组主要为第四系全新统冲洪积形成的砂砾石层，主要分布在河流两侧，在安宁河谷大面积出露。

2. 黏性土和砂类土(C2)

该工程地质岩组主要为第四系更新统冰积、冰水堆积及全新统残坡积、洪积形成的亚黏土、亚砂土、沙、砂土、碎石、砾石，主要分布在安宁河两侧地势较高处，多为安宁河支流的洪积扇，地形坡度一般在10°左右。

3. 极软弱中薄层半胶结砂岩、泥岩岩组(S1)

该工程地质岩组主要为上新统昔格达组(N_2x)半胶结的泥岩、细砂岩，下部可见钙质胶结的砾岩，岩体软弱，易破碎解体，以小片状零星分布在安宁河沿岸，西昌南部佑君镇一带出露面积较大。

4. 坚硬-较坚硬互层-厚层状砂岩夹泥岩、页岩岩组(S2)

该工程地质岩组包括上震旦统列古六组(Z_2l)的砂砾岩、长石粗砂岩、砾岩、粉砂岩、页岩，观音崖组(Z_1g)薄层石英砂岩、页岩夹灰岩，上三叠统须家河组(T_3x)中厚层状砂岩、碳质页岩夹煤和白果湾群(T_3-J_1bg)砂岩、粉砂岩、页岩。主要呈小片状和带状分布在安宁河东岸、石棉县东部和东北部、冕宁县大桥镇-漫水湾镇以东地区和西昌西南部。该岩组发育页岩、碳质页岩等软弱夹层，易发生崩滑灾害。

5. 较坚硬-软弱薄层-中厚层状砂岩、泥岩岩组(S3)

该工程地质岩组主要为侏罗系和白垩系的紫红色砂岩、泥岩，夹泥灰岩、砾岩、页岩。其中砂岩主要为石英砂岩、长石石英砂岩、粉砂岩、钙质粉砂岩。该岩组分布面积较广，大面积出露在安宁河东岸，西昌以南地区安宁河东岸亦有分布。该岩组存在泥岩软弱层，易发生崩滑灾害。

6. 坚硬的中-厚层状灰岩及白云岩岩组(T1)

该工程地质岩组主要为上震旦统灯影组(Z_2d)和下二叠统栖霞-茅口组(P_1q+m)白云岩、白云质灰岩、灰岩，局部夹燧石条带。该岩组物理力学性质较好，局部有溶蚀。主要分布在安宁河流域，在冕宁县东部大片出露，其余地区零星出露。

7. 较坚硬的薄-中厚层状灰岩、泥质灰岩岩组(T2)

该工程地质岩组主要为前震旦系凤山营组(Pt$_1$f)薄层至中厚层状钙质白云岩及泥质结晶灰岩，出露面积少，在冕宁县复兴镇-漫水湾镇东部有少量分布。

8. 软硬相间的中-厚层状灰岩、白云岩夹砂、泥岩、千枚岩、板岩岩组(T3)

该工程地质岩组包含中泥盆统(D$_2$)浅变质的白云岩、硅质白云岩、板岩，火木山组(D$_2$h)大理岩，纸厂组(D$_2$z)大理岩、板岩、变质砂岩，标水岩组(D$_2$b)大理岩、板岩，下二叠统(P$_1$)为大理岩，上二叠统黑色岩段(P$_2^2$，P$_2^3$，P$_2^4$)的大理岩、板岩、变质砂岩、绿色板岩夹大理岩、大理岩夹绿色板岩。该岩组集中分布在冕宁-石棉以西地区。

9. 坚硬-较软弱薄-中厚层状板岩、千枚岩与变质砂岩互层岩组(B1)

该工程地质岩组包含前震旦系力马河组下段(Pt$_1$l^1)石英岩、千枚岩，中段(Pt$_1$l^2)千枚岩夹砾岩、大理岩，上段(Pt$_1$l^3)变质杂砂岩、千枚岩夹变质粉砂岩。天宝山组(Pt$_1$tn)千枚岩、板岩夹变质砂岩。中泥盆统(D$_2$)板岩、千枚岩、灰岩。三叠系(T$_{1-2}$)板岩、变质砂岩、片岩夹大理岩。该岩组集中分布在田湾河流域和安顺河流域。

10. 较弱-较坚硬的薄-中厚层状千枚岩、片岩夹大理岩、砂岩、火山岩岩组(B2)

该工程地质岩组包含前震旦系力马河组中段(Pt$_1$l^2)千枚岩夹砾岩、大理岩，上二叠统(P$_2$)石英岩、石英云母片岩、石榴子石云母片岩、角闪片岩、绿片岩、大理岩、板岩，前震旦系通安组(Pt$_1$t)黑云母千枚岩夹绢云母粉砂岩。该岩组主要呈带状分布在田湾河流域和冕宁县复兴镇-漫水湾镇以东地区。

11. 坚硬块状花岗岩、闪长岩岩组(Y1)

该工程地质岩组由花岗岩、钾长花岗岩、闪长岩、辉绿岩、斜长花岗混合岩、混染角闪正长岩、杂岩、混染杂岩、基性-超基性岩组成，受断裂和风化的共同作用，该组岩体局部呈全风化砂状。该岩组在安宁河断裂带沿线大面积分布，主要集中在安宁河西岸、南桠河流域和大渡河左岸。

12. 坚硬块状玄武岩岩组(Y2)

该工程地质岩组为上二叠统峨眉山玄武岩(P$_2$β)，岩性主要为玄武岩、玄武角砾岩、玄武凝灰岩、凝灰质砂岩，呈条带状分布在冕宁县复兴镇以北和西昌市礼州镇以南。

13. 较坚硬块状-薄层状流纹岩、凝灰岩岩组(Y3)

该工程地质岩组包含中泥盆统(D$_2$)变质流纹斑岩、石英斑岩，夹变质凝灰岩、火山碎屑岩，下震旦统苏雄组(Z$_1$s)和开建桥组(Z$_1$k)流纹岩、凝灰质流纹岩、流纹质凝灰岩、流纹斑岩、石英斑岩，夹流纹质凝灰岩、安山岩、玄武岩。该岩组集中分布在西昌市礼州镇以北安宁河-南桠河东岸，另外呈条带状分布在冕宁-石棉以西地区。

2 安宁河断裂带特征

2.1 概 述

安宁河断裂带包括广义和狭义的安宁河断裂带。广义的安宁河断裂带,是指成生于晋宁期而后逐渐发展,并位于现代安宁河东西两侧的南北向断裂。断裂带北起石棉县的田湾,向南经冕宁、西昌、德昌、米易至攀枝花金沙江边,全长约350km。在东西方向上,以安宁河为界,安宁河断裂带分为东、西两支。狭义的安宁河断裂带是指生成于晚更新世并延续至整个全新世期间的活动断裂,北起石棉县的田湾,向南经冕宁县的拖乌后,沿安宁河东岸的泸沽镇至西昌市的安宁镇,全长约170km左右。实际上,狭义的安宁河断裂带属于广义安宁河断裂带的中北段,通常称为安宁河活动断裂带。其起始活动时间是上新世末-早更新世初,而后主要活动于早更新世,并延续至整个中更新世期间。断裂活动的明显标志是控制了下更新统昔格达组地层的沉积、分布与断裂、褶皱等变形。

2.1.1 安宁河断裂带形成演化

安宁河断裂带是川滇台背斜轴部南北向构造带的主体断裂之一,对区域沉积和岩浆活动有明显的控制作用,其形成演化受大区域地壳运动的影响。根据区内地层、岩性等发育分布情况,结合区域地质构造形迹分析,区域地层由太古代-古元古代结晶基底、中-新元古代褶皱基底以及沉积盖层组成,地壳构造活动经历了褶皱基底形成、断陷构造定型、盖层构造定型三个阶段。断裂带控制了两侧结晶基底地层的形成与展布、晋宁期以来的岩浆活动及印支期以来的断陷盆地的形成。在整个地质演化过程中,安宁河断裂带多次复活,显示出岩石圈深大断裂的特征。断裂带活动具有长期性和多期性。

1. 吕梁期

安宁河断裂带在康滇古隆起东缘先存拗陷的基础上逐渐形成雏形,控制前寒武系五马箐岩组与会理群、登相营群地层的分布。

2. 晋宁期

安宁河断裂带早期深切活动诱发中酸性岩浆形成并上升喷发,形成中酸性火山岩,同时还使幔源基性岩浆沿断裂上升侵位,形成变质基性岩脉。到晚期断裂继续活动,诱发钙碱性花岗岩浆、中基性岩浆形成,并沿其上升侵位形成近南北向带状展布的中基性喷出-浅层侵入岩。

3. 澄江期

安宁河断裂带再度复活，并诱发地壳部分重熔，控制其喷发形成沿断裂呈带状分布的钙碱性中酸性岩浆岩，随后断裂带东侧地块发生裂陷形成近南北向的裂陷盆地，断裂带则成为裂陷盆地的西界，其东侧发育类磨拉石建造。断裂带在该期的活动具有明显张性特征。

4. 加里东-华力西期

断裂带周围区域地壳稳定升降，断裂带无活动记录。至晚二叠世（裂谷拉伸裂陷期），伴随峨眉地幔柱的快速隆升而产生破裂，强大的引张活动为超基性-基性岩浆提供上升通道和就位空间，沿安宁河断裂带形成零星分布基性-超基性岩体，同时在构造应力和岩浆热力的双重作用下，断裂带内部古生代地层发生热点变质。

5. 印支期

峨眉山玄武岩浆陆相喷发后，早、中三叠世安宁河断裂带沿线处于相对平稳的构造剥蚀区，至晚三叠世该断裂再度复活，导致断裂沿线中酸性-碱性岩浆的侵位。晚三叠世晚期至晚白垩世，强烈地壳升降使断裂带再次复活新生，安宁河断裂带整体持续下陷形成南北向长条状断陷盆地。此期安宁河断裂带仍具张性活动特征。至此，安宁河断裂带基本形成。

6. 喜马拉雅期

喜马拉雅运动I幕，强大的近东西向挤压应力作用使安宁河断裂带重新复活、新生，并切割早些时候沉积的中生代地层，形成东倾兼具左行走滑特征的脆性逆断层。在稍后的应力松弛阶段，断裂带再次整体下陷形成串珠状断陷湖，沉积了昔格达组地层。喜马拉雅运动II幕，随着青藏高原快速隆升，地壳物质向东滑移对研究区产生东西向挤压，断裂带定型今现面貌。该断裂的新构造运动十分活跃，主要表现为断裂沿线昔格达组地层南北向线状直立掀斜、褶皱、断裂。断裂两侧第四系阶地分布高低悬殊。断裂沿线滑坡、泥石流发育，地震活动频繁等。

综上分析，安宁河断裂带与区域地壳运动关系密切，它随南北向构造带一起，在长期的地史发展过程中，经过挤压-拉张-挤压等构造活动方式的多次转换后至上新世末-早更新世初期，在地壳强烈隆升的同时伴随拉张作用的结果（王新民等，1998）。安宁河断裂带最早出现在吕梁期，生成于晋宁期，形成于印支期，活动于喜马拉雅期直到现在。安宁河断裂带与周围的断层、褶皱构成区域构造格架，控制了地史发展、沉积建造及构造活动。

2.1.2　安宁河断裂带第四纪活动迁移

安宁河断裂带历史悠久，其第四纪活动具有不均匀性，在时空上具有迁移性（图2-1）：

上新世末-早更新世初期（N_2-Q_p^1），安宁河东支和西支断裂在地壳强烈隆升的同时伴随拉张作用下，发生了几乎同等幅度的断陷活动形成断陷，在断陷中堆积了早更新世昔格达河湖相沉积。断裂活动性表现为西支断裂北段及东支和西支断裂中段北端（田湾-大桥）为中等活动段，其余为强活动段。

喜马拉雅期以来，早更新世末期至中更新世（Q_p^1-Q_p^2），新的构造运动不仅结束了河湖相物质的沉积，东西两支断裂又同时活动，使昔格达地层普遍发生褶皱和断裂，断裂活动性质也以拉张和挤压互相转换为主，转变成了以逆冲为主兼具一定的左旋滑动。断裂活动性表现为东支和西支断裂中段中端及中段南端（大桥-西昌）为强活动段，其余为中等活动段。

从晚更新世开始，特别是全新世以来（Q_p^3-Q_h），断裂的活动性发生强烈分化，西支断裂基本停止活动，主要活动迁移到东支断裂。东支断裂中的西昌以南段活动性也逐渐减弱，而西昌以北段活动性却逐渐增强，并延续到整个全新世期间。

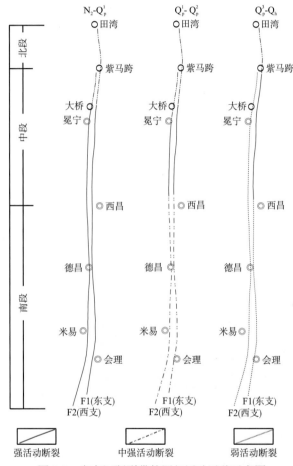

图 2-1　安宁河断裂带第四纪活动迁移示意图

2.2　安宁河活动断裂带几何学及运动学特征

2.2.1　安宁河活动断裂带总体特征

安宁河活动断裂带（狭义安宁河断裂带）作为川滇南北构造带的主要断裂，具有复杂构造背景和多期活动历史，是由不同规模、不同形态、不同性质的次级活动断层组成的断裂带，具有活动时间长、活动期次多、活动强度大、滑动速率高等特点。

安宁河活动断裂带无论在地貌还是影像上都呈现出明显的线性展布特征。野外地质调查发现，断裂带几乎包括了所有的断裂活动标志，主要的断裂活动标志有：

(1)断裂带内次级断层错断水系、山脊、阶地及洪积扇。

(2)断层崖、断槽、断坎、断陷(塞)塘、边坡及坡槽等大量发育且呈串珠状分布。

(3)第四纪沉积物的构造变形普遍发生。

(4)断裂带最近时期多次发生强震活动。

(5)沿断裂走向，河流发生明显的袭夺。

(6)受构造活动的影响，第四纪断陷盆地、滑坡及山崩等沿断裂带也呈串珠状、带状分布。

上述这些地质现象表明安宁河活动断裂带是一条现今仍在活动的全新世活动断裂。由于所处的构造环境不同，不同地段断裂带及各次级断层的产状、活动性质表现出一定活动差异，但整个安宁河活动断裂带具有左旋走滑特征。

安宁河活动断裂带北起石棉县田湾，与鲜水河断裂带的南端相接，向南经鹿子坪、紫马跨、野鸡洞、彝海至小盐井，随后分为东西两条近于平行的南北向断裂：东断裂和西断裂。东断裂由小盐井向南经小药沟、庄子上、高窑、小热渣、中坝至鲁基。西断裂由小盐井向南，经帽盒山、石龙、泸沽、松林至安宁。

小盐井-田湾段由长短不等、性质各异、首尾互不相连的十余条次级断层组成，是一条以左阶为主的斜列断裂带，其总长度约80km，总体走向呈南北偏东或偏西5°～10°，整条断裂带显现出沿走向的波状弯曲(图2-2)。断裂北端与鲜水河断裂带南端接近部分，走向北偏西10°～20°。

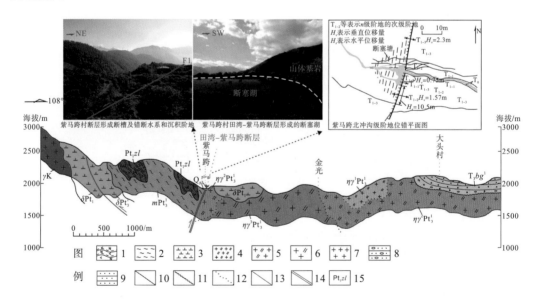

图2-2　石棉县鹿子坪紫马跨-金光安宁河活动断裂带北段剖面图

　　小盐井以南，在安宁河谷以东宽缓河谷阶地与高耸小相岭之间，展布着一条带状低山带，总体走向呈近南北，长 70km 左右。晚更新世以来的安宁河活动断裂南段的东西两条断裂就分布在低山带东西两侧宽谷与低山带、沟谷与低山带陡坎相交的地貌突变带上(图 2-3，图 2-4)。这两条近于平行的南北向断裂，分别称为东断裂和西断裂。东断裂北起杀野马海子之东，向南经糖梨坝、烂坝至鲁基之后逐渐消失，长约 57km。西断裂北起小盐井，向南经巨龙、泸沽、新华、礼州至安宁，全长约 70km 左右。为一系列长短不一的左阶和右阶斜列次级断层组成的断裂带，总体走向为北偏东或偏西 10°左右。

2.2.2　安宁河活动断裂次级断层特征

　　安宁河活动断裂带，又称狭义的安宁河断裂带，北起石棉县田湾，向南经冕宁后至西昌市安宁镇，全长约 170km，是整个安宁河断裂带中活动性最强、地表断裂活动迹象最明显的一段。该段断裂带由一系列次级活动断裂组成，在收集前人调查资料的基础上，本次研究工作通过野外实地调查，将安宁河活动断裂带进一步细分为 17 条全新世的次级活动断层(表 2-1、图 2-5)。

表 2-1　安宁河活动断裂带主要活动次级断层发育情况一览表

序号	断层名称	长度/km	走向	倾向	倾角/(°)	断层性质
1	田湾-紫马跨断层	30	N10°~20°E	NW	60~80	左旋走滑兼逆冲
2	派斯哥滴断层	22	NNE	W	60~80	左旋走滑兼逆冲
3	野鸡洞断层	4	N20°~30°E	W	60	左旋走滑兼逆冲
4	彝海断层	12	N10°E	W/E	70~80	左旋走滑兼逆冲
5	米西洛沟-小盐井断层	11	NNE	W	60	左旋走滑兼逆冲
6	沙湾断层	8	SN	W/E	35~75	左旋走滑兼逆冲
7	林里村断层	6	N10°~25°E	SE	62	左旋走滑兼逆冲
8	石龙断层	7	NNW	SE	40~80	左旋走滑兼逆冲
9	沙果树断层	4	SN	E	75	左旋走滑兼逆冲
10	泸沽断层	12	N20°E	SE	60~80	左旋走滑兼逆冲
11	彝家海子断层	1.5	N10°W	W	70	左旋走滑
12	杨福山断层	8	SN	W/E	75	左旋走滑兼逆冲
13	射基诺断层	2.5	SN	E	80	左旋走滑兼逆冲
14	红山嘴-大堡子断层	14	N10°~20°W	W	60	左旋走滑兼逆冲
15	杀野马海子-小热渣断层	31.5	SN	W	73	左旋走滑兼逆冲
			N10°E	SE	50	左旋走滑兼逆冲
16	大坪子-大沟断层	23	N10°W	NE	50~75	左旋走滑兼逆冲
17	鲁基断层	6	SN	E	65~70	左旋走滑兼逆冲

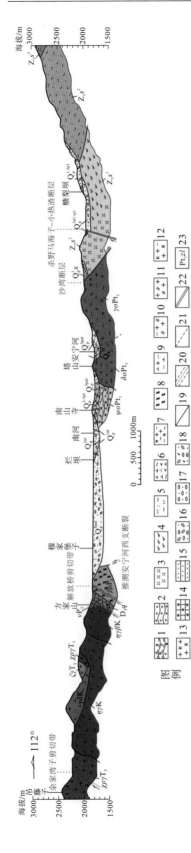

1.斜长角闪岩夹黑云角斜长片麻岩；2.蚀变角闪辉长岩；3.变流纹岩；4.变安岩；5.变流质熔结凝灰岩；6.浅灰色片麻状黑云斜长花岗岩；7.片麻状二云斜长花岗岩；8.辉长辉绿岩；9.细粒黑云花岗岩；10.斑状黑云二长花岗岩；11.二长花岗岩；12.中细粒云母二长花岗岩；13.细中细粒花岗岩；14.生物碎屑灰岩；15.砂岩夹粉砂岩；16.第四系洪(冲)积物；17.第四系坡洪积物；18.第四系坡洪积物；19.地质界线；20.剪切带；21.推测断层；22.活动断层；23.地层代号；*v.*辉长岩；*βμ.*辉绿岩；*ψo.*角闪辉石岩；*γo.*石英闪长岩；*γδ.*花岗闪长岩；*ηγ.*二长花岗岩；*ηγβ.*含黑云母二长花岗岩；*χργ.*碱长花岗岩；*ξγ.*正长花岗岩；al.冲积物；pal.洪冲积物；dl.坡积物；gl.冰碛物；Pt₁zl.古元古界冷竹关组；Z₃s.下震旦统苏雄组；D₃q.上泥盆统曲靖组；Q_p^x.下更新统昔格达组

图2-3 冕宁县秋财沟—糖梨坝安宁河断裂带中南段剖面图

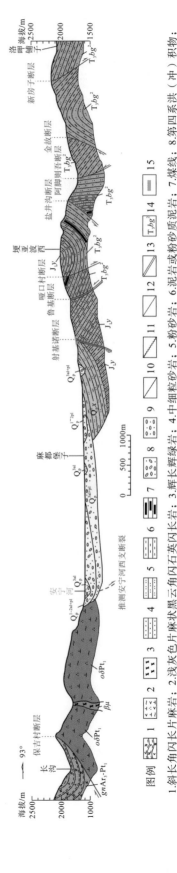

1.斜长角闪片麻岩；2.浅灰色片麻状黑云角二角石英闪长岩；3.辉长辉绿岩；4.中粒砂岩；5.辉长辉绿岩；6.泥岩或粉砂泥岩；7.煤线；8.第四系洪（冲）积物；9.第四系冲积物；10.整合界线；11.角度不整合界线；12.断层；13.活动断层；14.地层代号；15.实测剖面位置；*gn.*黑云角二辉长岩；*βμ.*辉绿岩；*δo.*石英闪长岩；*oδPt₁.*角闪辉石片麻岩；pl.坡积物；al.冲积物；pal.洪冲积物；T₃bg.上叠统白果湾组；J₁y.下侏罗统易门组；Q_p^x.下更新统昔格达组

图2-4 西昌市礼州镇安宁河活动断裂带中南段剖面图

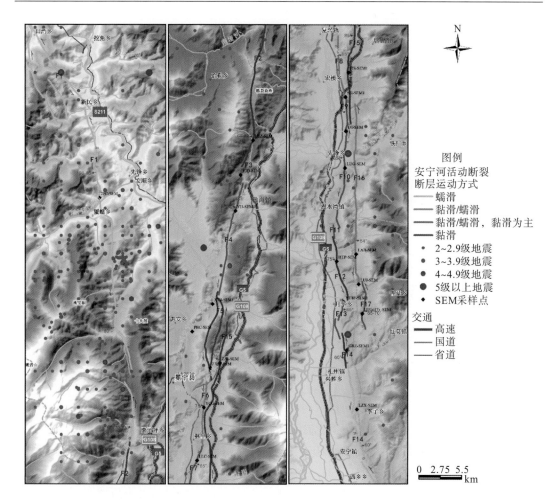

断层名称及编号：F1：紫马跨断层；F2：派斯哥滴断层；F3：野鸡洞断层；F4：彝海断层；F5：米西洛沟-小盐井断层；F6：

沙湾断层；F7：林里村断层；F8：石龙断层；F9：沙果树断层；F10：泸沽断层；F11：彝家海子断层；F12：杨福山断层；

F13：射基诺断层；F14：红山嘴-大堡子断层；F15：杀野马海子-小热渣断层；F16：大坪子-大沟断层；F17：鲁基断层

图 2-5　全新世安宁河活动断裂带空间展布简图

安宁河活动断裂带是一条由不同规模、不同形态、不同性质的次级活动断层组成的复合断裂带，从图 2-5 中可以看出，地表上以小盐井为界，小盐井以北安宁河活动断裂带为一系列次级断层组成斜列的单一断裂带。而小盐井以南，则为系列次级断层组成的近于平行的斜列断裂带。对这 17 条次级断裂具体特征调查描述如下：

1. 田湾-紫马跨断层（F1）

田湾-紫马跨断层北起于石棉县田湾，与鲜水河断裂相接，经金坪、田坪、麂子坪、紫马跨，止于南垭南。断层总体走向北偏西 10°～20°，倾向北西，倾角为 60°～80°，长度约 30km。田湾-紫马跨断层主要发育在灰岩、石英闪长岩中，破碎带宽数十至百余米，断层附近区域第四系物质不发育，微构造地貌活动也不明显。在石棉县田湾附近，沿断层线的洪、坡积物，有 3～5 条长 10km 左右的线性形迹组成的斜列展布带，与鲜水河断裂南端断裂呈斜列式相接。在草科附近，线性形迹东侧分布有两个断陷塘。

在雅安市石棉县金坪村北面的小溪北侧公路的北壁，见断层出露(图2-6)。断层出露于前寒武地层中，断层破裂带宽约120m，东侧被砂砾组成的洪积物覆盖。断层破裂面处于砂岩与泥质板岩及绢云母板岩过渡带。断裂面宽6～8m，产状322°∠60°。西侧砂岩为断层上盘，东侧板岩为断层下盘。根据断裂面中断层透镜体及地层岩石交接关系，推定为上盘相对上升的逆冲断层。这与区域构造活动特征相似，属于挤压作用为主的老主干断层。在断层面东侧，软弱泥质板岩及绢云母板岩受岩性及构造应力作用，发生了垮塌，形成了滑坡体，表明该断层现在仍在活动。同时，沿断层走向的南北面，线性形迹两侧的小山脊和冲沟发生水平左旋错移，表明该断层具有压扭性特征。

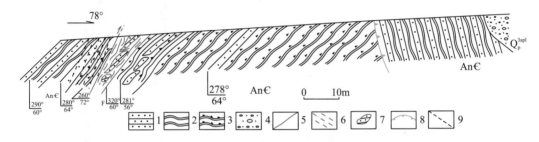

1.砂岩；2.泥质板岩；3.绢云母板岩；4.洪冲积物；5.断层；6.断层劈理化带；7.断层透镜体；8.滑坡面；9.节理

图2-6　雅安市石棉县金坪村田湾-紫马跨断层剖面

在麂子坪村西侧，田湾-紫马跨断层沿基岩山脚与冲洪积扇前缘线之间通过，西侧为基岩，东侧为冲洪积扇。断层错动小沟谷中冲洪积物1～2m，并形成了陡坎，错动关系显示断层活动性质为左旋走滑(图2-7)。

在紫马跨村北面，断层微构造地貌丰富，田湾-紫马跨断层通过该处形成堰塞湖(图2-7)，断陷塘位于洪积扇前缘线与小山脊山脚之间。同时，断层形成了一系列的断槽、断坎，并错动山脊、小水沟以及沉积阶地。这些表明该段断层具有活动性，断层错动微构造地貌也表明其为左旋性质的断层。

在紫马跨村，前人根据断陷塘中的 ^{14}C 样品，测年得到的年龄为13710±430a，因此断层形成的主要活动时间是在晚更新世晚期之前(唐荣昌等，1992)。在石棉紫马跨村，断层两侧的沙砾层两个光释光样品(ZMK-01a、ZMK-02a)测年得到的年龄分别为8100±800a、56800±5700a，表明断层在晚更新世-全新世期间仍在活动。同时，探槽揭露结果也表明，通过断坎、断槽的断层不仅断错了基岩，而且也错动了覆于基岩之上的全新世晚期的残坡积物质。这表明安宁河活动断裂带的主干断层是在老断层的基础上延续到了全新世。

根据前人在紫马跨村南、北两头探槽揭露结果，在主断坎周围发育有多条次级的小断层，尽管断层走向北东或南北，倾向西或东，但其性质都是上盘下降的正断层(王新民等，1998)。断层泥石英扫描电子显微结构分析表明，断层活动方式以蠕滑为主，在晚更新世中期曾有过明显的构造活动。在该断层段没有强地震记录，中-强地震有两次，分别是1951年发生在石棉县新民的5.5级和1989年发生在冕宁县石灰窑的5.3级地震。这两次中-强地震的震中位置距主干断裂的直线距离在10～20km。近年来，沿断层带小地震频繁，表明断层仍在活动。一定程度上说明，田湾-紫马跨断层从晚更新世以来有过构造活动，但活动强度不大。

(a)黄金坪田湾-紫马跨断层空间展布及破裂面

(b)麂子坪田湾-紫马跨断层切割冲积扇及错动山脊

(c)紫马跨村断层形成断槽及错断水系和沉积阶地

(d)紫马跨村田湾-紫马跨断层断槽及错动山脊

(e)紫马跨村田湾-紫马跨断层形成的堰塞湖

(f)紫马跨村田湾-紫马跨断层的断槽及断坎

图 2-7 田湾-紫马跨活动断层构造微地貌标志

综上所述，田湾-紫马跨断层是由多条次级断层组成的小断层带，次级断层呈左阶斜列展布，次级断层性质以张性为主，兼有明显的扭性特征。同时，田湾-紫马跨断层也是一条多期活动的继承性断层，活动时间延续至全新世。

2. 派斯哥滴断层（F2）

派斯哥滴断层北始于石棉县南垭东，经派斯哥滴海子，止于冕宁县老堡子。断层总体走向为北北东向，长约 22km。从影像上看，区间发育有三条极为清楚的线性构造带，组成左阶斜列展布带。线性构造首尾间距为 50～500m。线性构造线上的断坎较为清楚。在海拔 3400m 左右的派斯哥滴海子附近，断坎明显，断槽中还有长度可达数百米的断陷塘。

在野鸡洞村北约 5km 的老堡子附近，可见到断层最新活动迹象。上升的断层东盘形成了一系列走向近于北偏东的平缓小山脊，下降的西盘则由一系列的洪积扇组成，洪积扇体前缘线与山脊的山脚线接触的直线状断槽宽度达 10m 左右，前缘扇面与山脊顶面的断坎高差达 18～20m，一般为 10～20m（图 2-8）。在老堡子以北，上升的断层东盘山脊为晋宁期花岗岩基岩，平缓的山脊面上堆积了厚 0.5～2m 的冰碛砾石层。砾石成分以花岗岩、流纹岩、闪长岩等为主，并有少量砂岩、页岩。砾石大小混杂无分选性，磨圆度以次棱角和次滚圆状为主。西侧扇面与山脊顶面间断坎高差达 18m。

图 2-8　老堡子北派斯哥滴断层的断崖、断坎及断槽微构造地貌

对于断层活动时代，王新民等（1998）根据山脊面上堆积的砾石层，认为该段断层的形成与主要活动时间应是晚更新世晚期-全新世初期。在老堡子东北，断层附近沙砾层取两个光释光样品（TBZ-01a、TBZ-02a），测得的年龄分别为 6800±700a、7900±800a，表明断层在全新世仍在活动。根据老堡子西侧洪积扇上断坎的特征以及断崖的坡面倾向，推测断层倾向西，倾角约为 60°～80°。

3. 野鸡洞断层（F3）

野鸡洞断层分布在冕宁县野鸡洞村东侧，断层总体走向为北偏东 20°～30°，长约 4km。尽管断层规模不大，但仍包括了两组次级断层，次级断层表现为左阶羽列。两组次级断层走向分别为北偏东 40° 和北偏西 20°，长分别约 1.5km、3km（图 2-9）。

野外调查发现，野鸡洞断层东盘为上升盘，由一系列首尾相间的晚二叠世玄武岩小山脊组成。西盘为下降盘，为一系列的Ⅰ级和Ⅱ级洪积扇。断层从山脊的山脚与扇体前缘的接触线通过。断层活动形成系列的断槽、断坎，断坎旁的断槽中时有断陷（塞）塘分布，断陷塘的规模大小不一，大者直径可达百余米。在野鸡洞村东边，仅在断层通过乡间公路处的东侧，发现两个断陷（塞）塘。断坎高达 7～8m，断坎及断槽空间上呈线性分布。在断层经过处，小溪水流方向及山脊线方向往往发生不同程度改变，断层错动了水系及山脊，根据其错动关系，野鸡洞断层活动性质为左旋走滑。

(a)野鸡洞断层次级断层空间分布及错断水系　　　(b)野鸡洞断层冲积扇断坎、断槽及错断山脊

图 2-9　野鸡洞断层空间展布及微构造地貌(野鸡洞村东)

根据前人(钱洪等，1990)探槽揭露，断坎坡面倾向西。断层破碎带宽达数米，风化严重。坡面和断面上玄武岩已角砾岩化，构造角砾岩明显，断面上发育倾伏角为 20°～30°的斜冲擦痕。断坎形成后的 I 级洪积扇和断塞塘湖沼沉积物中的构造活动遗迹显示具有多次地震活动。最上面的一层湖沼灰色黏土层和腐殖土壤层却清晰地显示未受断裂或构造作用的影响，次级断层和构造裂缝均未穿入其间。因而可以确认，该断层形成和主要活动时间是在老断裂基础上晚更新世晚期-全新世晚期，但在近期没有受到强烈地震的影响。根据野鸡洞东北断层附近沙砾层光释光样品(YJD-01a)，测年得到年龄为 14000±1400a，也证实了断层晚新世仍然在活动。

4. 彝海断层(F4)

彝海断层北起冕宁县喇嘛房，向南经彝海到小盐井，长约 12km。断层总体走向为N10°E 左右，断层南北两段倾向不一致，北端西倾，南段东倾，倾角大约 70°～80°。

沿彝海断层走向，断坎、断槽以及断陷（塞）塘等微构造地貌现象较为常见(图 2-10)，且在空间上呈线性分布。断层形迹也较为显著，在小盐井村北，断层使小沟错动 40～50m，呈现出左旋走滑的特征。

在彝海北 3.5km 处的白沙沟，沟壁上见断层自然露头。断层西盘是灰色亚黏土与粗砂、细砾石互层，属河湖相堆积物。断层东盘下部为灰色亚黏土和棕褐色黏土层，属湖沼堆积，而其上是以碎砾石和砂泥质为主的典型坡洪积物。西盘为黏土、粗砂、细砾石层，在近断面处呈向下弯曲，远离断面则呈水平状。因而可以判断，坡洪积物与河湖相物质间是断层接触(图 2-11)。断层走向近南北，断面倾东，倾角约为 60°～80°。

(a)彝海东侧断层通过处地形地貌 　　　　　(b)断层南段小盐井北的断坎及错断小沟

图 2-10　彝海断层线性分布、断坎及错断小沟等微构造地貌

图 2-11　冕宁县彝海镇白沙沟彝海断层的断层面天然露头

　　根据河湖相下层黏土中的 ^{14}C 绝对年龄测定(王新民等，1998)，测年值分别为距今 2845±75a 和 3570±100a，测试结果表明该断层的终止活动时间应为 2845～3570a。而取河湖相上层含碳黏土作 ^{14}C 年龄测定，其绝对年龄值为距今 8865±140a。因此可以认为河湖相物质是早全新世—中更新世的产物。而断层的强烈活动时间是在全新世晚期。这也说明在距今 2845a 的时间里，该断层未再遭受强烈地震的影响。

5. 米西洛沟-小盐井断层(F5)

　　米西洛沟-小盐井断层主要由两条近南北向的次级断层组成纺锤状透镜体，总体走向近南北，长度约 11km。西边次级断层北起冕宁县小盐井村，经打木沟、沙泥乐、善玉马，南至庄子上西面的米西洛沟。东边次级断层北起冕宁县小盐井村，经大海子、干海子，在善玉马东与西边次级断层交汇在一起，最终延至米西洛沟。

米西洛沟-小盐井断层主要发育在包括下震旦统流纹岩、上三叠统-下侏罗统砂岩、砂页岩和昔格达组砂页岩与印支期花岗岩中。断层以断槽、断坎和断陷塘等构造地貌特征最为显著(图2-12)。该断层各段的断槽都较宽缓，一般宽约8~15m，深2~8m。断槽中的断陷塘多为短轴状，长短轴之比约为1.5:1，属张性下陷的产物。如东侧断层，在打火山附近2500m距离内发育5处断陷塘。最大的大海子，长轴近500m，最小的长轴100m左右。分布其上的断槽宽度5~30m，坎高1~1.5m。西侧断层的断坎在小盐井附近长达1700m，高约10m，中段和南段断槽最宽可达15m，断坎高差1~8m。

(a)冕宁县小盐井断层北段分支及微构造地貌

(b)冕宁县米西洛沟-小盐井断层及大海子

(c)冕宁县米西洛沟-小盐井断层断陷塘及断槽

(d)冕宁县米西洛沟-小盐井断层及滑坡

图2-12 冕宁县米西洛沟-小盐井断层微构造地貌及对滑坡的控制

米西洛沟-小盐井东西两条断层表现为压扭性，从断槽及断陷塘特征看，断层活动又具有张性特点。断层通过小河处河流方向变化，以及断层对沉积物错动，断层应为左旋走滑。因此米西洛沟-小盐井断层为以左旋挤压为主兼有张性特征活动的断层。断层附近坡积物光释光样品(XYJ-01a)测年结果为65500±6600a，表明晚更新世晚期断层仍在活动。在断层北段的小盐井村北、米西洛沟，断层控制了滑坡的分布，且这些现代滑坡仍在活动，因此米西洛沟-小盐井断层为全新世的活动断层。

6. 沙湾断层(F6)

沙湾断层起于冕宁县庄子上村西的马尿河转弯处南侧，经养殖场西、帽盒山东、中间坝西，止于两河口东 1.5km 处。断层走向近南北，长约 8km。沙湾断层最典型的特征就是断槽、断坎极为发育。沿断层走向方向，断层出露表现为连续的断槽、断坎(图 2-13)。断槽宽 15～20m，槽深达 10～20m。断槽中堆积的主要为下更新统昔格达组砂页岩、晚更新世及全新世的坡积物，断坎主要为前寒武基岩、昔格达组砂页岩、晚更新世(光释光样品 ZZS-01a，年龄为 45500±4600a)及全新世的坡积物。连续发育的断槽、断坎以及其物质组成特征，表明沙湾断层为全新世活动断层。

(a)帽盒山沙湾断层断槽、断坎及错断山脊线

(b)高窑村西沙湾断层断槽、断坎及线性地貌

(c)冕宁县帽盒山养殖场南沙湾断层断层面

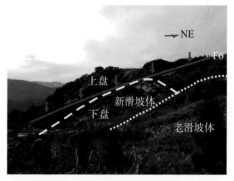

(d)冕宁县秧柴沟沙湾断层及滑坡

图 2-13　凉山州冕宁县沙湾断层断槽、断坎及控制的滑坡

帽盒山南侧约 500m 的断槽中，昔格达组砂页岩与印支期花岗岩间发育断层，断层走向北偏东 5°，断面倾向东，倾角 35°。断层区内冲沟和山脊被错移直线距离 14～18m，表明沙湾断层以左旋走滑为主，兼有压性和张性。沙湾断层的这些活动特征在冕宁县秧柴沟剖面得到证实，断层面由破脆且风化的变流纹质凝灰岩及昔格达组粉砂岩组成，断层面走向南北向，倾向 315°，倾角 75°(图 2-14)。断层西侧上盘为前寒武的变流纹质凝灰岩，东侧为断层下盘，由昔格达组粉砂岩组成，其上覆盖有晚更新世的砂砾岩。西侧上升，东侧相对下降，形成了秧柴沟滑坡，表现出张性特征。断层不仅在空间上控制了断层的分布，同时其活动性质也成为影响滑坡活动重要因素。

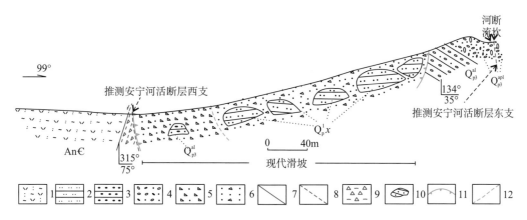

1.变流纹质凝灰岩；2.粉砂岩；3.河流冲积层；4.洪积层；5.碎裂岩滑坡；6.昔格达组粉砂岩、泥岩滑坡；7.实测断层；8.推测断层；9.断层碎裂岩；10.滑坡块体；11.滑坡面；12.滑坡物质界线

图 2-14 凉山州冕宁县秩柴沟沙湾断层剖面图

7. 林里村断层(F7)

林里村断层北起冕宁县东河乡，向南经林里村，止于下白土。主要沿东侧基岩山脚与坡积物交接处展布。断层走向北偏东 10°~25°，全长约 6km。在两河口东约 800m 处的小沟旁，林里村断层错动小山山脊线，表现出左旋走滑特征。紧靠断层西侧，发育小型滑坡，该滑坡现在仍在活动，并且受断层影响和控制(图 2-15)，这些微构造特征表明林里村层现在仍在活动，为全新世断层。

(a)两河口东林里村断层错动山脊及控制滑坡   (b)冕宁县林里村东侧林里村断层左旋逆冲

图 2-15 林里村断层错动山脊、控制滑坡及左旋逆冲

在林里村南东约 500m 的小溪旁见林里村断层出露，断层东盘为上盘，西盘为下盘。东盘的砂砾石层冲洪积物逆冲在西盘下更新统昔格达组($Q_p^1 x$)灰色砂页岩层之上，断面平直。断层面走向北偏东 5°，断面倾向南东，倾角 60°。断面附近砂页岩挤压成片理带，砾石成定向排列(图 2-15)。该处北面不远处发育有断槽，断槽宽约 15m，深约 3m。在断层附近的小冲沟被断层左旋错移近 70m。

8. 石龙断层(F8)

石龙断层属于安宁河活动断裂带的西支断裂,该断层主要沿安宁河河谷与东侧低矮小山山脚交接处延伸。断层北起冕宁县稀土工业园东侧白土坎,经高山堡、双桥村、民主村、王二堡子、和平村东侧到石龙南,断层走向北北西,长约 7km。

石龙断层为逆断层,表现为断层东盘的老地层逆冲在西盘的新地层之上。断面东倾,断层倾角在北端约为 65°,南端最大达 80°。断层面两侧地层形成构造破碎带,断面上有断层擦痕和断层泥等。在冕宁县稀土工业园区东北角,园区公路北侧,可见石龙断层通过(图 2-16)。断层东侧为前寒武的流纹岩,西侧下部为下更新统昔格达组($Q_p^1 x$)灰色中-厚层状砂岩夹黏土岩,上部为上更新统上段(Q_p^3)砂砾石层。断层表现为下盘上升,上盘下降。断层活动使得西侧的松散沉积物发生垮塌,形成了滑坡体,滑坡体的形成和活动明显受断层控制。

(a)冕宁县稀土工业园东北角石龙断层断裂面

(b)冕宁县稀土工业园南石龙断层断坎及错动小沟

(c)冕宁县民主村西北石龙断层错动小溪

(d)冕宁县高山堡东石龙断层错动改变小溪流向

图 2-16　安宁河活动断裂带西支的石龙断层活动特征

在冕宁县稀土工业园区南约 500m,高山堡以北约 1km,流纹岩与昔格达组粉砂岩交接处形成断坎,石龙断层沿断坎呈线性展布,断层附近流纹岩风化破碎。断面上有断层泥和断层擦痕。断层走向近南北向,断面倾向东,倾角 50°。在断层中间发育一小冲沟,断层通过冲沟,使冲沟发生了错动,显示断层为左旋走滑(图 2-16)。

在高山堡东以及民主村西北,石龙断层通过小溪后,受断层活动的影响,小溪方向发生了明显改变(图 2-16)。推测断层的活动性质为左旋走滑。综合上述分析,石龙断层为左旋逆冲的活动断层。

9. 沙果树断层(F9)

沙果树断层北起冕宁县石龙乡东,沿低矮小山西侧展布,穿过大沟,最后止于漫水湾镇大田村西侧,断层走向北北东,长约4km,断面倾向西、倾角75°。断层空间分布特征明显,断层南北两段构造微地貌大不相同。北段主要以断坎、小溪、小沟及山腰口为特征的线性展布。断层南段则主要以断槽、山垭口为特征的线性展布(图2-17)。南北两段通过河流、小溪时,往往会错动水系,显示出沙果树断层的左旋特征。

(a)冕宁县高枧村东沙果树断层穿小沟及山垭　　(b)冕宁县大田村北沙果树断层沿断槽线性展布

图2-17　沙果树断层空间线性展布

沙果树断层的构造形迹也较明显:在断层北段的石龙乡东,反映断层存在的断坎高达15~20m,断层西盘下降,东盘上升,表明沙果树断层为正断层。断层活动使伏于下更新统昔格达组(Q_p^1x)砂泥岩层之下的下寒武统紫红色、灰绿色流纹岩出露地表,形成碎裂岩和构造角砾岩破碎带,形成滑坡体(图2-18)。

(a)冕宁县石龙乡东南角沙果树断层破裂面　　(b)冕宁县泸沽镇沙子坝东沙果树断层破裂面

图2-18　沙果树断层北端及南端的破裂面

在大田村北约500m的沟口,沙果树断层穿过昔格达地层。断层面东侧岩层产状为230°∠46°,西侧岩层产状为160°∠85°,近于直立。断层面约10cm宽,走向为北偏东20°,产状为290°∠86°。东侧岩层近断层面产状变平缓,发生褶曲,西侧则变得几乎垂直。断层面存在擦痕和阶坎，断层西盘下降，东盘上升，断层为左扭的逆断层(图 2-18)。

10. 泸沽断层(F10)

泸沽断层属于安宁河活动断裂带的西断裂，断层起于冕宁县泸沽镇大田村，向南经沙尔，最后止于漫水湾镇彝家海子东北侧。断层总体走向呈南北，沿走向略显波状弯曲，长约 12km。

断层在空间上的线性展布特征明显。在泸沽镇以北，断层主要以断槽的形式出现。从泸沽镇到沙尔，断层主要沿山脊线两侧分布，其中泸沽镇到镇营堡一带，主要分布在小山脊的东侧，以前震旦纪的流纹岩与昔格达地层作为分界线。在镇营堡至沙尔一带，则主要沿山脊线的西侧分布，两者转换处位于镇营堡东的山垭口，可见断陷塘出露。沙尔以南断层表现为断槽、断坎的断续出现(图 2-19)。

(a)冕宁县泸沽大田村北泸沽断层的断槽

(b)冕宁县泸沽大田村南泸沽断层的断槽

(c)冕宁县泸沽镇东泸沽断层的断槽及断坎

(d)冕宁县泸沽南沿山脊东侧展布的泸沽断层

图 2-19 泸沽断层呈线性展布的构造微地貌

在泸沽镇南侧的洛瓦大沟，断层从前震旦系(Pt)流纹岩与昔格达组($Q_p^1 x$)砂页岩、黏土岩之间通过(图 2-20)。断层总体走向北偏东 25°，断面倾向南西，倾角 65°，测得产状为 288°∠65°。断层东侧下盘为流纹岩，西侧上盘为昔格达组($Q_p^1 x$)的砂页岩。西盘昔格达地层砂页岩逆冲到东盘流纹岩之上，断层为逆断层。在断层破碎带附近，流纹岩风化破碎解体，砂页岩挤压变形成片状，破碎带宽 100cm，断面上可见擦痕和断层泥。

(a)冕宁泸沽镇洛瓦大沟泸沽断层的破碎带   (b)冕宁泸沽镇洛瓦大沟泸沽断层东小断层

图 2-20 冕宁县泸沽镇洛瓦大沟泸沽断层及其东侧次级断层

在漫水湾镇以北泸沽南约 2500m 的沙尔，洪积扇被断层错断后西盘下降，仍保留的断坎高度达 9.5m。流经此地的小溪被断层错动，根据错动痕迹分析判断，断层具有左旋走滑的特征。在沙尔村泸沽断层附近的光释光样品(SR-01a)测得年龄为 19600±2000a，属于晚更新世早期，断层属第四系活动断层。在此观测点东 100m 处发育一小断层(图 2-20)，断层发育于前震旦系(Pt)流纹岩中，断层东侧为灰白色流纹岩，西侧为紫红色砂岩。断层面宽 10~20cm，断层走向近南北，产状变化较大。断面上有擦痕和阶坎，东盘上升西盘下降，为正断层。

11. 彝家海子断层(F11)

彝家海子断层属于安宁河活动断裂带的西断裂，断层北起冕宁县漫水湾镇大坪村北，沿彝家海子村西侧通过，止于村庄西南面，长约 1.5km。彝家海子断层地貌表现为断坎、断塞塘成线性分布。断层西盘上升，东盘下降。西盘上升形成高达 2~10m 的断坎。东盘下降，形成断塞塘，断塞塘长轴近百米，与断层线方向一致(图 2-21)。

彝家海子断层东盘晚更新世期间的冰碛物与西盘晋宁期花岗岩接触，断层时代为晚更新世晚期。在断层北段，干沟和山脊呈北西-南东向展布，且干沟和山脊被断层错断，水平位错距离达 40~50m，根据错断关系，推测断层性质为左旋走滑。

12. 杨福山断层(F12)

杨福山断层位于冕宁县新华与松林一线以东，北起松林村的高家坪子，经大水沟东，穿头道河，再经马子堡子、马家沟、沙沟东侧，穿砂砂河，最后止于依洛洛河之南。断层走向呈北略偏西，长约 8km。

(a)冕宁县漫水湾镇东彝家海子断层断槽　　　(b)冕宁县漫水湾镇东彝家海子断层断陷塘及断坎

图 2-21　冕宁县漫水湾镇彝家海子村西南断层形成的断槽及断塞塘

断层在空间上主要沿小山丘山脚与冲洪积扇交线呈线性展布，且以断坎、断槽显示断层存在。在杨福山一带，断槽底宽大约 20m，槽坎高 10～20m，断续延伸长度 1.5～2km。由杨福山向北延伸至马家沟口以南，发育在断槽中的断塞塘有 4～5 个。断塞塘长轴与断层线一致，最大的断塞塘长轴达 100m，最小断塞塘长轴仅 3m。在大水沟东侧以及高家坪子东侧的洪积扇上可见扇面构成的断层西盘上升形成高 2～3m 断坎。而在麻子堡子东侧，断层活动形成了十几米的断坎(图 2-22)。

(a)漫水湾东杨福山断层呈线性分布断槽断坎　　(b)高家坪子东断层沿山脚与冲洪积物交线展布

(c)头道河北断层沿山脚与冲洪积物交线展布　　(d)麻子堡子东断层沿断坎与断槽呈线性展布

图 2-22　冕宁县漫水湾镇杨福山断层沿断坎、断塞塘及山脚与冲洪积物交线

断层通过河流小溪时,构造活动使得河流方向发生错动。如在大水沟东侧约600m处,断层活动导致头道河向东错动了100m左右,而在砂沟西南800m的砂砂河,断层也使小溪发生了约200m错动(图2-23),断层的活动性质具有左旋走滑的特征。

(a)大水沟杨福山断层错动头道河水流方向　　(b)沙沟东南杨福山断层错动砂砂河水流方向

图2-23　冕宁县漫水湾镇杨福山断层活动错动小溪水流方向

在断层展布区间内,可见断层构造形迹,如大水沟东面头道河转弯处的小公路西壁见到断层露头,断层西盘为下侏罗统砂页岩、灰岩,东盘为晚更新世(Q_p^3)的砂泥岩及砂砾石。断层断面走向308°,倾向南西,倾角75°,断面上有断层擦痕,晚更新世(Q_p^3)的砂泥岩及砂砾石逆冲到西盘下侏罗统灰岩上,断层性质为逆断层(图2-24)。

图2-24　冕宁县漫水湾镇大水沟东面头道河转弯处的小公路西壁杨福山断层

13. 射基诺断层(F13)

射基诺断层位于西昌新华镇东侧,北起西昌市月华乡东的白条河,南至下红山嘴东。由白条河-红山嘴、红山嘴-下红山嘴两段组成,两段呈右列展布,总体走向北北东向,长约2.5km。

射基诺断层的微构造地貌特征明显,断槽、断坎发育,且呈线性分布。在白条河南侧的白条河-红山嘴断层段,沿断坎、断槽穿过山垭,错动小溪,再沿断坎延伸,最后穿过滑坡体。红山嘴-下红山嘴的断层南段，则主要沿小山山脚及断槽发育(图 2-25)。

(a)射基诺断层北端线性分布断坎及断槽

(b)射基诺断层红山嘴北断坎及断槽

(c)射基诺断层红山嘴南线性分布断坎及断槽

(d)射基诺断层南端线性分布断坎及断槽

图 2-25　西昌市月华乡射基诺断层呈线性分布的断槽及断坎

西昌市月华乡东吴家寨子南东东方向约 600m 小溪沟旁见断层出露(图 2-26)，断层东盘下侏罗统(J_1)砂岩断覆在西盘砾石层之上，断层走向为北偏东 20°，断面倾向南东，倾角 65°。断面上有断层擦痕和断层泥，断层性质为逆断层。断层东盘砂岩构造破碎带较为明显。断层的走滑水平位错使西盘的小冲沟和砾石层左旋位移后，形成典型的"之"字形折曲，使小溪的水流方向发生变化。现场测量水平位移达 50m，断层为左旋逆断层。

14. 红山嘴-大堡子断层(F14)

红山嘴-大堡子断层北起红山嘴，向南依次通过礼州东小堡子、冯家堡子、龙家湾，梨华尖，至小庙乡与则木河断裂相交。断层总体走向北偏西 10°~20°，长度约为 14km。断层由大小 6 条次级断层组成首尾互不相连、断续展布的左阶斜列段。次级断层的走向与主干断层走向近于一致，夹角仅为 5°左右。这组左阶斜列带各次级断层首尾间距离和叠距约为 200~500m，其间无明显的挤压或拉张等次级构造出现。断层的新活动迹象除断槽、断坎及断塞塘、山脊、冲沟位错外，断层形迹也较为清楚(图 2-27)。

图 2-26 西昌市月华乡东射基诺断层及其小溪 Z 形扭曲

(a)下红山嘴东黑砂河断层的断坎及错动水系

(b)古家堡子东面断层呈线性展布的断槽

(c)花园村东断层呈线性分布的断槽

(d)花园村东右列的断层及其呈线性分布的断槽

图 2-27 西昌市月华乡红山嘴-大堡子断层的微构造地貌

礼州热水河以北发育两条次级断层组成的斜列段，位于古家堡子东该斜列段东边的最北端，该处见断层出露(图 2-28)。断层的东盘是上三叠统-下侏罗统的紫红色、灰绿色砂岩。西盘是下更新统昔格达组绿黄色砂岩、页岩，其上覆冲洪积砂砾岩层，在砂岩与砂页岩层间发育断层,断层走向近南北,断面倾向西、倾角68°。断层两盘的构造破碎岩带宽约2~3m。近断面处昔格达砂页岩层发生弯曲,远离断层岩层面逐渐趋于水平产出。

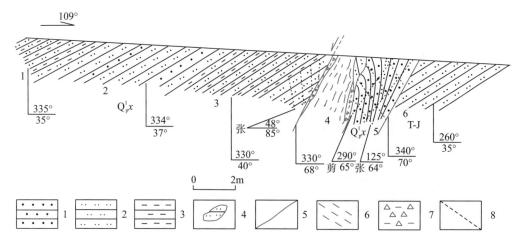

1.细砂岩;2.粉砂岩;3.泥岩;4.透镜体;5.断层;6.劈理化带;7.断层角砾;8.节理面

图 2-28　西昌市礼州镇古家堡子东断层剖面

在西昌市安宁镇花园村东可见红山嘴-大堡子断层出露,断层走向北偏西 5°,断面倾向东,倾角 60°,断面上有擦痕,黑色断层泥发育。断层东盘为 Q_p^1x 昔格达粉砂岩,西盘为 Q_p^3 砂砾岩。西侧砂砾岩逆冲在昔格达组粉砂岩之上。断层的蠕滑变形导致砂砾岩沿断裂面下滑,形成滑坡体(图 2-29)。

在西昌市安宁镇东山村东 1km 的犁铧机砖厂后公路新开挖陡壁上,也可见红山嘴-大堡子断层出露(图 2-29),断层走向北偏西 8°,断面倾向东,倾角 65°。东盘为 T_3-J_1 的紫红色砂岩,西盘为 Q_p^3x 昔格达组砂砾岩。断面西侧的昔格达组砂砾岩逆冲在东侧紫红色砂岩之上,并且在靠断层面处产状发生了变化。根据野外调查,该断层性质为逆断层。

 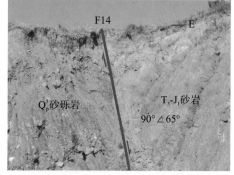

(a)花园村东砖厂小溪北壁断层破裂面　　　　(b)安宁镇犁铧尖砖厂公路东侧断层破裂面

图 2-29　西昌市红山嘴-大堡子断层破裂带

在西昌市礼州镇古堡子村东 500m 断层附近取光释光样品(GBZ-01a),测得年龄为11200±1100a,属于全新世,结合断层对滑坡的影响控制和地貌形迹等因素,红山嘴-大堡子断层属全新世的活动断层。

15. 杀野马海子-小热渣断层(F15)

杀野马海子-小热渣断层属于安宁河活动断裂的东断裂,该断层北起冕宁县杀野马海子,经过大药沟西、庄子上东、中间坝、高窑、嘎马山、山楂村、小热渣、后山乡西、咸水湾等地,南至大田村北侧,长约 31.5km。该断裂控制着区间长条状低山带东缘、南北向陡坎的断续分布,同时控制断层东侧的断槽以及断槽中呈南北向串珠状分布的新民、糖梨坝、大西沟等山间小盆地。断层控制构造地貌,断坎、断槽、断塞塘等在地表呈线性分布(图 2-30):

(1)在杀马海子-高窑村-寨子之间,断层主要沿长条状低山带山脊线东侧展布,构造微地貌主要以断坎及小山垭口为特征。

(2)在寨子-小热渣-后山乡之间,断层主要沿低山带山脚与冲洪积物接触线展布,构造微地貌主要以山脚、断坎及山腰垭口为特征。

(3)在后山乡-大田北之间,断层沿长条状低山带山脊线东侧展布,构造微地貌复杂,主要以断槽、断坎、小山沟及山腰垭口为特征。断层线在穿过河流、小溪时,常常错动水系,使水流方向发生改变。野外调查表明,杀野马海子-小热渣断层表现出左旋走滑的特征。

(a)冕宁县高窑村西断层沿山腰及断坎线性展布

(b)冕宁小热渣西断层穿越山脚、山垭及错动水系

(c)冕宁县高枧村大沟杀野马海子断层断槽

(d)冕宁县泸沽镇大田村北杀野马海子断层断槽

图 2-30　冕宁县杀野马海子-小热渣断层微构造地貌

　　杀野马海子-小热渣断层的断层形迹较为丰富,如在冕宁县周家堡子北东 300m 处可见断层出露。断层走向北北东,产状为 292°∠61°。断层东盘为昔格达组($Q_p^1 x$)粉砂岩,西盘为前寒武(An€)白色流纹岩,东盘的昔格达组粉砂岩逆冲到西盘的流纹岩之上(图 2-31),断层为逆冲断层。断层破裂带宽约 2m 左右,靠流纹岩一侧见断层透镜体。靠昔格达组粉砂岩一侧,在构造作用下粉砂岩发生劈理化,形成劈理化带。

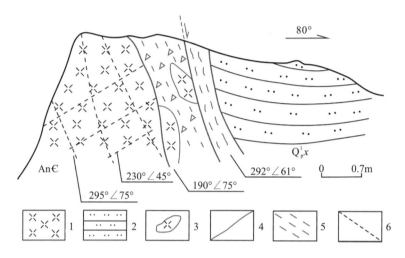

1.流纹岩；2.粉砂岩；3.断层透镜体；4.断层；5.劈理化带；6.剪节理

图 2-31　冕宁县周家堡子北东 300m 处断层素描图

　　在冕宁县庄子村南的小公路西侧路边可见杀野马海子-小热渣断层通过,断层东盘是下震旦统流纹岩,西盘是晚更新世的砂砾岩,二者之间发育的断层走向近南北,断面倾向西,倾角 75°。西盘砂砾岩左旋逆冲在流纹岩上,东盘流纹岩碎裂成片状或粉末状,西盘砾石成碎裂状,破碎带宽约 10~15cm(图 2-32)。

(a)冕宁县庄子村杀野马海子-小热渣断层接触面　　　(b)冕宁县后山乡南杀野马海子-小热渣断层面

图 2-32　冕宁县杀野马海子-小热渣断层的断层破裂面

　　在冕宁县后山乡南 1km 公路西侧壁,杀野马海子-小热渣断层发育在下震旦统的流纹岩与下更新统昔格达组($Q_p^1 x$)砂页岩之间(图 2-32)。断层走向北偏东 10°,断面倾向北西。断层面上段产状为 300°∠85°，下段为 290°∠50°。构造破碎带宽约 0.3～0.8m，断层角砾岩发育。在断面附近，西侧流纹岩被挤压破碎零乱，东侧昔格达组砂岩层则挤压呈叶片状，可见断层擦痕。根据断层擦痕、断层面产状变化及两侧岩体的形变特征，可判定断层东盘（下盘）上升，西盘（上盘）下降，为具有左旋特征的正断层。

在杀野马海子-小热渣断层附近取光释光样品（XRZ-01a）进行测年，得到的年龄为 15500±1600a，表明断层在晚更新世是活动的。断层控制现今仍在变形的滑坡、地震等也说明该断层现今仍在活动。

16. 大坪子-大沟断层（F16）

大坪子-大沟断层位于新华、泸沽一线以东，北起冕宁县泸沽镇大田村北大沟，经黄泥湾、大坪坝、中坝、烂坝，止于喜德县大坪子，长 23km。断层控制了断层东侧南北向的断槽以及呈珠状分布的黄泥湾、大坪坝、中坝、烂坝等四个山间小盆地的形成与发展。

该断层在地表的形迹与特征较为明显，地貌上主要沿西侧长条形低山带的东缘断坎，呈直线状分布。断槽和垭口等断层地貌特征较为清楚，在盆地中断层线多被洪积扇的砂或覆土所掩盖，但在陡峭的山崖下可见断层通过处的基岩极为破碎，大量的坡积碎石堆积成坡积扇或倒石堆（图 2-33）。

山脚与冲积扇交接线展布的大坪子-大沟断层

沿山脚线展布的大坪子-大沟断层

山脚与盆地交接线展布的大坪子-大沟断层

大坪子村沿断槽展布的大坪子-大沟断层

图 2-33 冕宁县、喜德县大坪子-大沟断层微构造地貌形迹空间展布

在大坪子-大沟断层北段，冕宁县泸沽镇西侧的杨家火山北 W06 县道公路壁处，可见该断层北段破裂面(图 2-34)，断层主要发育于老地层的砂岩夹板岩中，断层破碎带宽 3～5m，走向近北北西，倾向北东东。东侧断裂面与前寒武的流纹岩呈断层接触，西侧断裂面与花岗岩呈断层接触，断裂面产状为 80°∠35°。断层东侧为上盘，西侧为下盘，根据断层破裂带透镜体及擦痕推断，断层东盘下降，西盘上升，为正断层。

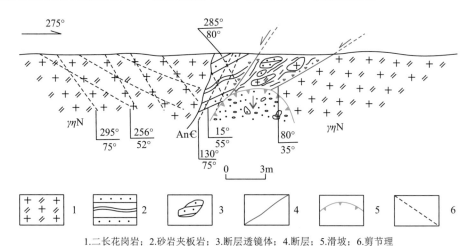

1.二长花岗岩；2.砂岩夹板岩；3.断层透镜体；4.断层；5.滑坡；6.剪节理

图 2-34　冕宁县泸沽镇西侧杨家火山北 W06 县道公路壁处断层剖面图

在喜德县烂坝盆地北端的红泥岗西侧断槽中可见大坪子-大沟断层形迹，断层东盘是上三叠统-下侏罗统(T_3-J_1)黄绿色砂岩夹泥质砂岩、页岩，西盘为震旦系流纹岩，断层从两种岩性的接触带通过(图 2-35)。现场测得断层走向为北偏西 35°，倾向北偏东 55°，倾角 54°。前人根据断槽中 ^{14}C 年龄值，推定断层时代为晚更新世晚期—早全新世初期(王新民等，1998)。

在该断层南端的喜德县大坪子附近可见断层出露，上三叠统-下侏罗统(T_3-J_1)的黑色含碳薄-中层砂岩与下震旦统的灰绿色流纹岩之间为断层接触，断层走向北偏西 10°，断面倾向北偏东 80°，倾角 75°，为逆断层。断层东盘的黑色砂页岩破碎成粉末状，遇水呈泥状，西盘的流纹岩极为破碎(图 2-35)。

(a)红泥岗西断槽中大坪子–大沟断层断层面

(b)大坪子西公路南壁大坪子–大沟断层面

图 2-35　喜德县大坪子-大沟断层的断层面特征

17. 鲁基断层(F17)

鲁基断层为安宁活动断裂带最南段的次级断层,北起喜德县大坪子,南到鲁基南,走向近南北向,长约6km。鲁基断层沿东缘低山带的断坎山脚与鲁基盆地的洪积扇前缘交线展布。它不仅控制了洪积扇前缘南北向线性分布,而且还控制了鲁基单侧断陷盆地的形成与发展。

鲁基断层的微构造地貌特征明显,沿断层多分布线性的断坎、断槽,断层还错动水系,表现为左旋走滑特征(图2-36)。在断层南端的喜德县鲁基乡政府西侧黑沙河水库南的小沟中,东侧下更新统昔格达组($Q_p^1 x$)灰黄厚层粗砂岩、薄-中层砂质黏土岩和泥质砂岩断覆在上三叠统-下侏罗统(T_3-J_1)灰黑色砂岩、砂质页岩之上。西侧为Q_p^3砂砾岩断覆在灰黑色砂岩、砂质页岩之上。断层面走向近南北、断面倾向东、倾角65°~70°。

(a)喜德县鲁基断层断槽呈线性分布

(b)鲁基断层沿冲积扇与山脚线性展布

(c)鲁基断层错动水系及不同环境砂砾岩

(d)鲁基断层面Q_4砂砾岩逆冲到黑色砂岩之上

图2-36 喜德县鲁基断层在区间微构造地貌、空间展布及断裂面

在该断层北端,由于断层的作用,断层西盘的上三叠统-下侏罗统(T_3-J_1)砂岩和页岩组成的台地上堆积的砂砾层,与断层东盘盆地中堆积的砂砾层扇面前缘的相对高差达5~10m。而且洪积扇扇面前缘附近的砾石倾向与扇面倾向相反,并且向东倾。

2.3　安宁河活动断裂活动特征

安宁河断裂带是一条具有多期活动的复杂断裂，现今仍在活动。在充分收集、整理各类地质资料的基础上，采用活动断裂带氡剖面测量、断层泥石英 SEM 测试以及高精度 GPS 监测等手段，对安宁河活动断裂带的活动性分段、断裂活动性、断裂活动方式等活动特征进行了全面的研究。

2.3.1　安宁河断裂带活动分段

对于规模巨大的断裂带，通常由不同期次、不同性质、不同规模的次级断裂组成。在长期地质演化过程中，断裂内部活动在时间、空间和强度上都具有明显的不均匀性，断裂几何结构、断裂活动时间、运动速率及性质、地震地表破裂和地震活动等，也具有明显的差异和分段活动性特征。断裂分段性及断裂活动的不均匀性在安宁河断裂带表现得特别明显。

活动断裂的分段性是评价活动断裂地震危险性和工程安全的重要基础。规模宏大的断裂带内部不同部位具有各自的活动特点，因而具有活动分段性。安宁河断裂带是由多条次级断层组成的复杂断裂带，由于次级断层空间组合形式、活动方式及所受构造应力环境的不同，在纵向上活动特点具有分段性，各段具有不同的几何学和运动学特征。

为了更好地服务工程地质调查，对安宁河断裂带进行分段研究。根据断裂活动分段标准，以断裂空间几何形态、断裂结构、活动方式、活动强度、地震活动等为主要依据，将安宁河断裂带分为三个不同的活动段(图 2-37)。

(1)北段：从石棉县田湾到紫马跨，长约 50km，断层结构较简单，形态单一，是由多条次级或更次级的小断层组成首尾互不相连并以左阶斜列为主的单一断裂带，仅包括田湾-紫马跨断层(F1)。该段断裂活动性及运动速度大小次之，断裂构造中等复杂，历史上曾发生小-中强地震，运动方式以蠕滑-黏滑为主。

(2)南段：西昌以南，活动性及运动速度大小较弱，仅有零星小震活动，运动方式为蠕滑。属于广义安宁河断裂带的南段，未做进一步调查研究。

(3)中段：从紫马跨到西昌，该段断裂构造复杂，运动速率相对较大，活动性较强，运动方式以黏滑为主，历史上发生的强震主要集中在该段。该段由次级和更次级大小不等的多条断层组成首尾互不相连，并以左阶和右阶斜列的两条近于平行断裂带。根据断裂带的几何形态、活动方式和活动强度，将中段进一步划分为 3 个次级小段，即北段(Ⅱ-1)、中段(Ⅱ-2)和南段(Ⅱ-3)。下面对这 3 个亚段做进一步阐述。

北段(Ⅱ-1)：为紫马跨-小盐井段，长约 40km。该断裂段是由三条次级断层组成、以左旋左阶为主的斜列断裂段，即派斯哥滴断层(F2)、野鸡洞断层(F3)、彝海断层(F4)。地貌上由一系列的小山脊、断坎、断槽和沿断槽分布的断塞塘来显示活动断层的存在，以断层两侧断坎、山脊、冲沟的水平和垂直位移的显著幅度来显示断裂的性质与活动强度。由一系列具有张性、压性、扭性等次级断层相互斜列组成的、以左旋左阶为主的逆走滑断

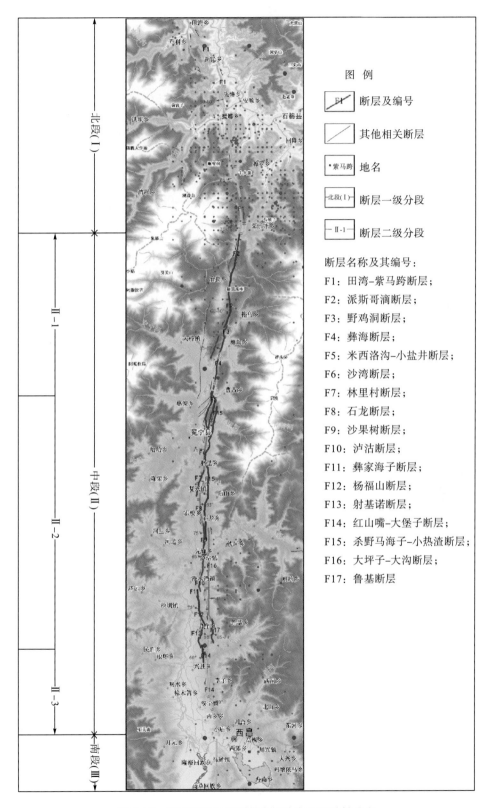

图 2-37　安宁河活动断裂带空间分布及活动性分段

裂。次级断层断面时而东倾、时而西倾，为一条平面结构单一的断裂。活动方式以水平走滑兼有明显张性为主。总体上看，断层活动速率相对较小，活动方式为蠕滑-黏滑。探槽揭示(钱洪等，1990)和文献记录野鸡洞有古地震发生。

中段(Ⅱ-2)：为小盐井-礼州段，长约55km，为左旋左阶或左旋右阶的斜列断裂带。该段断裂带由一系列次级断层组成近于平行并称之为东断裂、西断裂的两条次级断层带组成。在该断层段内，发育由低矮山丘组成长条状的山体，走向南北。东断裂、西断裂则沿长条状低山带东西缘分布。低山带的东西两侧是中段(Ⅱ-2)活动和分布的主要场所。地貌上，近于平行的东、西断裂之间所夹持的长条状山体呈明显上升趋势，两侧则呈现明显的下降趋势。长条状山体东侧为深达十余米、南北断续长40km的断槽，断槽中分布有串珠状的山间小盆地。西侧则是宽阔的安宁河谷阶地，进而组成了地堑-地垒-地堑结构。

中段(Ⅱ-2)中的西断裂带包括米西洛沟-小盐井断层(F5)、沙湾断层(F6)、林里村断层(F7)，运动方式以蠕滑为主，断裂构造较为简单，为单一断层。石龙断层(F8)、沙果树断层(F9)、泸沽断层(F10)、彝家海子断层(F11)、杨福山断层(F12)、射基诺断层(F13)，这6条断层的断面东倾或西倾，性质以扭性为主，兼具明显的压性或局部张性特征。中段(Ⅱ-2)中的东断裂带包括杀野马海子-小热渣断层(F15)、大坪子-大沟断层(F16)和鲁基断层(F17)，这3条断层的断面东倾或西倾，性质以扭性为主兼有明显的压性或张性，从而组成左旋左阶或左旋右阶的逆走滑断裂带。地质研究及GPS监测表明，此段断层活动速率最大，活动方式为黏滑，有记录以来的大地震主要发生在此段。由此可见，此断裂段的断层平面结构复杂、活动性很强。

南段(Ⅱ-3)：为礼州-安宁段，长约15km，仅包括红山嘴-大堡子断层(F14)，为平面结构单一的断裂段。红山嘴-大堡子断层是由6条首尾互不相连、断续展布的次级断层组成的左阶斜列段。次级断层间无明显的挤压或拉张等次级构造出现，反映断层活动的断槽、断坎和断陷塘、山脊、冲沟位错等构造地貌特征主要分布在礼州以北段。该段断裂活动方式为黏滑，断裂活动以水平走滑兼有挤压为主，活动速率相对较大。有记录以来，发生的几次大地震主要分布该断裂段的北端及南端附近，可能与中段(Ⅱ-2)的断层及则木河断裂带有关。

2.3.2　安宁河断裂带活动性

放射性气体氡具有化学性质稳定、迁移能力强的特点，能不断沿活动断层及其周围破碎带向地表迁移和释放，常被用来作为深部信息的指示元素。大量资料表明，在断层活动的地区，通常出现氡气含量高值异常。因此通过氡气测量可以查明地表以下活断层的空间位置，同时评价断层的活动性。

基于上述分析，在安宁河断裂带的田湾-紫马跨断层(F1)、沙湾断层(F6)、红山嘴-大堡子断层(F14)及安宁河断裂带南段东支断层上，部署了四条氡测量横切剖面(图2-38)。其中田湾-紫马跨断层属于安宁河断裂带北段，沙湾断层及红山嘴-大堡子断层属于安宁河断裂带中段，德昌大坝村东支断裂属于安宁河断裂带南段。断层剖面土壤氡浓度测量结果见图2-38。

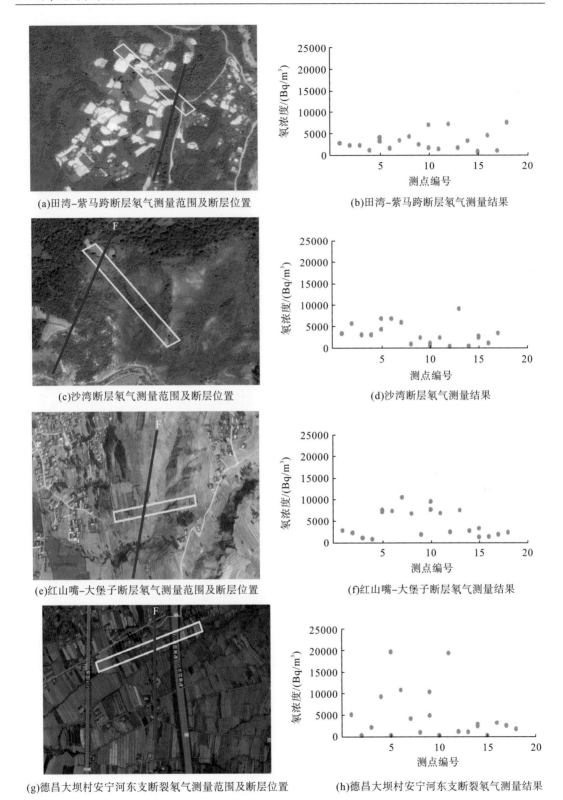

(a)田湾–紫马跨断层氡气测量范围及断层位置

(b)田湾–紫马跨断层氡气测量结果

(c)沙湾断层氡气测量范围及断层位置

(d)沙湾断层氡气测量结果

(e)红山嘴–大堡子断层氡气测量范围及断层位置

(f)红山嘴–大堡子断层氡气测量结果

(g)德昌大坝村安宁河东支断裂氡气测量范围及断层位置

(h)德昌大坝村安宁河东支断裂氡气测量结果

图 2-38 安宁河断裂带氡气测量位置及测量结果

从图 2-38 中测量结果可知：

(1) 田湾-紫马跨断层剖面氡浓度平均为 2869Bq/m³，断层破裂面附近氡浓度平均为 4137Bq/m³，是剖面平均氡浓度的 1.44 倍。断层破裂面最高的氡浓度为 7211.9Bq/m³，是剖面平均氡浓度的 2.51 倍。

(2) 沙湾断层处于滑坡体上，可能对测量结果有一定的影响。断层剖面氡浓度平均为 3222Bq/m³，断层破裂面最高氡浓度为 9016.7Bq/m³，是剖面平均氡浓度的 2.80 倍。

(3) 红山嘴-大堡子断层剖面氡浓度平均为 4598Bq/m³，断层破裂面附近平均为 7964Bq/m³，是剖面平均氡浓度的 1.73 倍。断层破裂面最高氡浓度为 10629.2Bq/m³，是剖面平均氡浓度的 2.31 倍。

(4) 德昌大坝村安宁河断裂带南段东支断裂剖面氡浓度平均为 4898Bq/m³，断层破裂面附近平均为 9365Bq/m³，是剖面平均氡浓度的 1.91 倍。断层破裂面最高氡浓度为 19619.6Bq/m³，是剖面平均氡浓度的 4.01 倍。

从上述断层剖面氡气浓度测量的结果可以看出，断层破裂面最高氡浓度是断层剖面平均氡浓度的 2～4 倍，表明安宁河断裂带北段、中段次级断层仍在活动。但从断层破裂面最高氡浓度以及断层破裂面平均氡浓度来看，安宁河活动断裂带中段的活动性强于北段。安宁河断裂带南段表现为高背景值，高异常值，表明其现今应有一定的活动性，但是具体的活动性有待进一步探讨。因此，根据断层剖面氡气浓度测量结果可知，安宁河断裂带是一条现今仍在活动的断裂，并且断裂带中段的活动性强于北段。

2.3.3　安宁河断裂带活动方式

断裂活动方式不仅是地质调查的重要内容，同时也是划分潜在震源区的重要依据。活动断裂按活动性质分为蠕变型活动断裂(蠕滑型)和突发型活动断裂(黏滑型)，其活动方式对应为蠕滑和黏滑两种。蠕变型活动断裂是指活动断裂长期缓慢的相对位移变形。突发型活动断裂错动位移是突然发生的。断裂活动方式对工程建筑的影响主要体现在两个方面：

(1) 活动断裂缓慢的水平及垂直移动蠕变，造成建筑物变形破坏。

(2) 活动断裂发震导致的突发位移对断裂附近一定范围建筑物的破坏。

国内外大量的利用活动断裂资料评价地震危险性的研究成果表明，强震主要发生在具有黏滑特征的断裂上，而蠕滑性质的活动断裂一般作为应变能积累的抑制因素，通常发生中小地震。因此，对断裂活动方式的研究有助于预测活动断裂触发地震的规模以及分析地震地质灾害成因。

石英的应力痕迹微形貌特征是记录断层活动过程及其动力学特征的标志之一。大量研究表明，断层活动方式不同导致断层泥显微构造明显不同。由于石英颗粒表面的应力痕迹微形貌也存在显著差异(张秉良等，1994)，因此，石英颗粒的应力痕迹微形貌特征能够反映断层的活动方式(Kanaori et al.，1980)。在应力痕迹微形貌中，楔形撞击坑、直线状擦痕、放射形断口、河流花样、瓦纳线、密集破劈理等应力痕迹代表了断裂的黏滑运动。而裂而不破或揉裂、勺状擦痕、磨圆球砾、弧形擦痕、疲劳纹等则说明断裂以蠕滑为主。解理台阶、椭圆形坑、不规则长型坑、小贝壳状断口等可能为过渡类型(Kanaori et al.，1980，1985；杨主恩等，1986；徐叶邦等，1986，1987a，1987b；汪明武等，2002；申俊峰等，2007)。

基于上述分析，本次研究利用安宁河次级断层上采集的 18 件断层泥样品。采用日本日立 S-4800 能谱扫描电子显微镜进行石英微形貌观察统计，通过观察结果研究断层的活动方式。对于存疑的碎砾采用能谱确认，确保统计颗粒为石英碎砾。运用石英碎砾应力微形貌特征判断断层活动方式的依据主要有以下几点：

(1)主体以黏滑应力微形貌特征为主，蠕滑应力微形貌特征较少，判断为黏滑。

(2)主体以蠕滑应力微形貌特征为主，黏滑应力微形貌特征极少，判断为蠕滑。

(3)黏滑与蠕滑应力微形貌特征都有，其中两组数量相似或蠕滑特征偏多，判断为蠕滑/黏滑。黏滑与蠕滑应力微形貌特征都有，且黏滑应力微形貌特征明显多于蠕滑，但蠕滑特征也颇具数量，则判断为黏滑/蠕滑、黏滑为主。

安宁河活动断裂带断层泥石英碎砾应力痕迹微形貌观察结果显示：

(1)代表蠕滑作用特征主要见勺状擦痕、弧形擦痕、磨圆球粒、揉裂、疲劳纹、圆形撞击坑等(图 2-39)。

a.疲劳纹；b.弧形勺状研磨坑；c.缓慢揉裂张裂隙；d.大勺状擦痕；e.小勺状擦痕和磨圆；f.橘皮状磨圆球粒

图 2-39 安宁河活动断裂断层泥石英碎砾表面微形貌特征(蠕滑方式)

(2)代表黏滑作用产物的应力微形貌特征较为丰富，见有大贝壳状断口、河流花样、放射状断口、直线型擦痕、切砾快速破裂、瓦纳线、楔形撞击坑、密集解理等(图 2-40)。

(3)在观察过程中可见单颗粒石英碎砾有多组石英微形貌特征相切割的现象(图 2-41)，偶见有大量的解理台阶(图 2-41e)、椭圆形坑等过渡型特征，说明断层经历了多期活动。

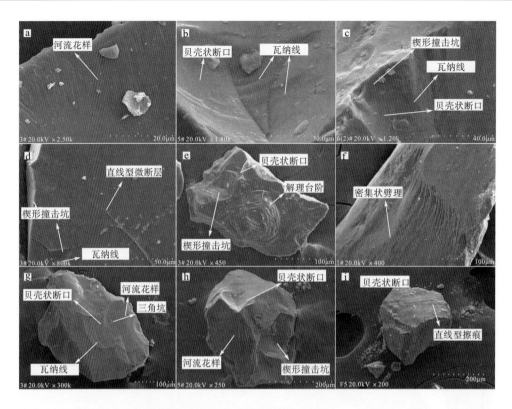

图 2-40　安宁河活动断裂断层泥石英碎砾表面微形貌特征（贝壳状形态、黏滑方式）

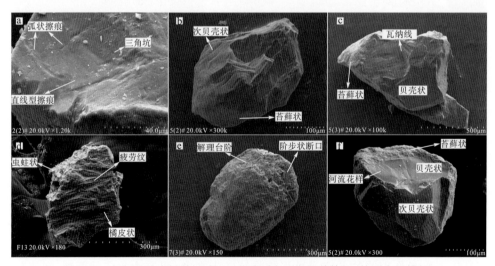

图 2-41　安宁河活动断裂断层泥石英碎砾表面微形貌特征（单颗多组特征）

根据断层活动方式及 SEM 应力痕迹微形貌观察结果，分析安宁河活动断裂带的活动方式见表 2-2。断层泥中石英表面 SEM 溶蚀构造分类频率分布图见图 2-42。从表 2-2 中可知：

（1）安宁河活动断裂北段，断层（F1）运动方式以蠕滑为主，但活动频率较强，从地震分布情况来看，该段发生地震多以 5 级以下为主，少有几个强震可能与多条断裂交汇有关，且以 2~4 级地震居多，可占安宁河断裂地震数量的 70%以上，这与蠕滑宜产生小震有一定联系(徐叶邦等，1987)。

(2)安宁河活动断裂中段的 II-1 段，断层(F2、F3、F4)运动方式以黏滑为主，但 F4 断层兼有蠕滑性质，该段地震作用较明显，1913 年冕宁小盐井 6.0 级地震就发生在该段。II-2 段断层运动方式主体以黏滑为主，但由于该段断层分为东西两支，各支断层活动方式又略有差别，总体表现为全新世活动强烈的多为黏滑运动方式，如 F5、F15、F9、F10、F11、F12 断层。而 F6、F8、F16 断层全新世活动较弱，表现为以蠕滑/黏滑相似的运动方式为主。该段为安宁河活动断裂活动性最强的一段，1952 年冕宁 6.7 级地震发生于该段石龙附近。II-3 段断层(F14)活动性明显减弱，运动方式以蠕滑为主。但需要指出的是，F14 断层北段处于东西两支活动断层交汇部位，断层活动较强，运动方式为黏滑性质，这与 1850 年西昌礼州附近发生 7.5 级地震相契合。

表 2-2 安宁河活动断裂断层泥 SEM 判定断层活动性统计表

样品编号	采样地点	控制断层	断层活动时代(由强到弱)	断层运动性质	特征标志
JPC-SEM	石棉先锋乡金平村西	F1	中-晚更新世、全新世有过活动	蠕滑	放射状断口、三角坑、勺状擦痕、弧形擦痕、磨圆球砾、准直线擦痕、解理台阶、圆形坑、应力微断层
PBC-SEM	冕宁惠安坪坝村东	F2	晚更新世、全新世、中更新世	黏滑/蠕滑，黏滑为主	大贝壳状断口、阶步状刻痕、三角坑、撞击坑、平直擦痕、V 形坑；弧状擦痕、勺状擦痕、磨圆球砾
LBZ(F2)-SEM	老堡子北	F2	晚更新世—全新世、中更新世	黏滑	大贝壳状断口、水系花样、放射状断口、三角坑、V 形坑、直线擦痕、切砾快速破裂；小三角面
YJD(F3)-SEM	野鸡洞东	F3	晚更新世、全新世、中更新世早期有过活动	黏滑/蠕滑，黏滑为主	大贝壳状断口、水系花样、放射状断口、三角坑、V 形坑、直线擦痕、切砾快速破裂、贝壳状断口；圆形坑、平直裂纹
YH-SEM	彝海北白沙沟	F4	中-晚更新世、早更新世、全新世	黏滑/蠕滑，黏滑为主	大贝壳状断口、阶步状刻痕、三角坑、撞击坑、平直擦痕、平直滑动面、疲劳纹、切砾快速破裂、V 形坑；弧状擦痕、勺状擦痕、磨圆球砾
ZJBZ(F5)-SEM	周家堡子西	F5	晚更新世、中更新世、全新世	黏滑	三角坑、大贝壳状断口、阶步状刻痕、放射状断口、直线擦痕、疲劳纹、准直线擦痕
YCG-SEM	冕宁沙湾秧财沟滑坡西	F6	中-晚更新世、早更新世、全新世	黏滑/蠕滑	大贝壳状断口、阶步状刻痕、三角坑、撞击坑、磨圆球砾、缓慢揉裂
LLC(F7)-SEM	林里村东	F7	中-晚更新世、早更新世、全新世	黏滑/蠕滑，黏滑为主	三角坑、大贝壳状断口、阶步状刻痕、放射状断口、V 形坑、水系花样、疲劳纹、平直滑动面；圆形坑、勺状擦痕
SG-SEM1	沙果树断裂	F8	晚更新世、全新世、中更新世	黏滑/蠕滑	大贝壳状断口、阶步状刻痕、三角坑、撞击坑；磨圆球砾、缓慢揉裂
DT(F9)-SEM	大田村北	F9	全新世、晚更新世	黏滑/蠕滑，黏滑为主	三角坑、大贝壳状断口、阶步状刻痕、放射状断口、直线擦痕、疲劳纹；磨圆球砾、平直裂纹、准直线擦痕
LUG-SEM	冕宁泸沽东大沟口南	F10	晚更新世—全新世、中更新世	黏滑	疲劳纹、三角坑、贝壳状断口、放射状断口、撞击坑、阶步状刻痕、V 形坑、平直滑动面、水系花样、线状擦痕；平直裂纹、磨圆球砾、勺状擦痕

样品编号	采样地点	控制断层	断层活动时代（由强到弱）	断层运动性质	特征标志
HTP(F12)-SEM	黄土坡村东	F12	全新世、晚更新世、早-中更新世、上新世	黏滑	三角坑、大贝壳状断口、阶步状刻痕、放射状断口、水系花样、直线擦痕、疲劳纹；圆形研磨坑
YUH(F13)-SEM	月华乡东	F13	早更新世—中更新世晚期、上新世、晚更新世—全新世	黏滑/蠕滑，黏滑为主	疲劳纹、大贝壳状断口、解理台阶；平直裂纹
GBZ-SEM1	古堡子东1.5km	F14	晚更新世、全新世、中更新世	黏滑	大贝壳状断口、阶步状刻痕、三角坑、河流花样、撞击坑、平直擦痕、平直滑动面
LZX-SEM	喜德县李子乡花园村	F14	从上新世—全新世都有活动，早-中更新世最强	蠕滑	贝壳状断口、平直擦痕；大三角形坑、不规则凹坑、准直线擦痕、磨圆球砾、平直裂纹
LHJ(F14)-SEM	梨桦尖砖厂	F14	早更新世—中更新世晚期、上新世晚期、全新世	黏滑/蠕滑，蠕滑为主	贝壳状断口、阶步状刻痕、疲劳纹；磨圆球砾、弧状擦痕
HS-SEM1	桃园村后山断层	F15	全新世、晚更新世、中更新世	黏滑	大贝壳状断口、阶步状刻痕、三角坑、撞击坑、平直擦痕、平直滑动面、疲劳纹、切砾快速破裂、解理台阶
ZJB-SEM	冕宁周家堡子北	F15	全新世、晚更新世、中更新世	黏滑	大贝壳状断口、阶步状刻痕、三角坑、河流花样、撞击坑、平直擦痕、平直滑动面、V形坑
LUJ-SEM	冕宁大坪子西	F16	晚更新世、全新世、上新世—早更新世	黏滑/蠕滑	大贝壳状断口、阶步状断口、疲劳纹、放射状断口、河流花样、三角坑、线状擦痕；不规则长形坑、缓慢切剪破裂、小三角坑、长轴型撞磨坑、弧形擦痕
LAB(F16)-SEM	烂坝村西	F16	晚更新世、全新世、中更新世、上新世—早更新世	黏滑/蠕滑，黏滑为主	疲劳纹、大贝壳状断口、三角坑、阶步状刻痕、解理台阶；平直裂纹、不规则研磨坑
LUG(F17)-SEM	鲁基南	F17	早更新世晚期、晚更新世、全新世、上新世	黏滑/蠕滑，黏滑为主	贝壳状断口、解理台阶、放射状断口、三角撞击坑、平直滑动面、解理台阶、直线擦痕；不规则裂纹

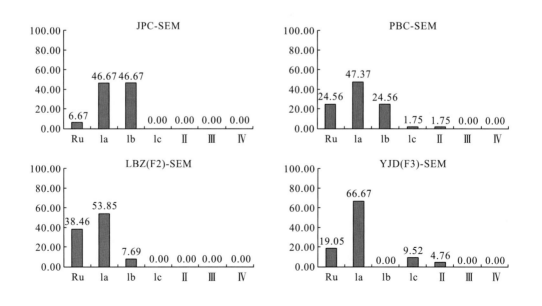

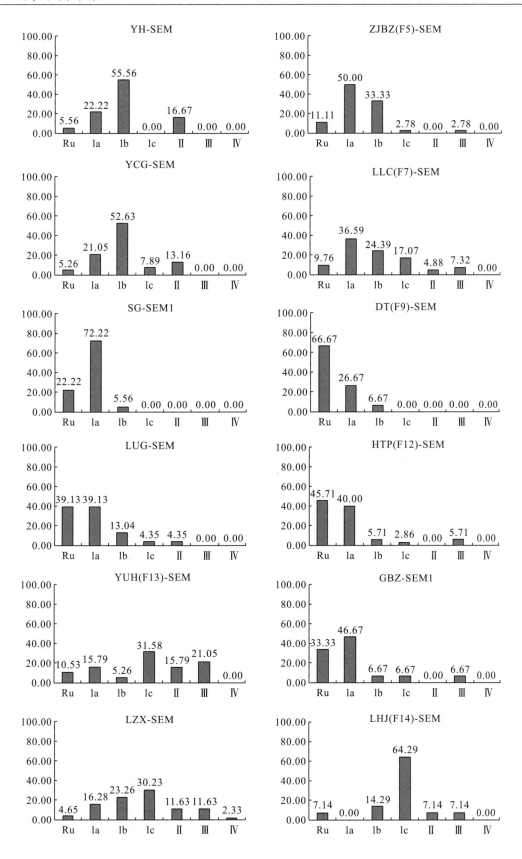

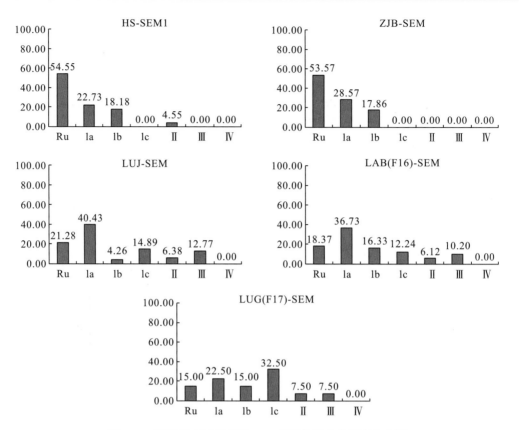

图 2-42　断层泥中石英表面 SEM 溶蚀构造分类频率分布图

根据安宁河活动断裂带的分段情况，结合断层泥微结构、断裂带形变 GPS 观测资料（2009～2018 年）、断层泥石英电镜扫描刻蚀形貌方法、错段地貌特征及地震空间分布特点，得到安宁河活动断裂带各段的活动方式见表 2-3。由表中可知，安宁河断裂北段及南段为蠕滑活动，中段的北段（II-1 段）以蠕滑-黏滑为主，中段的中段（II-2 段）和南段（II-3 段）以黏滑为主。

表 2-3　安宁河断裂带各段活动方式

断层分段	断层泥微结构	地震分布	活动方式
北段(I 段)	定向结构	地震次数少 地震强度小	蠕滑
中段(II-1 段)	定向结构 非定向结构	地震次数中 地震强度中	蠕滑-黏滑
中段(II-2 段、II-3 段)	非定向结构	地震次数多 地震强度大	黏滑
南段(III段)	定向结构	地震次数少 地震强度小	蠕滑

2.3.4 安宁河断裂带现今分段活动性

为了进一步分析安宁河断裂带不同地段断裂现今运动速率，利用在青藏高原东缘布置的高精度 GPS 监测网，通过在安宁河断裂带两侧布设监测点的方法，获得安宁河断裂带北段、中段和南段现今运动速率。一共布置 8 条横跨安宁河断裂的 GPS 监测剖面，总共 18 个监测点，剖面位置见图 2-43。安宁河断裂带西侧运动速率大于东侧，故以东侧为参考，得到西侧测站相对东侧测站的运动速度，即为安宁河断裂带各段、各次级断层运动速率。

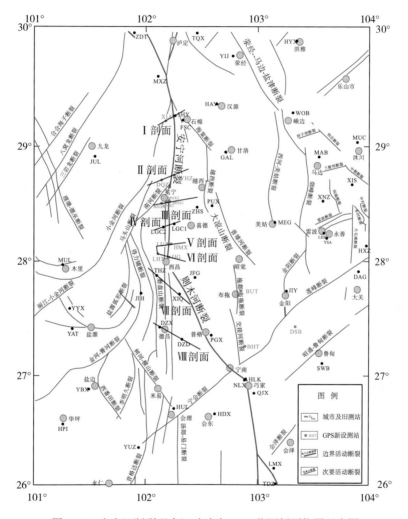

图 2-43 安宁河断裂现今运动速率 GPS 监测剖面位置示意图

2.3.4.1 安宁河断裂北段现今运动速率

安宁河断裂北段布置 I 剖面，横跨田湾-紫马跨断层。控制剖面监测点为石棉县西边 SHY 和 XLC 两个 GPS 测站。通过监测数据计算可知 I 剖面处断裂的现今运动速度为 34.85±11.19mm/a。测站运动速度及方向表现为西侧大、东侧小（图 2-44），断裂活动性质为左旋走滑。

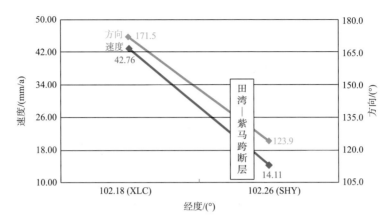

图 2-44　Ⅰ剖面断层运动速率和运动方向角度

从监测结果可知,Ⅰ剖面处断层现今运动速率较大,这主要与 2018 年 5 月 16 日石棉、10 月 31 日西昌地震有关。从安宁河断裂带及附近地区 GPS 测站总速度和运动方向角度等值线图可知(图 2-45、图 2-46):

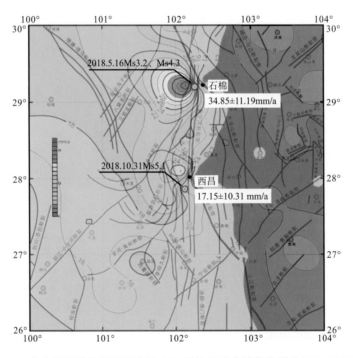

图 2-45　安宁河断裂带及附近地区 GPS 测站总速度等值线图(2009~2018 年)

(1)大约以 17mm/a 等值线为分界线,安宁河断裂,西侧运动速度明显大于东侧。沿断裂带走向,断裂周围运动速度大小等值线密集,反映出安宁河活动断裂带两侧速度差异较大,安宁河活动断裂带处于挤压环境。在断裂带北段和西侧出现了两个高速度异常区,异常区周围在 2018 年 5 月 16 日石棉发生 Ms3.2、Ms4.3 级地震以及 2018 年 10 月 31 日西昌发生 Ms5.1 级地震,突出表现地震前的地壳快速运动。

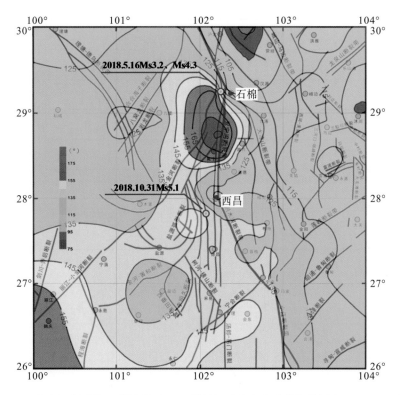

图 2-46　安宁河断裂带及附近地区 GPS 测站运动方向角度等值线图(2009~2018 年)

(2)安宁河活动断裂带东西两侧运动方向角度等值线变化不明显。在断裂带北段和西侧出现了两个高速度异常区,主要与 2018 年的石棉、西昌地震有关,说明地震前地壳运动方向角也会发生变化。总体而言,沿活动断裂带走向,由北向南,地壳运动方向角逐渐变大,与区域运动特征相似,与局部构造位置无关,主要受区域构造作用的影响。

2.3.4.2　安宁河断裂中段现今运动速率

安宁河断裂中段是整个断裂活动性最强、历史地震频发的一段,在安宁河断裂中段一共布置 5 个 GPS 监测剖面,分别是Ⅱ-Ⅵ剖面。各剖面控制断裂以及断裂现今运动速率特征如下:

1. Ⅱ剖面

Ⅱ剖面控制彝海断层,控制剖面监测点为冕宁县北彝海镇附近 DQZ 及 YHZ 两个 GPS 测站。通过监测数据计算可知Ⅱ剖面处断裂的现今运动速度为 3.28±7.80mm/a,在彝海断层两侧,运动速度西侧大、东侧小,而运动方向角度西侧小于东侧(图 2-47),彝海断层活动性质为左旋走滑。

2. Ⅲ剖面

Ⅲ剖面控制安宁河断裂带西支断裂、沙湾断层和杀野马海子-小热渣断层。控制剖面监测点为冕宁县城南边的 MNX1、MNX2、MNX3、MNX4 等四个 GPS 测站。通过 GPS 剖面测得的断层运动速率和运动方向角度见图 2-48。

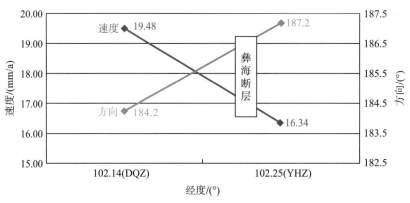

图 2-47 Ⅱ剖面断层运动速率和运动方向角度

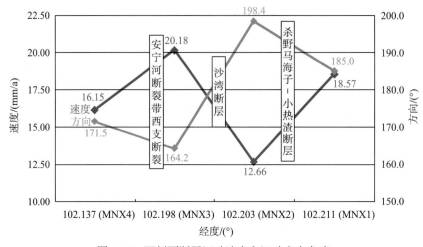

图 2-48 Ⅲ剖面断层运动速率和运动方向角度

(1) MNX4、MNX1 测站控制了整个安宁河断裂带的活动，活动速度 4.72±8.85 mm/a，活动性质为右旋走滑挤压。

(2) MNX4、MNX3 测站控制了安宁河断裂带西支断裂的活动，活动速度 4.47±7.78mm/a，活动性质为右旋走滑挤压。

(3) MNX3、MNX1 测站控制了安宁河断裂带东支断裂的活动，活动速度 7.15±6.78mm/a，活动性质为左旋走滑挤压。

(4) MNX3、MNX2 测站控制了安宁河断裂带东支断裂的西断层(沙湾断层)活动，活动速度 12.03±7.47mm/a，活动性质为左旋挤压走滑。

(5) MNX2、MNX1 测站控制了安宁河断裂带东支断裂的东断层(杀野马海子-小热渣断层)活动，活动速度 6.92±5.85mm/a，活动性质为右旋走滑拉张。

3. Ⅳ剖面

Ⅳ剖面控制安宁河断裂中段，控制剖面监测点为冕宁县泸沽镇 LUG1 及 LUG2 两个 GPS 测站。通过监测数据计算可知，Ⅳ剖面处断裂的现今运动速度为 1.98±0.22mm/a，活动性质位左旋挤压走滑(图 2-49)。

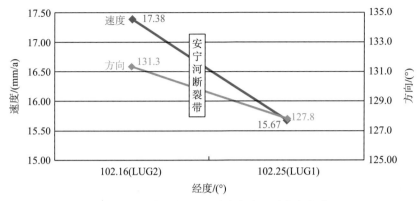

图 2-49 Ⅳ剖面断层运动速率和运动方向角度

4. Ⅴ剖面

Ⅴ剖面控制安宁河西支断裂、安宁河东支断裂中的射基诺断层、鲁基断层。控制剖面监测点为冕宁县月华乡 LHX、LUJ、HMZ 等三个 GPS 测站。通过 GPS 剖面测得的断层运动速率和运动方向角度见图 2-50。

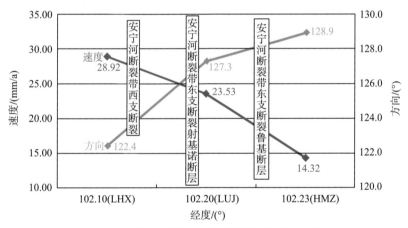

图 2-50 Ⅴ剖面断层运动速率和运动方向角度

（1）LHX、HMZ 测站控制了整个安宁河断裂带的活动，活动速度 14.79±16.36 mm/a，活动性质为左旋挤压走滑。

（2）LHX、LUJ 测站控制了安宁河断裂带西支断裂及东支断裂中的射基诺断层的活动，活动速度 5.84±11.22mm/a，活动性质为左旋走滑挤压。

（3）LUJ、HMZ 测站控制了安宁河东支断裂中的鲁基断层的活动，活动速度 9.22±14.29mm/a，活动性质左旋走滑挤压。

5. Ⅵ剖面

Ⅵ剖面控制安宁河断裂带西支断裂和东支断裂的红山嘴-大堡子断层活动，控制剖面监测点为冕宁县礼州镇 LHX 和 JJG 等两个 GPS 测站。通过监测数据计算可知Ⅵ剖面处断层的现今运动速度为 17.15±10.31mm/a，活动性质为左旋走滑挤压（图 2-51）。

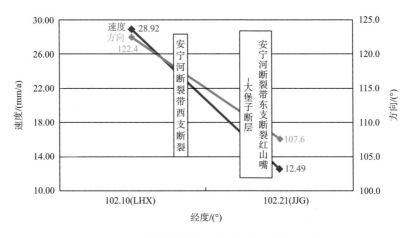

图 2-51　Ⅵ剖面断层运动速率和运动方向角度

2.3.4.3　安宁河断裂带南段现今运动速率

在安宁河断裂带南段一共布置了 2 条 GPS 监测剖面,分别是Ⅶ剖面和Ⅷ剖面。各剖面控制断裂以及断裂现今运动速率特征如下:

1. Ⅶ剖面

Ⅶ剖面控制安宁河断裂带西昌以南段,控制剖面监测点为西昌市佑君镇附近的 THZ、JFG 等两个 GPS 测站。通过监测数据计算可知Ⅶ剖面处断层的现今运动速度为 1.30±1.96mm/a,活动性质为右旋走滑拉张(图 2-52)。

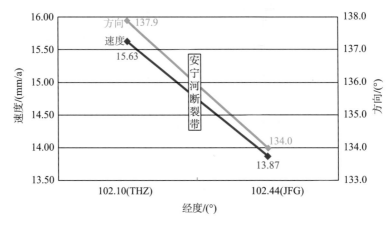

图 2-52　Ⅶ剖面断层运动速率和运动方向角度

2. Ⅷ剖面

Ⅷ剖面位于德昌县附近,控制剖面监测点为德昌县附近的 DZD、DZX 两个 GPS 测站。通过监测数据计算可知Ⅷ剖面处断层的现今运动速度为 0.68±0.46mm/a,活动性质为右旋走滑拉张(图 2-53)。

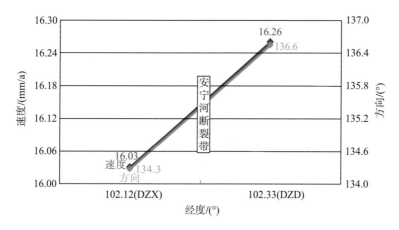

图 2-53 Ⅷ剖面断层运动速率和运动方向角度

高精度GPS监测结果和地面调查结果表明,安宁河断裂带是一条复杂的活动断裂带。从 GPS 监测剖面得到的结果可知,无论是断层运动速度还是活动性质,其变化都非常大,也一定程度上影响到对安宁河断裂带现今活动特征的分析。纵观整个安宁河断裂带,断裂北段速度最大,达 34.85±11.19mm/a。此段不仅断裂速度大,而且不定度也非常大,通过数据分析,这与石棉、西昌 2018 年地震及观测时段有关。因为 GPS 观测结果都为地震发生前数据,地震主要沿断裂发生。在地震发生前,区域地壳运动加强,断裂两侧盘运动平衡即将打破,运动形变表现得不一致。研究区构造应力主要来自西侧,安宁河断裂西侧盘相对东侧盘表现为快速移动,故越靠近地震震中位置,受地壳活动影响,断裂运动速度越大。而运动速度最小的地段位于安宁河断裂带南段德昌附近,仅为 0.68±0.46 mm/a。这可能与观测时段有关,安宁河断裂带现今运动速率GPS监测剖面建于2017年,仅观测了2017年和 2018 年两期数据,观测间隔时间较短。并且距石棉、西昌地震发生较近,因而不定度较大。除去地震及新站观测时段的影响,根据 GPS 监测结果综合分析,安宁河断裂带中段(冕宁-西昌)运动速度较大,北段(田湾-冕宁)次之,南段(西昌以南)最小,断裂两盘相对运动不明显。受区域构造活动的影响,安宁河断裂带各段及各次级断层性质表现不同,断裂带现今活动性质在北段主要表现为左旋走滑。中段断裂活动性质复杂,位于冕宁南的断裂中段的北段性质为右旋走滑挤压,其西支断裂及东支东断层性质为右旋走滑拉张,东支断裂及东支西断层性质为左旋走滑挤压,中段中北段及中段中南断层性质为左旋挤压走滑。综上分析,安宁河断裂带总体是一条现今活动以左旋挤压走滑为主的断裂。

2.4　小　　结

通过资料收集、野外路线调查、剖面测量等方法,结合活动断裂带氡测量、断层泥SEM 测试以及高精度 GPS 监测等手段,对安宁河活动断裂带的形成演化、空间展布、活动时代、运动性质、活动方式、断层活动性及其分段活动性特征等进行了全面系统研究。完成了安宁河断裂带的精细调查,分析其几何学、运动学特征,得出以下结论及成果。

(1)安宁河断裂带是一条位于青藏高原东缘的边界大断裂,经历了多期构造运动,具有长期性和多期性。安宁河断裂带也是一条具有广泛影响意义的区域性断裂，构成区域主要构造格架，控制了地史发展、沉积建造及构造活动。

(2) 安宁河断裂带最早出现在吕梁期，形成于晋宁期，定形于印支期，活动于喜马拉雅期。安宁河活动断裂带的活动始于上新世末-早更新世初，主要活动于早更新世，并延续至整个中更新世，直到现在仍在活动。

(3) 安宁河活动断裂带(狭义的安宁河断裂带)是一条全新世活动构造带。地质、地震活动证据以及GPS监测数据均表明其是一条以左旋走滑为主，具有强烈挤压特征的断裂。

(4) 安宁河活动断裂带走向南北，是由17条不同规模、不同形态、不同性质、不同活动性的次级断层组成的断裂带。

(5) 安宁河断裂带的活动具有不均匀性及分段性，各段活动特征不同。断裂的空间形态、几何结构、活动方式、活动强度及地震活动特征在时间、空间上有一定的差异。具体表现为：

①根据断裂带的空间形态、几何结构、地震活动性等特点，安宁河断裂带可分为田湾-紫马跨段(北段)、紫马跨-西昌段(中段)、西昌以南(南段)三段。北段和中段构成安宁河活动断裂带，而中段为最具特色的部分，又可以进一步分为紫马跨-小盐井段(北段)、小盐井-礼州段(中段)、礼州-安宁段(南段)，各段由单条或多条次级断层组成。

②安宁河活动断裂带北段及南段为蠕滑活动，而中段以黏滑为主。

③安宁河断裂带是一条发震断裂。中段地震活动性最强，强震主要集中在该段。北段地震活动性中等，有一些中强地震和小地震发生。南段最弱，仅有零星的小震活动。

④断裂活动具有明显的继承性、多期活动、差异性特点。安宁河断裂带活动性以中段活动性最强，北段次之，南段最弱。

(6) 安宁河断裂带受到北西-南东向构造应力作用，处于左旋挤压状态，决定了安宁河断裂带的现今活动性质为左旋走滑挤压。受2018年石棉、西昌地震影响，安宁河断裂带上石棉和西昌为运动速度和运动方向变化较大的两个特殊位置。根据高精度GPS监测数据，安宁河断裂带北段、中北段、南段运动速度较小，中南段运动速度相对较大。

3 安宁河断裂带地质灾害发育特征

3.1 概　　述

安宁河断裂带及周边地区地处青藏高原向四川盆地和云贵高原的过渡地段,地形地貌多变,山高坡陡,地质环境条件复杂,活动断裂发育。加之历史上多次破坏性地震的影响,斜坡浅表部岩体风化卸荷严重,岩体结构和完整性遭到破坏,部分地区斜坡浅表部岩体完全解体破碎呈散体状。导致安宁河断裂带及附近地区各类地质灾害十分发育,特别是滑坡和泥石流灾害,受断裂带、地震、暴雨的多重叠加影响,地质灾害链式效应明显,沿断裂带呈带状分布。并且目前安宁河谷人口密集,是四川省第二大平原区,也是四川省南下的重要交通廊道。各类新城区和大型工程规划建设数量多、规模大,这些人类工程活动不可避免对原有的地质环境条件带来一定的改变、扰动和破坏,进一步加剧了地质灾害的发育和威胁程度。

基于研究区地质灾害点多面广、成因复杂、危害严重的特点,采用资料收集、遥感解译、地面调查等多种方法,对安宁河断裂带及附近地区地质灾害的发育分布情况进行调查研究。研究结果表明,目前安宁河断裂带及附近地区发育大量不同类型、不同规模的地质灾害,严重威胁着断裂带沿线的城镇、村庄、居民点以及各类基础设施的规划建设和安全运营。为此,本章基于遥感解译的成果,结合收集的资料和地面调查复核结果,对安宁河断裂带及附近地区地质灾害的类型、位置、规模、稳定性/易发性等特征以及地质灾害与断裂带关系进行分析研究,防范地质灾害风险,减少地质灾害对人民生命财产安全带来的损失,降低地质灾害对城镇和大型基础设施规划建设和安全运营带来的威胁程度,为安宁河断裂带地区工程地质和地质灾害调查提供基础地质资料,也为西南强震山区和活动断裂带发育区重要城镇和重大工程规划建设、防灾减灾提供一定的借鉴作用。

安宁河断裂带具有明显的分段特征,根据其形成演化过程、几何学及运动学特征、活动性和空间展布,可将其分为北段、中段、南段。其中中段又进一步划分为3段。各段的活动性和活动方式均有所不同。安宁河断裂带北起石棉,向南一直延伸到西昌以南,总长度约350km,断裂带沿线的地形地貌、地层岩性、地质构造、人类活动等特征都有所不同,导致断裂带不同地段地质灾害的发育分布特征有明显的区别。为了匹配安宁河断裂带分段特征,同时分析不同活动性的断裂带对地质灾害的影响控制作用,根据安宁河断裂带的分段特征,以安宁河断裂带左右两侧各20km范围为界,对安宁河断裂带石棉-冕宁段、冕宁-西昌段、西昌-德昌段地质灾害发育分布特征进行分析总结。

3.2　安宁河断裂带石棉-冕宁段地质灾害特征

3.2.1　地质环境条件概述

安宁河断裂带石棉-冕宁段主要位于安宁河断裂北段，涉及的行政区域主要有雅安市石棉县和凉山州冕宁县，另外在工作区西部有小范围区域属于甘孜藏族自治州。区内主要的河流有大渡河、南桠河、安宁河、南河、马尿河等(图 3-1)。

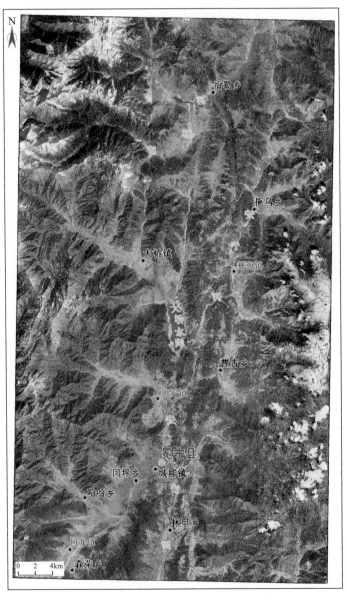

图 3-1　安宁河断裂石棉-冕宁段遥感影像图

3.2.2 地质灾害发育特征

通过资料收集、遥感解译、地面调查多种技术手段，查明安宁河断裂带石棉-冕宁段一共发育各类地质灾害 164 处。其中滑坡 64 处，占总数的 39.0%。泥石流 67 处，占总数的 40.9%。滑坡和泥石流的数量占全部查明地质灾害总数的接近 80%。崩塌(危岩)33 处，占总数的 20.1%。统计结果表明，石棉-冕宁段地质灾害以滑坡和泥石流为主(表 3-1)。

表 3-1　安宁河断裂带石棉-冕宁段地质灾害类型统计表

地质灾害类型	数量/处	占总数的百分比/%
滑坡	64	39.0
泥石流	67	40.9
崩塌(危岩)	33	20.1
合计	164	100

1. 滑坡发育特征

滑坡规模以大中型为主，在全部 64 处滑坡中，特大型滑坡 1 处，大型滑坡 20 处，中型滑坡 40 处，小型滑坡 3 处(表 3-2、图 3-2)。野外调查过程中，对滑坡稳定性进行了宏观判断，判断结果表明，受安宁河断裂带导致斜坡岩体破碎的影响，滑坡稳定性较差(不稳定)的一共有 32 处，较稳定的滑坡有 25 处，稳定性较好(稳定)的滑坡仅有 7 处(图 3-3)。

表 3-2　安宁河断裂带石棉-冕宁段滑坡统计表

序号	解译编号	灾害类型	规模	稳定性
1	YH01	新滑坡	中型	不稳定
2	YH02	新滑坡	大型	不稳定
3	YH03	新滑坡	中型	不稳定
4	YH04	新滑坡	中型	不稳定
5	YH05	新滑坡	中型	不稳定
6	YH06	新滑坡	中型	不稳定
7	YH07	新滑坡	中型	不稳定
8	YH08	新滑坡	大型	较稳定
9	YH09	新滑坡	中型	较稳定
10	YH10	新滑坡	中型	较稳定
11	YH11	新滑坡	中型	较稳定
12	YH12	新滑坡	小型	不稳定
13	YH13	新滑坡	中型	不稳定
14	YH14	新滑坡	大型	不稳定
15	YH15	新滑坡	大型	不稳定
16	YH16	新滑坡	中型	不稳定
17	YH17	新滑坡	中型	较稳定
18	YH18	新滑坡	中型	较稳定
19	YH19	新滑坡	中型	不稳定

序号	解译编号	灾害类型	规模	稳定性
20	YH20	新滑坡	大型	较稳定
21	YH21	新滑坡	中型	不稳定
22	YH22	新滑坡	中型	不稳定
23	YH23	新滑坡	大型	较稳定
24	YH24	新滑坡	中型	较稳定
25	YH25	新滑坡	中型	不稳定
26	YH26	新滑坡	大型	较稳定
27	YH27	新滑坡	中型	不稳定
28	YH28	新滑坡	中型	不稳定
29	YH29	新滑坡	小型	较稳定
30	YH30	新滑坡	中型	不稳定
31	YH31	新滑坡	大型	较稳定
32	YH32	新滑坡	大型	较稳定
33	YH33	新滑坡	中型	较稳定
34	YH34	新滑坡	中型	不稳定
35	YH35	新滑坡	中型	不稳定
36	YH36	新滑坡	中型	不稳定
37	YH37	新滑坡	中型	不稳定
38	YH38	新滑坡	中型	不稳定
39	YH39	新滑坡	中型	不稳定
40	YH40	新滑坡	中型	不稳定
41	YH41	新滑坡	小型	较稳定
42	YH42	新滑坡	中型	不稳定
43	YH43	新滑坡	中型	不稳定
44	YH44	新滑坡	中型	稳定
45	YH45	新滑坡	中型	较稳定
46	YH46	新滑坡	中型	不稳定
47	YH47	新滑坡	中型	较稳定
48	YH48	老滑坡	特大型	稳定
49	YH49	新滑坡	中型	不稳定
50	YH50	老滑坡	大型	稳定
51	YH51	新滑坡	中型	较稳定
52	YH52	新滑坡	大型	较稳定
53	YH53	新滑坡	大型	较稳定
54	YH54	新滑坡	大型	较稳定
55	YH55	新滑坡	中型	较稳定
56	YH56	新滑坡	大型	不稳定
57	YH57	新滑坡	大型	不稳定
58	YH58	老滑坡	大型	较稳定
59	YH59	老滑坡	大型	稳定

序号	解译编号	灾害类型	规模	稳定性
60	YH60	新滑坡	中型	较稳定
61	YH61	老滑坡	大型	较稳定
62	YH62	老滑坡	大型	稳定
63	YH63	老滑坡	中型	稳定
64	YH64	老滑坡	大型	稳定

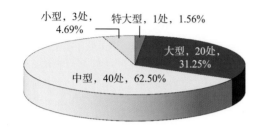

图 3-2　滑坡规模统计

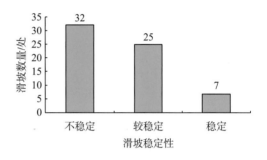

图 3-3　滑坡稳定性统计

2. 泥石流发育特征

安宁河断裂带大致呈南北走向,与安宁河谷两侧沟谷走向呈大角度相交。断裂带附近岩体破碎,沟道内泥石流物源丰富,在暴雨等工况下冲出沟道形成泥石流灾害。因此泥石流是安宁河断裂带石棉-冕宁段的主要地质灾害之一。采用资料收集、遥感解译和野外调查等手段,查明区内一共发育泥石流 67 处(表 3-3)。区内泥石流以中小型泥石流为主,在全部 67 处泥石流中,特大型泥石流 2 处,大型 12 处,中型 14 处,小型 39 处(图 3-4)。泥石流以中-高易发性为主,其中,中易发泥石流 27 处,高易发泥石流 28 处,低易发泥石流 12 处(图 3-5)。

表 3-3　安宁河断裂带石棉-冕宁段泥石流统计表

序号	解译编号	规模	易发性	序号	解译编号	规模	易发性
1	YN01	中型	中易发	14	YN14	小型	高易发
2	YN02	小型	高易发	15	YN15	小型	中易发
3	YN03	小型	高易发	16	YN16	小型	高易发
4	YN04	小型	高易发	17	YN17	小型	高易发
5	YN05	特大型	低易发	18	YN18	小型	高易发
6	YN06	小型	高易发	19	YN19	中型	高易发
7	YN07	小型	高易发	20	YN20	大型	中易发
8	YN08	大型	高易发	21	YN21	大型	中易发
9	YN09	小型	高易发	22	YN22	小型	低易发
10	YN10	大型	高易发	23	YN23	中型	中易发
11	YN11	中型	高易发	24	YN24	小型	高易发
12	YN12	小型	高易发	25	YN25	大型	高易发
13	YN13	小型	中易发	26	YN26	中型	高易发

序号	解译编号	规模	易发性	序号	解译编号	规模	易发性
27	YN27	小型	高易发	48	YN48	中型	中易发
28	YN28	中型	中易发	49	YN49	中型	中易发
29	YN29	小型	中易发	50	YN50	中型	中易发
30	YN30	小型	低易发	51	YN51	大型	中易发
31	YN31	小型	高易发	52	YN52	小型	中易发
32	YN32	小型	中易发	53	YN53	小型	低易发
33	YN33	小型	中易发	54	YN54	小型	低易发
34	YN34	大型	高易发	55	YN55	大型	高易发
35	YN35	小型	低易发	56	YN56	特大型	高易发
36	YN36	中型	高易发	57	YN57	大型	中易发
37	YN37	小型	低易发	58	YN58	小型	中易发
38	YN38	小型	低易发	59	YN59	中型	中易发
39	YN39	小型	低易发	60	YN60	中型	中易发
40	YN40	大型	中易发	61	YN61	小型	低易发
41	YN41	大型	高易发	62	YN62	小型	低易发
42	YN42	小型	高易发	63	YN63	小型	中易发
43	YN43	小型	高易发	64	YN64	大型	中易发
44	YN44	小型	中易发	65	YN65	小型	中易发
45	YN45	中型	高易发	66	YN66	小型	低易发
46	YN46	小型	中易发	67	YN67	小型	中易发
47	YN47	中型	中易发				

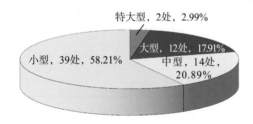

图 3-4　泥石流规模统计

图 3-5　泥石流易发性统计

从空间分布特征来看，泥石流主要集中分布在安宁河河谷两岸及大桥镇、惠安乡、哈哈乡。其中高易发和中易发泥石流主要发育在安宁河两岸和大桥镇，而惠安乡和哈哈乡主要为低易发泥石流。

3.2.3　地质灾害与断裂关系分析

3.2.3.1　滑坡与断裂关系

从野外调查的结果可知，安宁河断裂带对滑坡的影响控制作用明显。区内滑坡的发育和分布大部分集中在安宁河断裂带及附近地区（图 3-6）。进一步分析滑坡的发育分布特征可知，区内安宁河断裂带对滑坡的影响主要有以下三种类型。

图例 ⊘断层　● 滑坡

图 3-6　安宁河断裂石棉-冕宁段滑坡与断裂带分布关系图

1. 断裂破碎带形成滑坡的侧边界

图 3-7 为秧柴沟滑坡影像图和照片，从图中可知，该滑坡西侧边界为安宁河断裂带。滑坡在影像上呈明显负地形，边界明显。形态上该滑坡呈近似矩形，长约 300m，宽约 250m，前缘略窄，为一大型老滑坡。现场验证发现，滑坡前缘及下游靠近安宁河断裂带边界附近有小型次级滑坡发育，有明显的拉裂缝和下错台坎，处于不稳定状态。

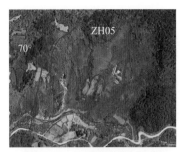

图 3-7　秧柴沟滑坡影像图及照片(左侧为影像图，右侧为照片)

2. 断裂破碎带形成滑坡后部边界

图 3-8 为曹古乡特大型老滑坡影像图和照片。滑坡后缘发育一条断层并形成滑坡的后部边界。滑坡后缘断层影响控制滑坡的形成和发育。滑坡后缘呈明显负地形，后缘边界和两侧边界清晰，滑坡体形态为近似矩形，前缘明显凸出。滑坡体上主要为耕地和居民点，滑坡后部有明显滑坡平台。现场验证该滑坡为稳定性较好的老滑坡，滑坡长约 1000m，宽约 500m，平均厚度约 80m，体积约 4000 万 m³。

图 3-8　曹古乡特大型老滑坡影像图与照片(左侧为影像图，右侧为照片)

3. 断裂密集带岩体破碎导致滑坡密集发育

图 3-9 为冕宁县城厢镇刹叶马村大型滑坡密集发育带，图中安宁河断裂带从 YH52、YH53 和 YH57 等滑坡体中部通过，且两侧密集发育大量次级断裂，导致该区岩体极其破碎，形成多个滑坡。图 3-10 为 YH57 滑坡照片，该类滑坡的特点是规模为中-大型，现今变形迹象显著，处于不稳定状态，滑坡后壁、侧壁、滑坡台坎、拉裂缝等要素明显。滑坡在暴雨等极端天气下易失稳并转化为泥石流灾害。

图 3-9　断裂密集带滑坡也密集发育　　　　　图 3-10　YH57 滑坡照片

3.2.3.2 泥石流与断裂关系

安宁河断裂带石棉-冕宁段泥石流与断裂带分布关系见图 3-11。从图中可知，泥石流主要沿安宁河河谷两岸分布。另外在安宁河主要支沟内也有部分泥石流分布。现场调查发现安宁河断裂带两侧发育的泥石流具有丰富的沟内物源，物源类型以滑坡为主，稳定性差，泥石流多为高易发。而远离安宁河断裂带的泥石流一般沟内物源较少，物源稳定性较好，多为中易发和低易发泥石流。

图 3-11 安宁河断裂带石棉-冕宁段泥石流与断裂带分布关系图

进一步分析研究表明,区内泥石流与安宁河断裂带及其分支断裂有着密切关系,图3-12为冕宁县大桥镇店子村泥石流群与断裂构造关系图。断裂带从一系列平行发育的沟谷中部通过,断裂带附近滑坡发育,且稳定性差,这些滑坡体失稳后进入沟道成为泥石流灾害的主要物源。由于断裂带附近滑坡规模较小,因此店子村泥石流均为小型,在沟口有少量泥石流堆积物。

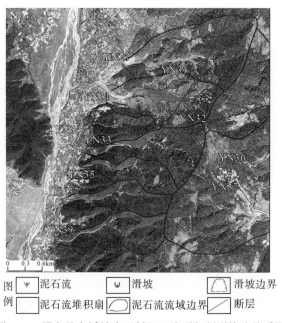

图3-12　冕宁县大桥镇店子村泥石流群与断裂构造关系图

图 3-13 为冕宁县刹叶马村冷碛沟和浑水沟泥石流与断裂关系图,多条安宁河断裂带的分支断裂从泥石流沟中部穿过,断裂密集带发育多处大型滑坡,且稳定性较差。沟内滑坡体为泥石流提供了丰富的物源,在两条泥石流沟下游沟道及沟口可见大量泥石流堆积物。浑水沟发源于水海子,而水海子是安宁河断裂带左旋错断形成的断塞塘,可见断裂带不仅可以形成大量滑坡为泥石流提供物源,还能形成断塞塘为泥石流提供水源条件。

图 3-13　冷碛沟和浑水沟泥石流与断裂关系图

3.3　安宁河断裂带冕宁-西昌段地质灾害特征

3.3.1　地质环境条件概述

安宁河断裂带冕宁-西昌段主要位于安宁河断裂带中段，区内主要河流为安宁河及其主要支流孙水河、拖郎河、黑沙河等。从冕宁县城往南，安宁河谷平原雏形初现，在冕宁县复兴镇-泸沽镇段，安宁河谷平原宽度1～3km不等，向南延展安宁河谷平原宽度逐渐变大，至西昌市附近安宁河谷平原宽度达到7～8km。此段安宁河谷平原长轴方向近南北向，与安宁河断裂带走向一致(图3-14)。

图例 ◁◁◁ 第四系界线　Q^{al} 冲积　Q^{pl} 洪积　Q^{al+pl} 冲洪积

图3-14　安宁河断裂冕宁-西昌段遥感影像和水系分布图

冕宁-西昌段总体地势东部和西部高,中部安宁河谷地势低,山脉水系受构造控制,呈近南北向延伸(图 3-15)。区内地貌类型主要有安宁河平原地貌、中山地貌和高中山地貌三类(图 3-16、表 3-4)。中部为安宁河平原地貌,分布面积 270km²。从中部向两侧逐渐过渡到中山区和高中山区,中山地貌分布面积 1150km²,高中山地貌分布面积 1580km²。

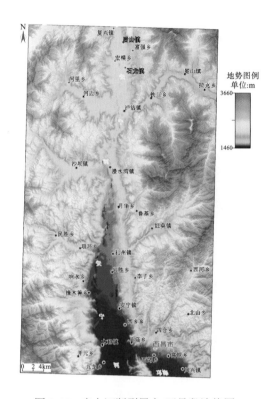

图 3-15　安宁河断裂冕宁-西昌段地势图

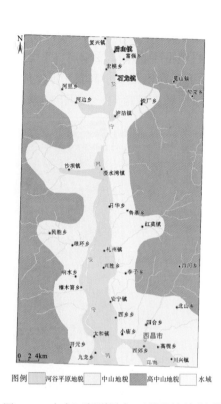

图 3-16　安宁河断裂冕宁-西昌段地貌分区图

表 3-4　安宁河断裂带冕宁-西昌段地貌类型统计表

地貌类型	海拔/m	相对高差/m	分布面积/km²	比例/%
安宁河平原地貌	1500～1650	<50	270	9.00
中山地貌	1000～3500	500～1000	1150	38.33
高中山地貌	1000～3500	>1000	1580	52.67

3.3.2　地质灾害发育特征

通过资料收集、遥感解译和地面调查等技术方法,查明安宁河断裂带冕宁-西昌段一共发育地质灾害 286 处。地质灾害类型以滑坡和泥石流为主,其中滑坡 147 处,占总数的51.4%。泥石流 121 处,占总数的 42.3%。崩塌(危岩)18 处,占总数的 6.3%(表 3-5)。

表 3-5 安宁河断裂带冕宁-西昌段地质灾害类型统计表

地质灾害类型	数量/处	占总数的百分比/%
滑坡	147	51.4
泥石流	121	42.3
崩塌(危岩)	18	6.3
合计	286	100

安宁河断裂带冕宁-西昌段地质灾害分布见图 3-17。从图中可知，安宁河左岸地质灾害明显较右岸更为发育，其中安宁河断裂带东支断裂、热水河及孙水河两岸是地质灾害的集中发育区。进一步统计可知，安宁河左岸的滑坡、泥石流、崩塌发育数量分别是右岸的

图例 ● 滑坡   ● 泥石流   ● 崩塌

图 3-17 安宁河断裂带冕宁-西昌段地质灾害分布图

12.4 倍、3.8 倍和 5 倍。总体上左岸灾害发育数量是右岸的 6.3 倍。安宁河左岸以软硬相间的沉积岩为主,右岸主要为花岗岩、闪长岩、片麻岩等。受安宁河东支断裂影响,安宁河左岸岩体较右岸破碎,且有泥岩、碳质泥岩等软岩及昔格达组易滑地层,从而导致左岸地质灾害显著多于右岸。

1. 滑坡发育特征

根据资料收集、遥感解译、地面调查,安宁河断裂带冕宁-西昌段最发育的地质灾害类型是滑坡,区内一共发育滑坡 147 处,占全部调查灾害总数的 51.4%。滑坡基本信息见表 3-6。从表中结果可知,区内滑坡规模以中、小型为主:共发育 1 处巨型滑坡,2 处特大型滑坡,34 处大型滑坡,56 处中型滑坡,54 处小型滑坡(表 3-7)。

表 3-6　安宁河断裂带冕宁-西昌段滑坡统计表

序号	编号	滑坡时代	规模	稳定性
1	YH001	新滑坡	小型	不稳定
2	YH002	新滑坡	小型	不稳定
3	YH003	新滑坡	小型	不稳定
4	YH004	新滑坡	小型	不稳定
5	YH005	新滑坡	小型	基本稳定
6	YH006	新滑坡	小型	基本稳定
7	YH007	新滑坡	小型	基本稳定
8	YH008	新滑坡	小型	基本稳定
9	YH009	新滑坡	小型	基本稳定
10	YH010	新滑坡	中型	基本稳定
11	YH011	新滑坡	中型	不稳定
12	YH012	新滑坡	中型	基本稳定
13	YH013	新滑坡	小型	不稳定
14	YH014	新滑坡	小型	不稳定
15	YH015	新滑坡	小型	不稳定
16	YH016	新滑坡	中型	不稳定
17	YH017	新滑坡	小型	不稳定
18	YH018	新滑坡	小型	不稳定
19	YH019	新滑坡	小型	不稳定
20	YH020	新滑坡	小型	不稳定
21	YH021	老滑坡	特大型	稳定
22	YH022	新滑坡	大型	不稳定
23	YH023	新滑坡	中型	基本稳定
24	YH024	老滑坡	大型	稳定
25	YH025	新滑坡	中型	稳定
26	YH026	老滑坡	大型	稳定

序号	编号	滑坡时代	规模	稳定性
27	YH027	老滑坡	大型	基本稳定
28	YH028	老滑坡	大型	不稳定
29	YH029	新滑坡	中型	不稳定
30	YH030	新滑坡	小型	不稳定
31	YH031	新滑坡	小型	不稳定
32	YH032	新滑坡	中型	不稳定
33	YH033	新滑坡	小型	不稳定
34	YH034	新滑坡	中型	不稳定
35	YH035	新滑坡	中型	不稳定
36	YH036	新滑坡	小型	不稳定
37	YH037	新滑坡	小型	不稳定
38	YH038	新滑坡	中型	不稳定
39	YH039	新滑坡	中型	不稳定
40	YH040	新滑坡	中型	不稳定
41	YH041	新滑坡	中型	不稳定
42	YH042	新滑坡	大型	不稳定
43	YH043	新滑坡	中型	不稳定
44	YH044	新滑坡	小型	不稳定
45	YH045	新滑坡	中型	不稳定
46	YH046	新滑坡	小型	基本稳定
47	YH047	新滑坡	中型	不稳定
48	YH048	新滑坡	小型	不稳定
49	YH049	新滑坡	中型	不稳定
50	YH050	新滑坡	中型	基本稳定
51	YH051	新滑坡	小型	基本稳定
52	YH052	新滑坡	中型	不稳定
53	YH053	新滑坡	中型	不稳定
54	YH054	新滑坡	小型	不稳定
55	YH055	新滑坡	小型	不稳定
56	YH056	新滑坡	中型	基本稳定
57	YH057	新滑坡	中型	基本稳定
58	YH058	新滑坡	中型	不稳定
59	YH059	新滑坡	中型	不稳定
60	YH060	新滑坡	小型	不稳定
61	YH063	新滑坡	中型	基本稳定
62	YH064	新滑坡	中型	不稳定
63	YH065	新滑坡	小型	不稳定

续表

序号	编号	滑坡时代	规模	稳定性
64	YH066	新滑坡	大型	不稳定
65	YH067	新滑坡	中型	不稳定
66	YH068	新滑坡	中型	不稳定
67	YH069	新滑坡	小型	不稳定
68	YH070	新滑坡	大型	基本稳定
69	YH071	新滑坡	大型	不稳定
70	YH072	老滑坡	大型	基本稳定
71	YH073	老滑坡	中型	稳定
72	YH074	老滑坡	中型	稳定
73	YH075	新滑坡	大型	基本稳定
74	YH076	老滑坡	中型	稳定
75	YH077	老滑坡	大型	稳定
76	YH078	新滑坡	小型	不稳定
77	YH079	新滑坡	小型	不稳定
78	YH080	新滑坡	小型	基本稳定
79	YH081	老滑坡	中型	不稳定
80	YH082	新滑坡	中型	不稳定
81	YH083	新滑坡	小型	不稳定
82	YH084	新滑坡	中型	不稳定
83	YH085	老滑坡	大型	基本稳定
84	YH086	老滑坡	大型	基本稳定
85	YH087	老滑坡	大型	基本稳定
86	YH088	老滑坡	中型	基本稳定
87	YH089	新滑坡	小型	不稳定
88	YH090	老滑坡	大型	基本稳定
89	YH091	老滑坡	中型	不稳定
90	YH092	新滑坡	小型	不稳定
91	YH093	新滑坡	中型	不稳定
92	YH094	老滑坡	中型	基本稳定
93	YH095	新滑坡	大型	稳定
94	YH096	老滑坡	大型	稳定
95	YH097	老滑坡	大型	稳定
96	YH098	新滑坡	中型	不稳定
97	YH099	新滑坡	小型	基本稳定
98	YH100	新滑坡	中型	稳定
99	YH101	新滑坡	中型	基本稳定
100	YH102	新滑坡	小型	不稳定

序号	编号	滑坡时代	规模	稳定性
101	YH103	新滑坡	大型	基本稳定
102	YH104	新滑坡	中型	不稳定
103	YH105	新滑坡	小型	基本稳定
104	YH106	新滑坡	小型	不稳定
105	YH107	新滑坡	小型	不稳定
106	YH108	新滑坡	小型	不稳定
107	YH109	新滑坡	小型	基本稳定
108	YH110	新滑坡	小型	不稳定
109	YH111	新滑坡	小型	不稳定
110	YH112	新滑坡	小型	基本稳定
111	YH113	新滑坡	中型	基本稳定
112	YH114	新滑坡	小型	不稳定
113	YH115	新滑坡	小型	基本稳定
114	YH116	新滑坡	小型	不稳定
115	YH117	新滑坡	中型	不稳定
116	YH118	新滑坡	中型	基本稳定
117	YH119	新滑坡	小型	不稳定
118	YH120	老滑坡	大型	稳定
119	YH121	老滑坡	中型	基本稳定
120	YH122	老滑坡	大型	稳定
121	YH123	新滑坡	小型	不稳定
122	YH124	新滑坡	小型	不稳定
123	YH125	老滑坡	大型	基本稳定
124	YH126	老滑坡	大型	基本稳定
125	YH127	老滑坡	巨型	稳定
126	YH128	老滑坡	特大型	稳定
127	YH129	老滑坡	大型	基本稳定
128	YH130	老滑坡	大型	稳定
129	YH131	老滑坡	大型	基本稳定
130	YH132	新滑坡	中型	不稳定
131	YH133	新滑坡	中型	不稳定
132	YH134	老滑坡	中型	基本稳定
133	YH135	新滑坡	中型	不稳定
134	YH136	新滑坡	大型	不稳定
135	YH137	老滑坡	大型	稳定
136	YH138	新滑坡	中型	不稳定
137	YH139	新滑坡	大型	不稳定

序号	编号	滑坡时代	规模	稳定性
138	YH140	老滑坡	大型	基本稳定
139	YH141	新滑坡	小型	不稳定
140	YH142	新滑坡	小型	不稳定
141	YH143	新滑坡	大型	不稳定
142	YH144	新滑坡	中型	不稳定
143	YH145	新滑坡	中型	基本稳定
144	YH146	老滑坡	大型	稳定
145	YH147	老滑坡	中型	基本稳定
146	YH148	新滑坡	大型	不稳定
147	YH149	新滑坡	中型	不稳定

表 3-7　安宁河断裂带冕宁-西昌段滑坡规模统计表

规模	滑坡/处	占比/%
巨型	1	0.68
特大型	2	1.36
大型	34	23.13
中型	56	38.10
小型	54	36.73
小计	147	100

根据遥感解译和现场复核,对 147 处滑坡的稳定性进行定性评价,评价的主要依据是滑坡在遥感影像上的变形特征,并结合现场调查验证情况。若滑坡为老滑坡,且在影像上无任何变形迹象,可判断为稳定。滑坡体上有疑似变形迹象,或者局部有变形迹象的,判断为基本稳定。滑坡体上有明显变形迹象,或者局部强烈变形破坏,判断为不稳定(图 3-18)。

稳定滑坡　　　　　　　　　　基本稳定滑坡　　　　　　　　　　不稳定滑坡

图 3-18　研究区不同稳定性滑坡遥感影像图

按照上述原则和方法，对区内 147 处滑坡稳定性评价结果见表 3-8，其中稳定的滑坡为 19 处，占总数的 12.9%。基本稳定的有 42 处，占总数的 28.6%。不稳定滑坡数量最多，达到 86 处，占总数的 58.5%，这主要受安宁河及其分支断裂影响，滑坡稳定性普遍较差。

表 3-8 安宁河断裂带冕宁-西昌段滑坡稳定性定性评价结果

滑坡稳定性	发育数量/处	占比/%
稳定	19	12.9
基本稳定	42	28.6
不稳定	86	58.5

2. 泥石流发育特征

冕宁-西昌段泥石流的数量仅次于滑坡。根据资料收集、遥感解译和现场调查等技术方法，查明区内一共发育泥石流 121 处，泥石流基本信息见表 3-9。

表 3-9 安宁河断裂带冕宁-西昌段泥石流基本信息表

序号	编号	规模	易发性	序号	编号	规模	易发性
1	YN001	中型	低易发	25	YN025	小型	低易发
2	YN002	小型	不易发	26	YN026	小型	低易发
3	YN003	小型	低易发	27	YN027	小型	中易发
4	YN004	小型	不易发	28	YN028	大型	低易发
5	YN005	大型	中易发	29	YN029	小型	低易发
6	YN006	小型	高易发	30	YN030	大型	低易发
7	YN007	大型	不易发	31	YN031	大型	低易发
8	YN008	小型	中易发	32	YN032	大型	低易发
9	YN009	小型	不易发	33	YN033	中型	低易发
10	YN010	大型	低易发	34	YN034	大型	低易发
11	YN011	特大型	低易发	35	YN035	小型	中易发
12	YN012	大型	低易发	36	YN036	大型	低易发
13	YN013	中型	中易发	37	YN037	大型	低易发
14	YN014	大型	不易发	38	YN038	大型	低易发
15	YN015	大型	不易发	39	YN039	大型	低易发
16	YN016	大型	低易发	40	YN040	大型	低易发
17	YN017	大型	低易发	41	YN041	中型	中易发
18	YN018	大型	中易发	42	YN042	中型	低易发
19	YN019	小型	中易发	43	YN043	中型	低易发
20	YN020	大型	低易发	44	YN044	中型	低易发
21	YN021	小型	中易发	45	YN045	中型	低易发
22	YN022	小型	中易发	46	YN046	中型	低易发
23	YN023	大型	低易发	47	YN047	大型	低易发
24	YN024	中型	低易发	48	YN048	大型	低易发

序号	编号	规模	易发性	序号	编号	规模	易发性
49	YN049	大型	低易发	86	YN086	大型	中易发
50	YN050	中型	中易发	87	YN087	大型	低易发
51	YN051	大型	低易发	88	YN088	大型	中易发
52	YN052	中型	低易发	89	YN089	中型	中易发
53	YN053	小型	高易发	90	YN090	大型	中易发
54	YN054	小型	中易发	91	YN091	中型	低易发
55	YN055	大型	低易发	92	YN092	大型	中易发
56	YN056	大型	低易发	93	YN093	中型	中易发
57	YN057	大型	低易发	94	YN094	中型	中易发
58	YN058	中型	中易发	95	YN095	中型	中易发
59	YN059	中型	低易发	96	YN096	小型	中易发
60	YN060	中型	低易发	97	YN097	中型	中易发
61	YN061	中型	低易发	98	YN098	中型	中易发
62	YN062	大型	低易发	99	YN099	中型	中易发
63	YN063	中型	低易发	100	YN100	中型	高易发
64	YN064	小型	中易发	101	YN101	小型	中易发
65	YN065	大型	中易发	102	YN102	小型	低易发
66	YN066	中型	高易发	103	YN103	中型	中易发
67	YN067	小型	中易发	104	YN104	中型	中易发
68	YN068	大型	高易发	105	YN105	小型	中易发
69	YN069	小型	低易发	106	YN106	大型	中易发
70	YN070	大型	中易发	107	YN107	中型	中易发
71	YN071	中型	高易发	108	YN108	小型	高易发
72	YN072	中型	中易发	109	YN109	中型	高易发
73	YN073	中型	高易发	110	YN110	中型	高易发
74	YN074	大型	中易发	111	YN111	中型	高易发
75	YN075	小型	中易发	112	YN112	中型	高易发
76	YN076	小型	中易发	113	YN113	中型	中易发
77	YN077	中型	高易发	114	YN114	小型	高易发
78	YN078	大型	中易发	115	YN115	中型	高易发
79	YN079	大型	高易发	116	YN116	小型	中易发
80	YN080	小型	低易发	117	YN117	大型	高易发
81	YN081	大型	高易发	118	YN118	大型	中易发
82	YN082	中型	高易发	119	YN119	大型	高易发
83	YN083	大型	中易发	120	YN120	小型	低易发
84	YN084	中型	高易发	121	YN121	小型	中易发
85	YN085	大型	中易发				

　　研究区安宁河谷两侧斜坡发育多条走向近东西向的沟谷,而安宁河断裂带走向南北,与沟谷走向呈大角度相交。受安宁河断裂带及分支断裂影响,沟道内发育数量众多、规模不等的滑坡,这些滑坡稳定性普遍较差,在暴雨等作用下进入沟道,成为泥石流物源。

从现场调查情况可知,安宁河两侧沟道内泥石流物源较为丰富,并且泥石流规模也相对较大。这一点从统计结果也可以得到印证,区内全部 121 条泥石流沟,特大型泥石流 1 处,占总数的 0.83%。大型泥石流 47 处,占总数的 38.84%。中型泥石流 42 处,占总数的 34.74%。小型泥石流 31 处,占总数的 25.62%(表 3-10)。可见区内泥石流规模以大、中型为主。

表 3-10 安宁河断裂带冕宁-西昌段泥石流规模统计表

规模	泥石流/处	占比/%
特大型	1	0.83
大型	47	38.84
中型	42	34.71
小型	31	25.62
小计	121	100

根据野外调查结果,结合遥感影像和泥石流沟口堆积物以及沟道内物源分布情况,对区内泥石流易发性进行了定性判断。定性判断的标准是泥石流沟口或沟道内有明显新鲜泥石流堆积,沟内发育不稳定滑坡、崩塌等物源时,判断为高易发泥石流。泥石流沟口未见明显新鲜泥石流堆积,沟道内有少量新鲜泥石流堆积和少量崩塌、滑坡物源时,判断为中易发泥石流。泥石流沟口仅有老泥石流堆积,沟口和沟道内均未见新鲜泥石流堆积,沟内也没有明显的滑坡、崩塌等物源,判断为低易发泥石流(图 3-19)。

低易发泥石流　　　　　　　中易发泥石流　　　　　　　高易发泥石流

图 3-19 安宁河断裂带冕宁-西昌段不同易发程度泥石流沟影像特征

根据上述定性判断原则，统计得到冕宁-西昌段泥石流易发性见表 3-11。区内泥石流以中易发和低易发泥石流为主。其中高易发泥石流 19 处，占总数的 17.4%。中易发泥石流 46 处，占总数的 38%。低易发泥石流 56 处，占总数的 44.6%。

表 3-11　安宁河断裂带冕宁-西昌段泥石流易发性统计表

易发程度	发育数量/处	占比/%
低易发	54	44.6
中易发	46	38.0
高易发	21	17.4
小计	121	100

3. 崩塌发育特征

安宁河断裂带冕宁-西昌段崩塌发育较少，一共只有18处，崩塌基本信息统计见表3-12。从表中可知，区内崩塌规模以大中型为主，其中大型崩塌 13 处，中型崩塌 3 处，小型崩塌 2 处。另外根据现场调查，对崩塌的稳定性进行了定性判断，区内崩塌稳定性普遍较差。全部 18 处崩塌中，基本稳定的崩塌有 8 处，不稳定的崩塌有 10 处(图 3-20)。

表 3-12　安宁河断裂带冕宁-西昌段崩塌基本信息表

序号	崩塌编号	规模	稳定性	序号	崩塌编号	规模	稳定性
1	YB001	小型	不稳定	10	YB010	大型	基本稳定
2	YB002	大型	不稳定	11	YB011	大型	基本稳定
3	YB003	中型	不稳定	12	YB012	大型	基本稳定
4	YB004	小型	不稳定	13	YB013	大型	基本稳定
5	YB005	大型	基本稳定	14	YB014	大型	基本稳定
6	YB006	中型	不稳定	15	YB015	大型	不稳定
7	YB007	大型	基本稳定	16	YB016	大型	不稳定
8	YB008	大型	不稳定	17	YB017	大型	不稳定
9	YB009	大型	基本稳定	18	YB018	中型	不稳定

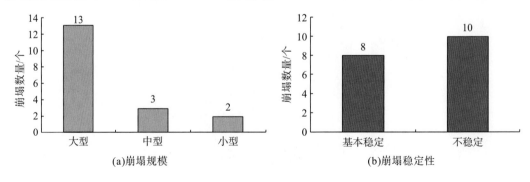

(a)崩塌规模　　　　　　　　　　(b)崩塌稳定性

图 3-20　安宁河断裂带冕宁-西昌段崩塌规模和稳定性统计

3.3.3　地质灾害与断裂关系分析

安宁河断裂带冕宁-西昌段断裂构造较发育，最重要的断裂为安宁河断裂，受大的构造格架影响，区内断裂主要呈南北向展布。大致以安宁河和拖郎河为界，可以将安宁河断裂带冕宁-西昌段划分为3个区：安宁河左岸断裂构造整体上以近南北向和北北东向为主；安宁河右岸断裂构造以拖郎河为界，在拖郎河以北，断裂构造以北北东向为主；在拖郎河以南，断裂构造则以北北西向为主。

3.3.3.1　滑坡与断裂关系分析

安宁河断裂带冕宁-西昌段断裂破碎带宽度可达百米以上。断裂通过及附近地区斜坡岩体破碎程度高，部分斜坡岩体完全破碎解体呈散体状。导致断裂通过附近地区滑坡非常发育，这一点从滑坡与断裂分布关系图可以得到印证(图 3-21)。

图 3-21　安宁河断裂带冕宁-西昌段滑坡与断裂关系

　　进一步统计图 3-21 中安宁河东支断裂和红莫断裂带内滑坡发育数量可知，发育在安宁河断裂带及影响带内的滑坡有 85 处，占总数的 57.8%。发育在红莫断裂带及影响带内的滑坡有 33 处，占总数的 22.5%。其余地区仅发育滑坡 29 处，占总数的 19.7%（表 3-13）。统计结果也表明，区内安宁河东支断裂和红莫断裂两条活动断裂带及影响带是滑坡的集中发育区，断裂影响控制滑坡发育。

表 3-13　安宁河断裂带冕宁-西昌段滑坡发育位置统计表

滑坡发育位置	发育数量/处	占比/%
安宁河东支断裂带	85	57.8
红莫断裂带	33	22.5
其余地区	29	19.7
小计	147	100

　　从现场调查情况可知，根据断裂带的规模，可将断裂对滑坡的影响控制作用分为两类：第一类是断层破碎带宽度较小，一般从几十厘米至十几米不等，这类断层对滑坡的控制主要表现为形成滑坡的边界（图 3-22）。第二类是断层破碎带宽度较大，最大可达一百米至数百米，如安宁河断裂带东支断裂，在多条断层密集发育或交汇地带，由于断层破碎带的叠加，甚至能形成宽度数百米的断层破碎带，这类断裂对滑坡的影响主要表现为断裂破碎带直接形成滑坡体（图 3-23）。

图 3-22　孙水河左岸花岗岩中断层（破碎带宽 70cm）　　图 3-23　月华乡深沟河断层（破碎带宽 380m）

3.3.3.2　泥石流与断裂关系分析

　　安宁河断裂带冕宁-西昌段泥石流与断裂带分布关系见图 3-24。从图中可以看出，泥石流主要分布在安宁河的左岸，安宁河右岸泥石流相对较少。而从断裂的分布密度来看，安宁河左岸的断裂明显较安宁河右岸的断裂更为发育。现场调查也验证了这一点，安宁河左岸断裂发育，断裂带岩体破碎，易形成不稳定滑坡，这些不稳定滑坡为泥石流的形成提供了丰富的物源。安宁河东支断裂带和红莫断裂带仍是泥石流的集中发育区。

此外孙水河两岸泥石流也较发育。发育在安宁河东支断裂带和红莫断裂带影响范围内的泥石流物源丰富，物源类型以滑坡为主，稳定性差，泥石流多为高易发。而远离活动断裂带的沟道内泥石流物源较少，物源稳定性较好，多为中易发和低易发泥石流（图3-25、图3-26）。

图 3-24　安宁河断裂带冕宁-西昌段泥石流与断裂关系图

图 3-25　红莫断裂附近的高易发泥石流　　　　图 3-26　远离活动断裂的低易发泥石流

　　安宁河断裂带冕宁-西昌段泥石流较为发育，这与安宁河断裂及其次级断裂密切相关。进一步分析可知，断裂带密集发育地区与断裂带不发育地区的泥石流具有显著差异。其中安宁河左岸断裂密集发育，活动性强，泥石流也更为发育。综合遥感解译和野外调查成果分析，区内断裂带对泥石流的影响主要表现在以下几个方面。

　　1. 宽大断层破碎带形成不稳定滑坡-泥石流链式灾害

　　这类滑坡-泥石流链式灾害在安宁河左岸较为典型，且发育数量较多。其主要特点如下：

　　(1)泥石流一般流域面积较小。

　　(2)在泥石流形成区有断层通过，且断裂具有宽度达百米以上的破碎带。

　　(3)在断裂破碎带内形成不稳定的中-大型滑坡，断裂破碎带滑坡是泥石流的主要物源。

　　(4)断裂破碎带滑坡处于不稳定状态，一般每年雨季均有局部滑动失稳。

　　(5)泥石流一般为高易发泥石流，通常每年雨季均有一次至多次泥石流爆发。

　　(6)泥石流的流通区很短，或不明显，在沟口有明显的新鲜泥石流堆积扇。

　　(7)泥石流堆积物主要为断层破碎带物质，粒度均匀，一般无大块石。

　　图 3-27 为西昌市月华乡红旗村泥石流影像图和照片，深沟河断裂从红旗村泥石流的物源区通过，由于断层破碎带宽度达到 300~400m，因此在破碎带内形成了一处大型滑坡。断层破碎带内岩体极为破碎，每年雨季滑坡表部均发生不同程度的下滑垮塌，滑体进入沟道后随即形成泥石流灾害。泥石流堆积物均为断层破碎带物质，为白果湾组黑色、灰黑色含碳质砂岩、泥岩，粒度较均匀，基本无大块石。

　　2. 泥石流流域内断裂发育，形成丰富物源

　　此类泥石流也主要发育在安宁河左岸，其主要特征如下：

　　(1)泥石流流域面积一般较大。

　　(2)流域内发育一条或多条断层。

　　(3)在断层附近发育滑坡或崩塌等地质灾害。

（4）流域内的滑坡或崩塌是泥石流的主要物源之一。

（5）泥石流易发性多为中易发，泥石流堆积物与流域内地层、岩性相关，不同泥石流之间差异较大。

（6）泥石流堆积物中通常含有大量大块石。

图 3-27　红旗村泥石流灾害影像及照片

图 3-28 为蒋家沟泥石流，流域面积近 20km²，流域内发育两条断层，沟道内滑坡和崩塌较发育，堆积区沟道内有大量泥石流堆积物（图 3-29）。

图 3-28　蒋家沟泥石流影像图

图 3-29　蒋家沟泥石流堆积区沟道照片

3. 安宁河右岸断裂不发育岩浆岩地区泥石流特征

安宁河右岸断裂相对不发育，岩性主要为花岗岩、闪长岩和片麻岩。其中花岗岩和闪长岩在地表通常有厚度 5～10m 的全风化层，全风化层一般用铣、镐即可开挖，开挖后呈砂夹土状，并含有部分块体，大部分块体用手可以捏散（图 3-30）。片麻岩在地表则通常呈强风化状，岩体较破碎（图 3-31）。

图 3-30　花岗岩全风化层照片

图 3-31　片麻岩强风化层照片

安宁河右岸泥石流大部分发育在花岗岩和闪长岩地区，主要有以下特征：

（1）泥石流流域范围内多有大面积的花岗岩或闪长岩分布。

（2）在花岗岩和闪长岩分布区的缓坡地带，由于地表有较厚的全风化层，因此多被开垦为旱地，坡面侵蚀严重，是泥石流的主要物源之一。

（3）近年来，随着村村通公路工程的建设，在花岗岩和闪长岩全风化层内开挖公路边坡形成大量松散弃渣也成为泥石流的物源之一（图 3-32）。

（4）沟口堆积物主要为细颗粒全风化物质，碎石含量较少，基本没有块石（图 3-33）。

图 3-32　公路开挖弃渣形成泥石流物源

图 3-33　花岗岩地区泥石流沟道内的堆积物

3.4 安宁河断裂带西昌-德昌段地质灾害特征

3.4.1 地质环境条件概述

安宁河断裂带西昌-德昌段位于安宁河断裂带南段,涉及的行政区域主要是西昌市和德昌县,西南角还涉及盐源县部分地区。区内安宁河谷平原在西昌处宽度较大,最大宽度可达7~8km,向西昌以南,安宁河谷平原宽度逐渐降低。区内水系主要是安宁河及其支流,第四系冲积层主要分布在安宁河两岸,洪积层主要分布在两岸山前地带及主要支沟沟口(图3-34)。

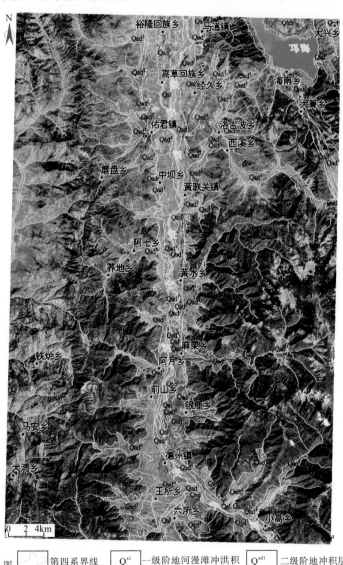

图例
- 第四系界线
- Q^{al} —— 一级阶地河漫滩冲洪积
- Q^{ad1} —— 二级阶地冲积层
- Q^{ad2} —— 三级阶地冲积层
- Q^{ad3} —— 洪、坡残积层

图3-34　安宁河断裂西昌-德昌段遥感影像和水系、第四系分布图

研究区总体地势东部和西部高，中部安宁河谷地势低，山脉水系受构造控制，呈近南北向延伸(图 3-35)。区内最高点位于东侧螺髻山，海拔 4340m，最低点位于西侧雅砻江河谷，海拔 1170m。地貌类型主要有安宁河平原地貌、中山地貌和高中山地貌三类(图 3-36)，表 3-14 为不同地貌类型统计表：主要地貌类型为中山地貌，分布面积一共 1132km²，所占比例为 56.60%；其次为高中山地貌，分布面积 543km²，所占比例为 27.15%；平原地貌分布面积相对较少，仅有 325km²，所占比例为 16.25%。

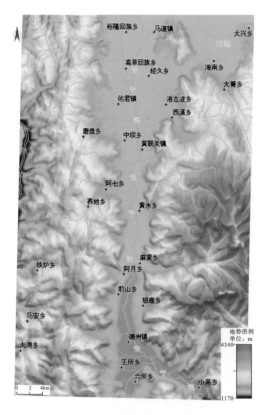

图 3-35　安宁河断裂带西昌-德昌段地势图

图 3-36　安宁河断裂带西昌-德昌段地貌分区图

表 3-14　安宁河断裂带西昌-德昌段地貌类型统计表

地貌类型	海拔/m	相对高差/m	分布面积/km²	比例/%
安宁河平原地貌	1330~1500	<50	325	16.25
中山地貌	1500~3500	500~1000	1132	56.60
高中山地貌	1500~3500	>1000	543	27.15

3.4.2　地质灾害发育特征

通过资料收集、地面调查、遥感解译等方法，查明安宁河断裂带西昌-德昌段共发育各类地质灾害 248 处，类型以滑坡和泥石流灾害为主。其中滑坡 79 处，占总数的 31.8%。泥石流 115 处，占总数的 46.4%。崩塌(危岩)54 处，占总数的 21.8%(表 3-15)。

表 3-15 安宁河断裂带西昌-德昌段地质灾害类型统计表

地质灾害类型	数量/处	占总数的百分比/%
滑坡	79	31.8
泥石流	115	46.4
崩塌(危岩)	54	21.8
合计	248	100

安宁河断裂带西昌-德昌段地质灾害分布见图 3-37。从图中可知，区内主要发育安宁河和雅砻江两条大的水系，地质灾害主要分布在这两条水系附近。但是受构造和地形地貌影响，安宁河和雅砻江两岸发育的地质灾害类型有所不同。其中滑坡主要分布在雅砻江左

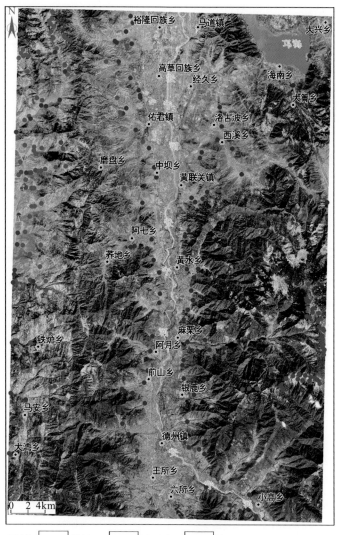

图 3-37 安宁河断裂西昌-德昌段地质灾害分布图

岸斜坡，泥石流则主要分布在雅砻江、安宁河两岸，崩塌主要分布在螺髻山高海拔地区。进一步统计分析安宁河左右岸和雅砻江左岸地质灾害数量可知（表3-16）：雅砻江左岸地质灾害最多，达到102处；安宁河左岸次之，一共发育95处；安宁河右岸最少，发育52处。雅砻江左岸发育滑坡数量是安宁河右岸的8.25倍，是安宁河左岸的13.2倍。安宁河左右两岸泥石流的数量基本相当，大约是雅砻江左岸的两倍。整体上雅砻江左岸地质灾害，尤其是滑坡和高易发泥石流更为发育，这与该区域断裂构造发育有关。

表3-16　安宁河断裂西昌-德昌段雅砻江左岸、安宁河左右岸地质灾害类型

灾害类型	雅砻江左岸数量/处	安宁河右岸数量/处	安宁河左岸数量/处
滑坡	66	8	5
泥石流	21	43	51
崩塌	15	1	38
合计	102	52	94

1. 滑坡发育特征

安宁河断裂带西昌-德昌段一共发育79处滑坡，占此段全部地质灾害数量的31.8%，滑坡基本信息见表3-17。从表中调查结果可知，区内滑坡规模以中-大型为主，其中特大型滑坡4处，大型滑坡32处，中型滑坡26处，小型滑坡17处。受断裂带影响，区内滑坡稳定性普遍较差。从统计结果可知，稳定性较好（稳定）的滑坡有22处，占总数的27.8%。稳定性一般（基本稳定）有27处，占总数的34.2%。稳定性较差（不稳定）滑坡数量最多，一共发育30处，占总数的38.0%。

表3-17　安宁河断裂西昌-德昌段滑坡信息表

序号	滑坡编号	规模	稳定性	序号	滑坡编号	规模	稳定性
1	YH001	大型	不稳定	15	YH015	中型	不稳定
2	YH002	大型	稳定	16	YH016	大型	不稳定
3	YH003	中型	稳定	17	YH017	中型	基本稳定
4	YH004	中型	稳定	18	YH018	小型	不稳定
5	YH005	小型	不稳定	19	YH019	中型	基本稳定
6	YH006	小型	稳定	20	YH020	小型	基本稳定
7	YH007	小型	不稳定	21	YH021	中型	不稳定
8	YH008	小型	不稳定	22	YH022	大型	基本稳定
9	YH009	小型	不稳定	23	YH023	中型	不稳定
10	YH010	大型	基本稳定	24	YH024	中型	基本稳定
11	YH011	小型	不稳定	25	YH025	大型	基本稳定
12	YH012	中型	基本稳定	26	YH026	大型	基本稳定
13	YH013	大型	基本稳定	27	YH027	大型	基本稳定
14	YH014	小型	不稳定	28	YH028	大型	基本稳定

序号	滑坡编号	规模	稳定性	序号	滑坡编号	规模	稳定性
29	YH029	大型	基本稳定	55	YH055	大型	基本稳定
30	YH030	特大型	稳定	56	YH056	大型	基本稳定
31	YH031	特大型	稳定	57	YH057	大型	稳定
32	YH032	中型	稳定	58	YH058	大型	不稳定
33	YH033	中型	基本稳定	59	YH059	大型	基本稳定
34	YH034	大型	稳定	60	YH060	大型	稳定
35	YH035	大型	不稳定	61	YH061	大型	稳定
36	YH036	中型	稳定	62	YH062	大型	稳定
37	YH037	大型	稳定	63	YH063	大型	稳定
38	YH038	大型	基本稳定	64	YH064	大型	稳定
39	YH039	大型	稳定	65	YH065	中型	稳定
40	YH040	大型	基本稳定	66	YH066	大型	稳定
41	YH041	中型	基本稳定	67	YH067	小型	不稳定
42	YH042	中型	基本稳定	68	YH068	小型	不稳定
43	YH043	大型	不稳定	69	YH069	中型	不稳定
44	YH044	特大型	稳定	70	YH070	小型	不稳定
45	YH045	大型	基本稳定	71	YH071	小型	不稳定
46	YH046	中型	基本稳定	72	YH072	小型	不稳定
47	YH047	中型	基本稳定	73	YH073	特大型	不稳定
48	YH048	中型	不稳定	74	YH075	大型	稳定
49	YH049	中型	不稳定	75	YHC001	中型	不稳定
50	YH050	中型	不稳定	76	YHC002	小型	基本稳定
51	YH051	中型	不稳定	77	YHC003	小型	不稳定
52	YH052	大型	稳定	78	YHC004	小型	基本稳定
53	YH053	中型	不稳定	79	YHC005	中型	基本稳定
54	YH054	中型	不稳定				

2. 泥石流发育特征

泥石流是安宁河断裂带西昌-德昌段发育数量最多的地质灾害类型。区内一共发育泥石流 115 处,占全部地质灾害数量的 46.4%。区内泥石流基本信息见表 3-18。从表中可知,泥石流规模以中小型为主,其中小型泥石流 39 处,占总数的 33.9%。中型泥石流 34 处,占总数的 29.6%。大型泥石流 32 处,占总数的 27.8%。特大型和巨型泥石流分别有 5 处,占总数的 8.7%。而从泥石流的分布区域来看(前图 3-37),泥石流主要集中分布在安宁河两岸和雅砻江左岸,其中高易发泥石流主要分布在雅砻江左岸,安宁河两岸主要为低易发和中易发泥石流。

表 3-18　安宁河断裂带西昌-德昌段泥石流信息表

序号	编号	规模	易发性	序号	编号	规模	易发性
1	YN001	中型	低易发	38	YN038	中型	低易发
2	YN002	中型	低易发	39	YN039	大型	中易发
3	YN003	中型	低易发	40	YN040	中型	中易发
4	YN004	大型	中易发	41	YN041	中型	高易发
5	YN005	小型	低易发	42	YN042	大型	中易发
6	YN006	小型	低易发	43	YN043	小型	低易发
7	YN007	大型	中易发	44	YN044	中型	高易发
8	YN008	中型	中易发	45	YN045	大型	高易发
9	YN009	大型	中易发	46	YN046	大型	中易发
10	YN010	中型	高易发	47	YN047	大型	高易发
11	YN011	中型	低易发	48	YN048	中型	中易发
12	YN012	大型	高易发	49	YN049	大型	高易发
13	YN013	小型	低易发	50	YN050	小型	低易发
14	YN014	中型	低易发	51	YN051	大型	高易发
15	YN015	巨型	中易发	52	YN052	中型	低易发
16	YN016	大型	低易发	53	YN053	小型	低易发
17	YN017	大型	低易发	54	YN054	大型	低易发
18	YN018	巨型	低易发	55	YN055	小型	低易发
19	YN019	大型	低易发	56	YN056	小型	低易发
20	YN020	大型	低易发	57	YN057	中型	低易发
21	YN021	大型	低易发	58	YN058	大型	中易发
22	YN022	巨型	低易发	59	YN059	大型	中易发
23	YN023	巨型	中易发	60	YN060	中型	高易发
24	YN024	巨型	中易发	61	YN061	中型	中易发
25	YN025	小型	中易发	62	YN062	小型	高易发
26	YN026	大型	高易发	63	YN063	中型	低易发
27	YN027	小型	低易发	64	YN064	中型	高易发
28	YN028	中型	中易发	65	YN065	中型	高易发
29	YN029	中型	低易发	66	YN066	大型	中易发
30	YN030	大型	高易发	67	YN067	中型	低易发
31	YN031	小型	低易发	68	YN068	小型	低易发
32	YN032	小型	中易发	69	YN069	大型	低易发
33	YN033	大型	高易发	70	YN070	大型	中易发
34	YN034	大型	低易发	71	YN071	小型	低易发
35	YN035	小型	低易发	72	YN072	小型	低易发
36	YN036	小型	低易发	73	YN073	中型	中易发
37	YN037	中型	中易发	74	YN074	大型	低易发

续表

序号	编号	规模	易发性	序号	编号	规模	易发性
75	YN075	特大型	中易发	96	YN096	中型	低易发
76	YN076	大型	高易发	97	YN097	小型	低易发
77	YN077	小型	低易发	98	YN098	小型	中易发
78	YN078	中型	低易发	99	YN099	小型	低易发
79	YN079	小型	低易发	100	YN100	中型	中易发
80	YN080	大型	中易发	101	YN101	特大型	中易发
81	YN081	小型	低易发	102	YN102	小型	中易发
82	YN082	小型	低易发	103	YN103	小型	低易发
83	YN083	小型	低易发	104	YN104	小型	低易发
84	YN084	中型	低易发	105	YN105	中型	低易发
85	YN085	中型	低易发	106	YN106	特大型	低易发
86	YN086	小型	低易发	107	YN107	小型	中易发
87	YN087	小型	低易发	108	YN108	特大型	高易发
88	YN088	小型	低易发	109	YN109	中型	中易发
89	YN089	特大型	高易发	110	YN110	中型	低易发
90	YN090	大型	低易发	111	YN111	小型	低易发
91	YN091	中型	高易发	112	YNC001	小型	低易发
92	YN092	小型	低易发	113	YNC002	中型	中易发
93	YN093	大型	高易发	114	YNC003	小型	低易发
94	YN094	小型	低易发	115	YNC004	小型	低易发
95	YN095	大型	中易发				

表 3-18 对泥石流的易发性判断是在现场调查的基础上，结合遥感解译以及泥石流沟口堆积物和沟内物源分布情况进行的定性判断(图 3-38)。判断原则如下：

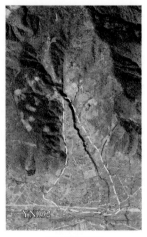

低易发泥石流　　　　　　　中易发泥石流　　　　　　　高易发泥石流

图 3-38　不同易发程度泥石流沟口影像特征

（1）沟口或沟道内有明显新鲜泥石流堆积，沟内有明显的不稳定滑坡、崩塌等物源时，划分为高易发泥石流。

（2）沟口未见明显新鲜泥石流堆积，沟道内有少量新鲜泥石流堆积，沟内有少量崩塌、滑坡物源时，划分为中易发泥石流。

（3）沟口仅有老泥石流堆积，沟口和沟道内均未见新鲜泥石流堆积，沟内也没有明显的滑坡、崩塌等物源，划分为低易发泥石流。

根据上述判断原则，安宁河断裂带西昌-德昌段发育的 115 条泥石流沟以中-低易发程度为主，其中低易发泥石流 62 处，占总数的 53.9%。中易发泥石流 33 处，占总数的 28.7%。高易发泥石流 20 处，占总数的 17.4%。

3. 崩塌发育特征

安宁河断裂带西昌-德昌段一共发育崩塌 54 处，崩塌信息见表 3-19。区内崩塌灾害集中分布在螺髻山高海拔地区。该区域共发育崩塌灾害 39 处，占总数的 72.2%。在磨盘山分水岭以西的雅砻江左岸共发育崩塌 15 处，占总数的 27.8%。其余地区未发育崩塌。

表 3-19 安宁河断裂带西昌-德昌段崩塌信息表

序号	编号	规模	稳定性	序号	编号	规模	稳定性
1	YB001	小型	不稳定	20	YB020	中型	不稳定
2	YB002	中型	不稳定	21	YB021	大型	不稳定
3	YB003	中型	不稳定	22	YB022	中型	不稳定
4	YB004	中型	不稳定	23	YB023	大型	不稳定
5	YB005	中型	不稳定	24	YB024	大型	基本稳定
6	YB006	中型	基本稳定	25	YB025	大型	不稳定
7	YB007	中型	不稳定	26	YB026	中型	基本稳定
8	YB008	中型	不稳定	27	YB027	小型	不稳定
9	YB009	中型	基本稳定	28	YB028	中型	基本稳定
10	YB010	大型	基本稳定	29	YB029	大型	基本稳定
11	YB011	特大型	基本稳定	30	YB030	大型	基本稳定
12	YB012	大型	基本稳定	31	YB031	大型	基本稳定
13	YB013	大型	基本稳定	32	YB032	大型	不稳定
14	YB014	大型	基本稳定	33	YB033	大型	不稳定
15	YB015	大型	不稳定	34	YB034	大型	不稳定
16	YB016	大型	不稳定	35	YB035	大型	不稳定
17	YB017	大型	不稳定	36	YB036	巨型	基本稳定
18	YB018	大型	不稳定	37	YB037	小型	不稳定
19	YB019	大型	不稳定	38	YB038	中型	不稳定

续表

序号	编号	规模	稳定性	序号	编号	规模	稳定性
39	YB039	大型	不稳定	47	YB047	大型	不稳定
40	YB040	大型	不稳定	48	YB048	大型	不稳定
41	YB041	大型	不稳定	49	YB049	小型	不稳定
42	YB042	大型	基本稳定	50	YB050	大型	不稳定
43	YB043	大型	不稳定	51	YB051	中型	基本稳定
44	YB044	中型	不稳定	52	YB052	中型	不稳定
45	YB045	巨型	不稳定	53	YB053	中型	不稳定
46	YB046	巨型	不稳定	54	YB054	大型	不稳定

根据表 3-19 中崩塌规模可知，区内崩塌规模以中-大型为主，其中巨型和特大型崩塌分别有 3 处和 1 处，大型崩塌 29 处，中型崩塌 17 处，小型崩塌 4 处(图 3-39)。此外根据现场调查以及遥感解译崩塌堆积体及危岩体的影像特征，对解译崩塌的稳定性进行了初步判定，其中 38 处崩塌不稳定，16 处崩塌基本稳定(图 3-40)。

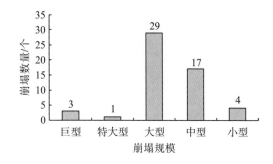

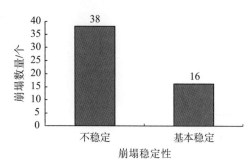

图 3-39　安宁河断裂带西昌-德昌段崩塌规模　　　　图 3-40　安宁河断裂带西昌-德昌段崩塌稳定性

3.4.3　地质灾害与断裂关系分析

3.4.3.1　滑坡与断裂关系分析

与安宁河断裂带西昌以北段地质灾害主要受安宁河东支断裂影响控制不同，安宁河断裂带西昌-德昌段地质灾害主要受磨盘山断裂、大湾堡断裂、杨家湾断裂、黑龙塘断裂和九溪头断裂等 5 条走向近南北、大致平行断裂的影响控制，而受安宁河断裂带影响控制作用相对较小。这主要是因为安宁河断裂带在西昌以南主要以隐伏形式从安宁河河谷通过，因此对安宁河谷两侧斜坡稳定性影响较小，相应的安宁河断裂带通过地区地质灾害也不发育。从地质灾害分布与断裂关系图可知(图 3-41)，地质灾害集中分布在磨盘山断裂带以西，雅砻江左岸，其余地区滑坡分布相对较少。其中发育在磨盘山-九溪头裂带内的滑坡 66 处，占滑坡总数的 83.5%。其余地区仅发育滑坡 13 处，占总数 16.5%。

图 3-41　安宁河断裂带西昌-德昌段滑坡与断裂关系图

根据野外调查，结合遥感解译，区内断裂带对滑坡的影响控制主要表现为两种类型。

1. 断层破碎带形成滑坡的侧向边界

由于断层破碎带岩体力学性能较邻近岩体差，常常成为影响滑坡体形成、演化、发展和致灾的控制因素。自然斜坡中发育的断层带岩体，根据断层的产状及其与滑坡的位置关系，断层通常可以构成滑坡的侧向边界和底滑面边界。从现场调查情况可知，区内发育的断层倾角普遍较陡，倾角小于30°的断层较少。因此区内断层带主要表现为控制滑坡的侧边界和后部边界，构成滑坡底滑面的情况较少。

图 3-42 为典型的断层形成滑坡侧向边界的遥感影像图，左侧为九溪头断裂形成 YH050 和 YH052 两个滑坡的侧向边界。YH050 为新滑坡，位于九溪头断裂东侧，YH052 为大型老滑坡，位于九溪头断裂西侧。右侧图中九溪头断裂的西侧发育 YH035 和 YH036

两处滑坡，九溪头断裂形成滑坡东侧控制边界，YH035 为新滑坡，滑坡边界清晰，后缘可见新鲜滑动痕迹。YH036 为老滑坡，后部滑坡平台明显，前缘略凸出，影像上未见明显变形迹象，且滑坡前部植被较好，处于稳定状态。

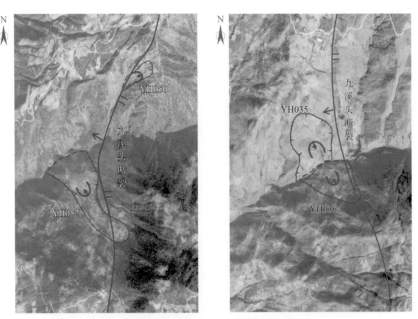

图 3-42　断层形成并影响控制滑坡的侧边界

2. 断层破碎带形成滑坡的后部边界

图 3-43 为典型的断层形成并影响控制滑坡后部边界的影像图。大湾堡断裂西侧并排发育三处老滑坡，断裂成为滑坡的后部控制边界。三个滑坡呈明显的负地形，后壁和两侧

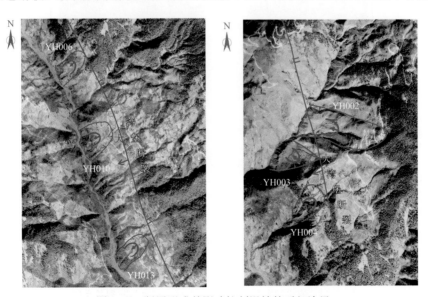

图 3-43　断层形成并影响控制滑坡的后部边界

侧壁清晰，后部滑坡平台也较清晰，未见明显变形迹象。右侧影像中在大湾堡断裂的西部发育 YH003 和 YH004 滑坡，滑坡后壁、两侧边界及前缘均清晰可见，大湾堡断裂带从滑坡后壁附近通过。滑坡表部未见明显的变形破坏迹象，处于稳定状态。

3.4.3.2　泥石流与断裂关系分析

安宁河断裂带西昌-德昌段一共发育 115 处泥石流。泥石流与断裂带关系见图 3-44，从图中可知，泥石流主要分布在两个区域，一是安宁河左岸和右岸，二是雅砻江左岸。

图 3-44　安宁河断裂带西昌-德昌段泥石流与断裂关系图

在西昌以南，安宁河断裂东、西支断裂均隐伏于第四系之下，而在磨盘山分水岭以西断裂带较为发育，发育有磨盘山断裂、大湾堡断裂、杨家湾断裂、黑龙塘断裂和九溪头断裂。断裂带通过地段斜坡岩体破碎，容易形成稳定性较差的滑坡，这些不稳定滑坡为泥石流的形成提供了丰富的物源。因此高易发泥石流主要分布在雅砻江左岸，安宁河两岸以低易发和中易发泥石流为主。从统计结果来看（表 3-20），雅砻江左岸共发育 23 处泥石流，其中 15 处为高易发泥石流，占该区域泥石流总数的 65%。安宁河两岸共发育泥石流 75 处，其中高易发泥石流 4 处，占该区域泥石流总数的 5.3%，中-低易发泥石流一共 71 处。

表 3-20 安宁河断裂带西昌-德昌段雅砻江左岸和安宁河两岸泥石流易发性

易发性	数量/处	
	雅砻江左岸	安宁河左右岸
高易发泥石流	15	4
中易发泥石流	5	27
低易发泥石流	3	44

从前面的分析可知，研究区泥石流发育与断裂带密切相关。断裂带发育地区与断裂带不发育地区的泥石流具有显著差异。其中在断裂带发育的雅砻江左岸，泥石流也更为发育，尤其是高易发泥石流多位于该区域，断裂带对泥石流的影响主要表现在以下两个方面：

1. 泥石流流域内断裂发育，物源丰富

此类泥石流主要发育在雅砻江左岸，其主要特征如下：
(1)泥石流流域面积一般较大。
(2)在流域内发育一条或多条断层。
(3)在断层附近发育滑坡或崩塌等地质灾害，流域内的滑坡或崩塌是泥石流的主要物源之一。
(4)泥石流易发程度多为高易发，泥石流堆积物与流域内地层、岩性相关，不同泥石流之间差异较大。
(5)泥石流堆积物中通常含有大量块石，沟道下游有明显的新鲜泥石流堆积物，沟口有新鲜泥石流堆积扇。

此类典型泥石流如雅砻江左岸二道河泥石流（图 3-45），该泥石流沟流域面积近 17km^2，九溪头断裂从沟道下游通过，其余三条断裂从沟底附近通过，这 4 条断裂均与沟道呈大角度相交。沟内滑坡、崩塌发育，物源丰富，沟口有大量新鲜泥石流堆积物，形成堆积扇（图 3-46）。

图 3-45　雅砻江左岸二道河泥石流影像图

图 3-46　二道河泥石流沟口堆积扇(左)与沟道内堆积物(右)照片

2. 远离断裂带的低易发泥石流沟

图 3-47 为两条低易发泥石流，沟口有明显的老泥石流堆积扇，但沟内无断层通过，无明显的崩塌、滑坡发育，物源主要为坡面侵蚀物源，沟道下游未见明显的新鲜泥石流堆积物。

图 3-47　远离断裂带的低易发泥石流沟

3.5 小　结

本章对安宁河断裂带及附近地区地质灾害发育特征进行了调查研究,将安宁河断裂分为石棉-冕宁段、冕宁-西昌段以及西昌-德昌段,对这三段地质灾害的类型、规模、发育分布规律以及与断裂关系进行了分析研究,得到以下几点结论:

(1)安宁河断裂石棉-冕宁段一共发育各类地质灾害 164 处,其中滑坡 64 处,泥石流 67处,崩塌 33 处。此段地质灾害类型以滑坡和泥石流为主,灾害体规模以大中型为主。地质灾害受安宁河东支断裂影响控制作用较为明显,断裂对地质灾害影响控制作用可以分为三类:断裂破碎带形成滑坡的侧边界、后边界以及宽大断裂破碎带直接形成滑坡。

(2)安宁河断裂带冕宁-西昌段一共发育地质灾害 286 处。其中滑坡 147 处,泥石流 121处,崩塌 18 处。灾害类型以滑坡和泥石流为主,灾害体规模以大中型为主。地质灾害主要发育在安宁河左岸,共 247 处,安宁河右岸仅发育 39 处地质灾害。区内 80%的滑坡分布在安宁河东支断裂带和红莫断裂带及影响带内。区内泥石流主要分布在安宁河左岸,且在安宁河东支断裂、红莫断裂带内相对密集。在活动断裂带内发育的泥石流具有物源丰富、物源稳定性差、高易发等特点。其余地区泥石流则多为低易发和中易发。

(3)安宁河断裂带西昌-德昌段一共发育地质灾害 248 处。其中滑坡 79 处,泥石流 115处,崩塌 54 处。灾害类型以滑坡和泥石流为主,灾害体规模以大中型为主。滑坡主要发育在雅砻江左岸的磨盘山断裂带和九溪头断裂带及附近的影响范围内,断裂对滑坡的影响控制作用主要是构成其侧向边界和后部边界。崩塌主要发育在螺髻山高海拔地区。泥石流则主要发育在雅砻江左岸和安宁河左右岸,其中高易发泥石流主要发育在雅砻江左岸,这与雅砻江左岸断裂密集分布,崩塌、滑坡发育,物源丰富有关。安宁河谷两岸多发育中易发和低易发泥石流,这是因为安宁河断裂带在西昌-德昌段主要以隐伏形式从安宁河谷通过,对安宁河谷两岸斜坡稳定性影响较小,导致沟道内泥石流物源不丰富,因此泥石流爆发频率较低。

4 活动断裂带地质灾害效应研究

4.1 地震滑坡动力效应概述

活动断裂的活动形式通常表现为两种：一种是断裂在相对较长时间段的蠕变变形，造成断裂带通过地段岩体破碎、解体，易形成各类地质灾害。另外一种是断裂短时间内快速错动变形，释放巨大能量，比如地震。在地质环境脆弱地区，一次强震甚至可能诱发数以万计的同震滑坡。近年来，活动断裂与地质灾害之间的关系受到国内外学者的普遍关注。尽管研究人员大多赞同地质构造，特别是活动断裂在地质灾害的形成过程中起着非常重要的作用，但是除了较大规模的地震以外，由于断裂构造活动变形异常缓慢，并且不易观察，因此对于断裂的构造活动变形大多只能根据经验进行判断和定性研究。

2008 年 5 月 12 日，我国四川汶川发生 Ms8.0 级特大地震，直接诱发了数以万计的各类滑坡和崩塌等地质灾害。成为新中国成立以来，波及范围最广，诱发地质灾害最多的一次破坏性地震，给人们的生命财产安全带来了重大损失。汶川地震发生后，大量的学者对地震地质灾害的发育分布规律、成因机制、成灾模型、影响因素、动力效应等进行深入研究，取得了一大批成功指导灾后恢复重建的研究成果。

在西南地区，由于特殊的地质环境条件(高陡地形、高地震烈度、高寒高海拔、高地壳应力、不利的构造背景、不利的岩土条件、不利的气候特征、不利的人口分布)，一次大规模破坏性的地震发生后，往往造成数量众多的崩塌、滑坡等地质灾害。但是通过现场调查发现地震诱发的各类地质灾害的分布并不均匀，有些斜坡岩体崩塌下滑形成规模不等的地质灾害，有些斜坡却未发生下滑破坏。即使在同一个斜坡体上，相似的地形地貌和地层岩性，局部地段斜坡岩体崩塌下滑形成地质灾害，而在其余地段斜坡岩体未发生下滑破坏。究其原因，主要是因为斜坡岩体不是均质体，即使是同一个斜坡，在不同地段斜坡岩体内在条件和地震时受到的外在影响也存在着较大的不同。通过大量现场调查和室内分析研究，地震发生时斜坡岩体崩塌下滑破坏主要受以下三个因素的影响和控制：

(1)内在因素：斜坡地形地貌、地层岩性、地质构造、结构面发育组合特征、岩体和结构面力学性能等。

(2)外在因素：斜坡所在地区地震烈度、地震持续时间等。

(3)耦合因素：地震波与斜坡岩体内在耦合作用。

在上述三个影响控制因素中，众多的学者通过各类方法对内在因素和外在因素进行了大量研究并取得丰硕的研究成果。但是对于耦合因素，目前仍然处于初步研究阶段，尚须进行深入分析研究。文章初步总结前人的研究成果，归纳目前地震波与斜坡岩体内在耦合作用，也就是地震滑坡动力效应主要有以下几个方面：

(1)地震加速度放大效应。

(2)地震波背坡面效应。

(3)地震波界面动应力效应。

(4)地震波双面坡效应。

(5)发震逆断层上/下盘效应。

(6)发震断层锁固段效应。

4.1.1 地震加速度放大效应

地震发生时地震加速度的强度与斜坡岩体的地形地貌有着密切关系。2008 年以前多位学者对此进行过初步探讨(Goodman et al.，1966；Richards et al.，1979；Lin et al.，1986；王存玉等，1987；朱传统等，1988；刘洪兵等，1999；许向宁，2006；秋仁东等，2007)。2008 年"5•12"汶川地震后，大量学者基于现场调查和室内分析研究，对地震波和地震加速度在斜坡岩体中的传播规律进行了深入研究，研究结果表明地震加速度存在明显的高位放大效应(杜晓丽等，2008；车伟等，2008；徐光兴等，2008；Peng et al.，2009)，具体表现在以下几个方面：

(1)地震发生时在斜坡的坡顶和坡面存在地震加速度放大效应。尤其是峡谷段上部，单薄山脊、孤立以及多面临空山体对地震波反应具有明显的放大效应。王运生等(2014)在芦山县清仁乡仁家村斜坡上设置 2 个监测点，1 号监测点海拔 723m，2 号监测点海拔 797m。利用这 2 个监测点监测到 2013 年"4•20"芦山地震时，2 号监测点相对于 1 号监测点地震动峰值加速度水平方向和垂直方向的放大系数如图 4-1。从图中可知，2 号监测点相对 1 号监测点地震动峰值加速度在东西向上放大系数为0.98~3.45。南北向上放大系数为 0.52~2.41。垂直方向上放大系数为 0.97~1.67，平均放大系数为 1.55。

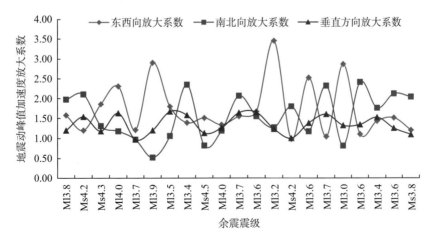

图 4-1　芦山县清仁乡仁家村地震加速度放大系数监测结果(据王运生等，2014)

(2)对同一种岩性的岩体，斜坡在地震作用下的位移、速度、加速度随斜坡高程增加而加大。

(3)在同一高程范围内，斜坡边缘对震动反应相对于内部也存在放大现象；斜坡越陡，水平向放大作用也越明显。

祁生文(2011)采用物理和数值模型试验对地震波在斜坡岩体中的传播规律进行了研究，试验结果同样证明地震波在斜坡岩体的传播过程中存在明显的高位放大效应：

(1)在高程 600m 以下，斜坡岩体中的地震加速度放大系数为 0.7～1.0，地震加速度高位放大效应不明显。在高程增大到 600m 以后，地震加速度放大系数迅速增大，最大放大系数达到 2.0。

(2)不同高程、不同部位地震动峰值加速度试验结果表明，总体来说，从斜坡内部向斜坡表部，地震加速度呈增大的趋势，特别是在接近斜坡表，地震加速度迅速增大。

地震加速度放大效应其本质是地震动力与地形地貌的耦合作用。张永双等(2013)通过调查汶川地震后地质灾害认为地形对地震波或地震动强度的放大效应属宏观效应，在远离断裂带 500m 的区域，地形放大效应比较明显。在 500m 特别是 200m 以内，主要受断裂动力控制，断裂强烈活动产生的地震加速度占主导地位，远远超过地形放大效应的表现。

4.1.2　地震波背坡面效应

David(2008)通过对 1999 年中国台湾 MW7.6 级集集地震和 2005 年巴控克什米尔 MW7.6 级南亚大地震诱发滑坡的统计分析发现，这 2 次大地震诱发的滑坡分布具有明显的方向效应。即在与发震断裂带近于垂直的沟谷斜坡中，在地震波传播的背坡面一侧的滑坡发育密度明显大于迎坡面一侧，称这种现象为"背坡面效应"。从滑坡与震中的位置关系来看，恰好位于地震波传播的背坡面一侧(即坡面倾向与地震波传播方向一致)，地震波在传播到斜坡表面时生成倍增的反射拉伸波而导致斜坡表层岩体的拉裂并产生抛出破坏。

唐春安等(2009)根据应力波理论，认为"背坡面效应"可能与压缩波在遇到斜坡自由面时生成倍增的反射拉伸波而导致的散裂或层裂(spalling)现象有关。许强等(2010)在"5·12"地震后，选取位于四川什邡红白镇附近河流沟谷走向基本与发震断裂带垂直的区域做试验性研究。该区域主要包含 5 条北西向的沟谷，沟谷走向与龙门山断裂走向近于正交，而该区域总体位于汶川地震震中映秀的北西侧，在地震过程中地震波入射方向基本与沟谷走向垂直，并由北西向北东方向传播。采用遥感解译的方式得到区内滑坡的数量和分布情况。统计结果表明，各条沟背坡面的滑坡面密度基本为迎坡面的 2 倍，表明汶川地震过程中这个区域存在明显的"背坡面效应"。

因此在集集地震、南亚大地震和汶川地震中，均存在明显的"背坡面效应"。但是进一步分析后可知，出现"背坡面效应"需要一定的地质条件，也就是河谷(沟谷)走向与发震断裂走向近于正交。认识和掌握这种现象和规律，对高地震风险区大型工程枢纽布置及公路、铁路等线性工程的规划选线具有重要的指导意义。

4.1.3 地震波界面动应力效应

当地震波在岩体中传播时，其动力参数：速度、振幅、频率很容易受到岩性、结构面、风化程度等地质因素的影响。也就是说地震波在不同风化、不同岩性、不同结构面组合的岩体中传播时，地震波的动力参数会各不相同。这一点从波动方程的表达式也可以得到证实：

$$E_{\mathrm{d}} = \frac{\rho V_{\mathrm{p}}^{\;2}(1+\nu)(1-2\nu)}{1-\nu}; \quad \nu = \frac{\frac{1}{2}(V_{\mathrm{p}}/V_{\mathrm{s}})^2 - 1}{(V_{\mathrm{p}}/V_{\mathrm{s}})^2 - 1} \tag{4-1}$$

式中：E_{d} 为变形模量；ρ 为密度；ν 为泊松比；V_{p} 为纵波；V_{s} 为横波。

从上面的波动方程中可知，岩体的变形模量与地震波在岩体中的传播速度呈正相关关系，也就是说岩体变形模量越大，地震波在岩体中的传播速度也越大。而岩体的变形模量是表征岩体力学性能的一个重要参数，它与岩体的风化、卸荷、结构面发育程度、岩体结构、岩体质量等均有密切的关系。因此上述的波动方程也从理论上解释了地震波在不同性能岩体中传播时其动力参数会发生不同程度的变化。

地震波在传播过程中遇到介质突变的界面时，会发生透射和反射现象。在界面处产生发射波应力和透射波应力，使振幅发生改变，同时使各类结构面附近出现复杂的动应力分异，引起斜坡应力场调整。尤其是具有一定张开度或者被充填的裂隙面，在反射波产生的拉应力和剪应力作用下，使其拉裂、剪切变形。最终使原本静力场下难以破坏的结构面，在地震产生的附加应力超过一定阈值后，产生破裂，并向不可逆破坏发展（张御阳，2013）。

当地震波在传播过程中遇到介质性质突变界面时将发生反射和绕射现象，振幅发生明显改变。这种突变将引起斜坡应力调整，影响斜坡稳定性。地震波在界面处产生的这种效应可统称为界面动应力效应（冯文凯等，2011）。应力波在穿过某些地质界面时，由于两侧介质特性的差异，将产生反射波，因此在界面处形成反射波应力 σ_{r} 和透射波应力 σ_{t}，它们与入射波应力 σ_1 之间存在如下关系：

$$\sigma_{\mathrm{t}} = 2\sigma_1/(1+n); \quad \sigma_{\mathrm{r}} = \sigma_1(1-n)/(1+n) \tag{4-2}$$

$$n = (\rho_1 E_1/\rho_2 E_2)^{\frac{1}{2}} = \rho_1 V_{\mathrm{p}1}/\rho_2 V_{\mathrm{p}2} \tag{4-3}$$

式中：ρ_1、ρ_2 为界面两侧岩体的密度；E_1、E_2 为界面两侧岩体弹性模量；$V_{\mathrm{p}1}$、$V_{\mathrm{p}2}$ 为界面两侧岩体纵波传播速度。

根据上述理论公式可知，地震波在各类岩体力学性能突变界面附近出现了复杂的动应力分异。根据上述公式，可概括以下两种：

（1）当应力波从相对坚硬岩体传入较软弱岩层中，即 $E_1 > E_2$ 时，由于 $n > 1$，此时产生的反射波为拉伸波，将在界面处产生拉应力。并且两介质的 E 相差越大，拉应力值越高。另外 S 波在反射产生拉应力的同时还产生较强的剪切作用力，这对岩体稳定性不利。

(2)地震波穿过软弱夹层或断层破碎带时，由于地震波的反射机制和低强度岩石吸收了大量能量，这些软弱带成为一个阻挡动应力的屏障，使传入的动应力显著削弱。这也可能是地震中为什么土质斜坡体中很少发生大规模破坏的原因。

4.1.4　地震波双面坡效应

地震过程中受地震波的作用，尤其是横波(S波)作用，斜坡岩土体，尤其是表部岩土体出现方向正负交替的反复拉剪作用。拉剪作用首先在斜坡危险区表面产生拉张裂缝，坡体内产生潜在的剪动变形，这是斜坡变形破裂的主要原因。进一步分析这种正负交替的反复拉剪作用造成的斜坡响应，可将双面坡斜坡震裂变形机制划分为3种破裂(坏)效应(冯文凯等，2009)。

1. 初动拉剪加速破裂效应

这种效应为地震波到达时的初动效应，是造成斜坡破裂的重要因素之一。具体而言就是指斜坡在接触到第一波地震初动时就产生的破裂现象，如图 4-2(a)所示。当坡顶较窄时，与初动方向一致的坡面首先出现拉裂，坡度越大拉裂部位越靠下，且发育高程低于方向相反的一侧；坡顶较宽时与初动方向一致的一侧坡顶首先出现拉裂，随着坡顶继续加宽，裂缝逐渐向同侧坡肩偏移。这些裂缝均与坡面垂直，即与斜坡坡向相反。当斜坡岩体风化卸荷严重，本身在自重应力状态下稳定性就较差时可能会立刻出现崩塌或滑动破坏。

2. 重复拉剪破坏效应

地震波的作用尤其是横波(S波)将造成斜坡体左右晃动，其作用效果将使坡体应力方向随时发生改变，甚至相反，这种应力的改变在斜坡表部表现得更为强烈。表部的拉应力和剪应力的正负交替变化及反复作用，将使斜坡体变得更为脆弱，一旦达到其破坏强度将迅速拉裂解体破坏，该效应示意图见图 4-2。在重复拉剪破坏过程中，倾向与地震初动方向一致的斜坡破坏往往比另一侧规模更大，变形破坏也更强烈，这与前面分析的背坡面效应是一致的。

3. 双面坡共剪破裂效应

对于坡顶较窄的双面坡，地震刚开始时裂缝最为发育的区域位于斜坡两侧坡面。随着地震作用的持续，这些裂缝不断向坡内扩展，并且方向与坡向垂直。随着坡顶面加宽，裂缝逐渐上移并开始出现在坡顶，同时沿坡顶逐渐向相对的两侧坡肩偏移。两侧裂缝均为对侧坡体拉剪破坏的潜在位置及延展方向，这就导致两侧裂缝在坡顶共同作用区存在明显的交叉共剪区域。在共剪区域内，坡体受到方向相反的往复拉剪作用，且存在两个剪动面(共剪作用面)，与其他区域的往复单剪不同，其示意图见图 4-3。共剪区内的岩体在共剪作用下将变得更加破碎，更有利于斜坡岩体震裂破碎解体，从而形成岩质滑坡。

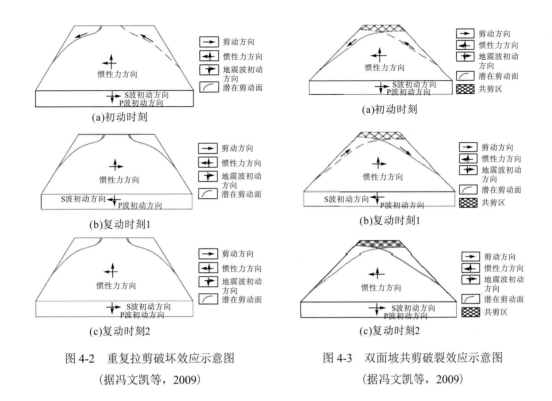

图 4-2 重复拉剪破坏效应示意图　　　　　图 4-3 双面坡共剪破裂效应示意图

（据冯文凯等，2009）　　　　　　　　　　（据冯文凯等，2009）

4.1.5 发震逆断层上/下盘效应

Abrahamson 和 Somerville(1996)研究了 1994 年美国加利福尼亚州北岭地震的近场强震记录和其他逆断层型地震的强震记录，首先发现逆冲型为主的发震断层上盘的加速度峰值系统地高于下盘的加速度峰值。俞言祥和高孟潭(2001)对中国台湾集集地震的研究进一步证明了逆断层型地震"上/下盘效应"的存在，且加速度峰值上盘衰减较慢而下盘衰减较快。

黄润秋等(2009)在研究汶川地震诱发的地震滑坡分布特征时，选取都(江堰)汶(川)公路、北川-安州以及马公-红光等三个区域作为研究区，通过现场调查和遥感解译等手段，对发震断层(映秀-北川断层)两侧滑坡数量和规模进行详细调查分析。分析结果表明，在这三个区域内均存在明显的断层上/下盘效应：在断层的上盘区域，沿公路线地质灾害发育线密度在 10～20km 处为最大，达 11.6 处/km，公路损毁率达 62%。而在断层的下盘，地震地质灾害发育的线密度为 0.5～0.8 处/km，仅为上盘地质灾害发育密度的 1/10(图 4-4)。因此发震断层上盘较下盘地质灾害分布密度大，分布范围更广。另外断层上盘地质灾害的规模也远较下盘大，85%的大型滑坡分布在发震断层上盘，仅有15%的大型滑坡分布在发震断层下盘(图 4-5)。

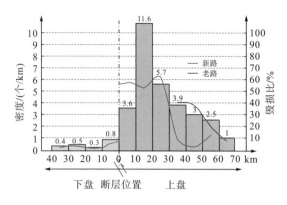
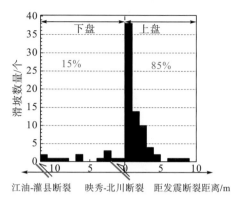

图 4-4 汶川地震后都汶公路地震滑坡发育差异   图 4-5 汶川地震灾区大型滑坡分布与断层关系图

（据黄润秋等，2009）   （据黄润秋等，2009）

4.1.6 发震断层锁固段效应

断层在错动导致地震发生时，在两条或多条断层相互交叉、错落、转换等部位，由于应力集中，错断过程中能量释放通常更为强烈，从而导致地质灾害集中发育，特别是一些大型地质灾害往往也发育在这些部位，这就是发震断层锁固段效应。黄润秋等(2009)对汶川地震诱发地质灾害的调查发现，映秀-北川断裂几个转折和错列部位均是地质灾害的密集发育区。在北川至安州一带，一共分布 3 处地质灾害密集区，而这 3 处地质灾害密集发育区恰好都分布在映秀-北川断裂带的局部错列和转折部位，尤其是北川附近的地质灾害密集区更是对应了震后测到断层错动量最大的地区。这也表明这些断裂的转折和错列部位是断层的局部"锁固段"，这些"锁固段"在地震过程中由于断层整体的错动而被进一步的剪断、破裂，从而释放出更多的能量，产生局部更为强烈的震动，形成次级"震源"和地质灾害的集中发育部位。

4.2 断裂空间组合地质灾害效应研究

4.2.1 断裂空间组成形式

断裂带岩体，特别是区域性断裂岩体，不仅断裂带内岩体破碎解体，并且这些断裂带往往成为风化卸荷的通道，导致断裂带附近岩体裂隙密集发育，岩体结构和完整性遭到破坏，在暴雨、地震或者人类工程活动的影响下斜坡岩体失稳破坏形成滑坡、崩塌等地质灾害。这些地质灾害如果发生在沟道内，则形成泥石流的物源，在暴雨情况下容易暴发规模不等的泥石流灾害，从而形成断裂带-破碎岩体-滑坡(崩塌)-泥石流的灾害链效应。因此断裂带对部分地质灾害的形成起着非常重要的影响控制作用。

断裂带对地质灾害的影响，除了由于断裂带自身力学性能较差以及断裂带附近岩体破碎导致的地质灾害以外，断裂带在自然斜坡岩体中的空间展布特征，或者空间组合形式对斜坡岩体稳定性也有较大的影响或控制作用。一旦断裂带在斜坡岩体中的组合形式不利，当遇到降雨、地震、切坡等情况时更易下滑破坏形成滑坡、崩塌等地质灾害。自然斜坡岩体中发育的断裂带往往呈随机分布形式，单条或多条断裂带在空间延伸，这些断裂带由于产状的不同，在斜坡岩体中往往形成相互交割、组合的状态。无论是单条还是多条断裂组合对斜坡岩体的稳定性均有不同程度的影响。但是由于自然斜坡岩体中断裂带产状和分布形式的随机性，如果要对断裂带的全部组合形式进行逐条分析的话，无论从时间、精力上来说都是不现实的。因此结合野外调查成果，在对斜坡岩体中发育断裂带进行归纳总结的基础上，对斜坡岩体中的断裂带划分为 6 种组合形式，并采用数值计算的方法对这 6 种组合形式对斜坡稳定性控制作用进行分析：

(1) 单条断裂反倾坡内。

(2) 多条断裂反倾坡内。

(3) 单条断裂倾坡外，断裂倾角小于斜坡地形坡角。

(4) 单体断裂倾坡外，断裂倾角大于斜坡地形坡角。

(5) 单条倾坡外和单条倾坡内断裂组合。

(6) 多条倾坡外和单条倾坡内断裂组合。

4.2.2　断裂空间组合数值分析模型的建立

根据前面 6 种断裂带在斜坡岩体中的组合关系,分别建立 6 个数值分析模型,见图 4-6～图 4-11。对数值分析模型、计算参数、计算工况、边界条件和计算方法的说明如下：

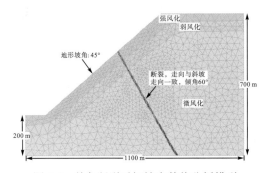

图 4-6　单条断裂反倾坡内数值分析模型

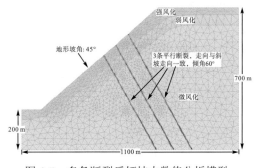

图 4-7　多条断裂反倾坡内数值分析模型

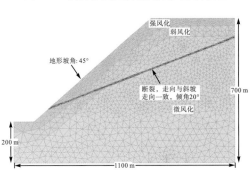

图 4-8　单条断裂倾坡外，断裂倾角小于斜坡地形坡角数值分析模型

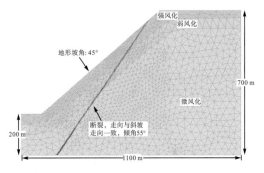

图 4-9　单条断裂倾坡外，断裂倾角大于斜坡地形坡角数值分析模型

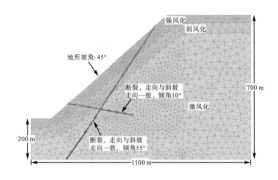

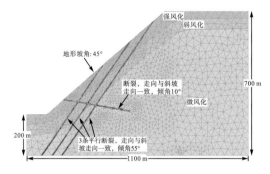

图 4-10　单条倾坡外和单条倾坡内断裂　　　　图 4-11　多条倾坡外和单条倾坡外断裂
　　　　　 组合数值分析模型　　　　　　　　　　　　　　 组合数值分析模型

（1）为了尽量分析断裂带对斜坡应力、塑性区和稳定性的影响，6 个数值分析模型除了断裂带组合形式不同以外，其余部分完全相同，这样可以尽量减少或消除数值分析过程中由于系统误差对计算结果造成的影响。

（2）建立的数值分析模型长 1100m，模型左侧高 200m，右侧高 700m。斜坡地形坡角 45°，整个斜坡高 500m。数值模型左侧、右侧、底部边界 X 和 Y 方向为约束边界，上部为自由临空面。模型中的网格划分为三角形，为了计算结果的精确性，在断裂带和斜坡浅表部适当增大网格密度。

（3）对各数值模型中断裂带的说明如下：

图 4-6：断裂走向与斜坡走向一致，断裂反倾坡内，倾角 60°。

图 4-7：三条断裂相互平行，间隔 75～80m，断裂走向与斜坡走向一致，断裂反倾坡内，三条断裂倾角均为 60°。

图 4-8：断裂走向与斜坡走向一致，断裂倾角 20°，小于斜坡地形坡角并倾向坡外。

图 4-9：断裂走向与斜坡走向一致，断裂倾角 55°，大于斜坡地形坡角并倾向坡外。

图 4-10：两条断裂走向与斜坡走向均一致，一条断裂陡倾坡外，倾角 55°。另外一条断裂缓倾坡外，倾角 10°。

图 4-11：四条断裂走向与斜坡走向均一致，其中三条平行断裂陡倾坡外，倾角 55°，断裂两两间隔 40～45m。另外一条断裂缓倾坡外，倾角 10°。

（4）河流下切形成高陡斜坡过程中，斜坡向临空面的卸荷回弹量从斜坡表部向斜坡内部逐渐降低，并且外界风化营力对斜坡的影响从斜坡表部向斜坡内部也逐渐降低，因此斜坡岩体的风化卸荷呈分层、分带展布。并且根据斜坡岩体风化卸荷的规律，这些风化卸荷带与斜坡地表地形线大致平行。因此在数值模型中将斜坡岩体从外向内一共划分为 3 种不同类型风化带：强风化、弱风化和微风化。其中强风化和弱风化带岩体真厚度为 50～60m。

（5）数值模型主要模拟断裂带对斜坡浅表部岩体变形、应力、塑性区以及稳定性的影响，斜坡浅表部岩体受风化卸荷影响各类结构面密集发育，岩体中的应力已在很大程度得到释放，因此在数值计算过程中不考虑地应力的影响，仅考虑斜坡岩体自重应力。

（6）根据《中国地震动参数区划图》（GB18306—2015），研究区地震动峰值加速度为 0.15～0.2g，数值分析模型分别考虑天然工况、地震动峰值加速 0.1g、0.2g、0.3g 等四种工况。

(7)综合收集的岩体力学参数资料和以往数值计算经验值，模型中各材料的计算参数见表 4-1。数值模型中断裂带岩体采用强度等效原则进行赋值计算。

表 4-1 数值分析模型各材料参数

岩体名称	变形模量/MPa	重度/(MN·m^{-3})	泊松比	抗拉强度/MPa	内摩擦角/(°)	内聚力/MPa
强风化岩体	3500	0.025	0.24	0.05	39	0.8
弱风化岩体	10000	0.026	0.22	0.6	47	1.2
微风化岩体	15000	0.027	0.2	1.2	55	1.8
断层带岩体	1000	0.022	0.3	0	25	0.15

(8)采用强度折减系数法计算断裂对斜坡体应力场、位移场、塑性区的影响和整体稳定性。具体计算步骤为：令 SRF(strength reduction factor)为强度折减系数，SRF 为大于 1 的值，f 和 c 为材料的实际抗剪强度参数，然后用 f/SRF、c/SRF 代替 f、c 值进行计算。即当 SRF=1 时，按材料实际抗剪强度参数进行计算；当 SRF=2 时，将材料参数中的 f、c 同步折减 50%(材料的其他参数，如变形模量等不变)再代替 f、c 值进行计算。随着 SRF 的逐渐增加，当计算结果不收敛时，此时的 SRF 即为边坡的整体稳定性系数，计算得到的最大剪应力分布区为潜在滑动面。

4.2.3 断裂空间组合数值计算结果分析

1. 单条断裂反倾坡内数值计算结果

数值模型计算得到的天然工况和地震工况(地震动峰值加速度 0.3g)斜坡最大剪应变见图 4-12 和图 4-13。从图中可知，天然工况下最大剪应变出现在斜坡表部强风化岩体内，随着动峰值加速度的增大，最大剪应变分布区域逐渐向斜坡内部延伸，但是主要还是分布在弱风化岩体内。

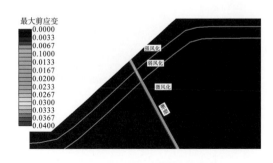

图 4-12 天然工况下最大剪应变

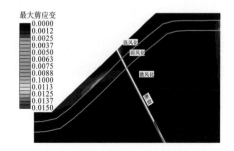

图 4-13 地震工况(0.3g)最大剪应变

采用强度系数折减法计算得到的斜坡整体稳定性系数见图 4-14，天然工况、地震工况下斜坡整体稳定性系数分别为 2.42、2.03、1.72、1.48。计算结果表明天然和地震工况下斜坡整体稳定性均较好。因此从最大剪应变以及斜坡整体稳定性计算结果可以看出,断裂带岩体对斜坡整体稳定性控制作用不明显。斜坡可能出现变形破坏的区域主要位于斜坡浅表部的强风化带。

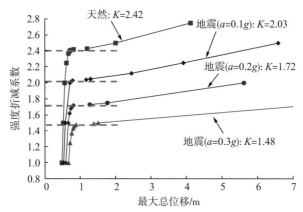

图 4-14 单条断裂反倾坡内斜坡整体稳定性

注: K 为稳定性系数, a 为地震动峰值加速度。

2. 多条断裂反倾坡内计算结果

3 条相互平行断裂带反倾坡内数值模型计算得到的天然工况和地震工况(地震动峰值加速度 $0.3g$)最大剪应变见图 4-15 和图 4-16。与单条断裂反倾坡内计算结果类似,天然工况下最大剪应变主要分布在斜坡表部强风化岩体内。地震工况下最大剪应变向斜坡内部延伸至弱风化岩体。虽然断裂带岩体内最大剪应变量值较大,但是不能构成贯通的最大剪应变带,因此对斜坡整体稳定性影响较小。

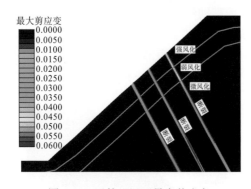

图 4-15 天然工况下最大剪应变

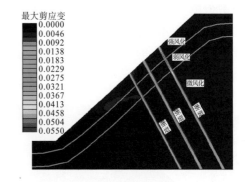

图 4-16 地震工况(0.3g)最大剪应变

采用强度系数折减法计算得到不同工况下斜坡整体稳定性见图 4-17,天然和地震工况斜坡整体稳定性系数分别为 2.3、1.94、1.64、1.41。比单条断裂反倾坡内斜坡整体稳定性系数(图 4-14)稍低一些,但基本在同一个量值范围内。

从前面的分析计算结果可知,无论是单条还是多条反倾坡内的断裂,对斜坡整体稳定性影响都较小,也就是断裂对斜坡稳定性不起控制性作用。在暴雨或地震工况下斜坡可能发生下滑破坏的区域主要位于表部强风化岩体内。

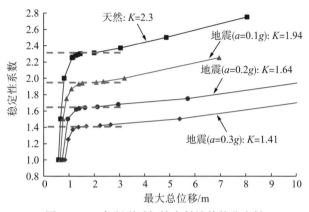

图 4-17 3 条断裂反倾坡内斜坡整体稳定性

3. 单条断裂倾坡外，断裂倾角小于斜坡地形坡角计算结果

天然和地震工况斜坡内最大剪应变计算结果见图 4-18～图 4-21。从图中计算结果可知，天然工况下在斜坡后缘出现条带状最大剪应变，意味着此处出现拉张裂缝或破裂面。地震工况（0.1g）时，斜坡后缘拉张裂缝或破裂面相对天然工况有所增大，并且向斜坡上方延伸。随着地震加速度的增大，斜坡后缘拉张裂缝或破裂面也逐渐增大，向斜坡上方逐渐延伸并在斜坡表部出露，形成一条连续、贯通的面，此时后缘拉张裂缝与底部断裂带组合形成一个脱离斜坡基岩的滑动体，表明断裂对斜坡岩体变形破坏起着控制性作用。

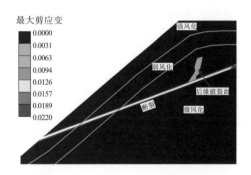

图 4-18 天然工况下最大剪应变

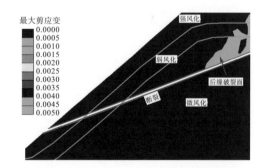

图 4-19 地震工况（0.1g）最大剪应变

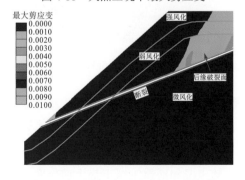

图 4-20 地震工况（0.2g）最大剪应变

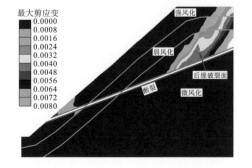

图 4-21 地震工况（0.3g）最大剪应变

当地震动峰值加速度达到 0.3g 时，断裂以上斜坡岩体向斜坡下方临空面发生较大的位移，而断裂以下斜坡岩体位移量很小(图 4-22)。这表明断裂带控制着斜坡岩体位移。从图 4-22 计算结果可知，断裂以上斜坡岩体最大位移量达到 1.2m，意味着斜坡岩体已下滑破坏。并且斜坡下方位移量相对较大，向斜坡上方位移量逐渐降低。表明地震工况斜坡下方岩体首先发生下滑破坏，进而引发上方岩体下滑破坏，属于典型的牵引式破坏模式。

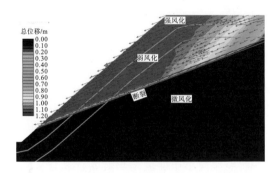

图 4-22　地震工况(0.3g)斜坡岩体总位移

采用强度系数折减法计算得到的斜坡整体稳定性也表明断裂对斜坡岩体变形破坏有着重要影响(图 4-23)：天然工况下斜坡整体稳定性系数 1.28，地震工况下稳定性系数分别为 0.93、0.68 和 0.50，表明地震工况下斜坡岩体将会发生整体的下滑破坏。

综合上面的分析，当单条断裂倾向坡外，断裂倾角小于斜坡地形坡角时，斜坡整体稳定性较差，断裂对斜坡的变形和稳定性均起着控制性作用，并且斜坡的变形和稳定性与断裂的空间位置、倾角、力学性能以及斜坡地形坡角等因素有关。

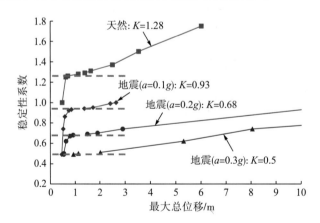

图 4-23　单条倾坡外断裂(倾角小于斜坡地形坡角)斜坡整体稳定性

4. 单条断裂倾坡外，断裂倾角大于斜坡地形坡角计算结果

前面通过数值分析表明缓倾坡外(断裂倾角小于地形坡角)断裂对斜坡稳定性起着控制性作用。而数值分析结果表明，陡倾坡外(断裂倾角大于地形坡角)的断裂对斜坡的稳定性也有着重要的影响。图 4-24～图 4-27 分别是天然工况和地震工况下最大剪应变计算结

果：在斜坡中下部，斜坡表部与断裂之间存在一个明显的最大剪应变区。随着地震动峰值加速度的增大，最大剪应变区从靠近断裂一侧逐渐向斜坡外部延伸，最终形成一个连续、贯通的最大剪应变带，斜坡整体稳定性逐渐降低。这从强度系数折减法计算的斜坡整体稳定性也得到印证（图4-28）：天然工况下，斜坡整体稳定性系数为1.5，而地震动峰值加速度0.1g、0.2g、0.3g时，斜坡整体稳定性系数分别为1.29、1.12、1.0。

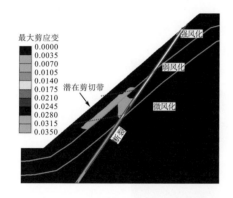

图 4-24　天然工况下最大剪应变

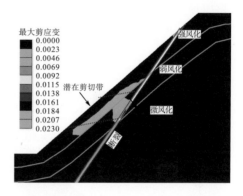

图 4-25　地震工况(0.1g)最大剪应变

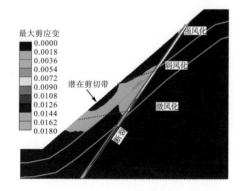

图 4-26　地震工况(0.2g)最大剪应变

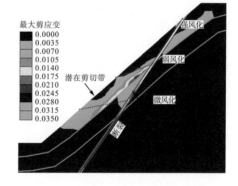

图 4-27　地震工况(0.3g)最大剪应变

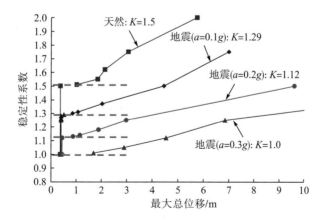

图 4-28　强度系数折减法计算得到的斜坡整体稳定性系数

地震动峰值加速度 0.3g 时斜坡岩体总位移见图 4-29，从图中可知，断裂带影响控制斜坡变形和位移：在断裂带以外，斜坡岩体出现了明显的下滑变形，位移量在斜坡上部最大，向斜坡下部逐渐降低。在斜坡中下部，位移量逐渐降低到接近零，在斜坡底部几乎无明显的位移量。斜坡上下部位移量的差异导致在斜坡中下部形成潜在的剪切带。在上部斜坡岩体重力的持续作用下，潜在剪切带内岩体发生持续的蠕变剪切变形，整体抗剪强度参数缓慢降低。当降低到一定程度后，在暴雨、地震、开挖坡脚等作用下，斜坡岩体可能顺着断裂和潜在剪切带下滑破坏，从而形成岩质滑坡或崩塌灾害。

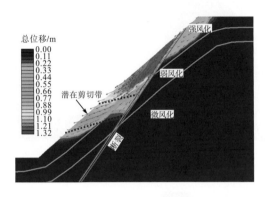

图 4-29　地震工况(0.3g)斜坡岩体总位移

分析计算表明，断裂倾角大于地形坡角，并且陡倾坡外的断裂对斜坡变形和稳定性有着重要的影响。在斜坡中下部会形成一个潜在的剪切带(最大剪应变带)，潜在剪切带在斜坡岩体自重的长期作用下出现明显的剪损变形，将这种受断裂影响的变形破坏模式称之为滑移-剪损。野外调查中发现，不仅陡倾坡外断裂可能形成滑移-剪损变形破坏模式(图 4-30)，在顺层斜坡浅表部也可能发生滑移-剪损变形破坏模式(图 4-31)。归纳总结这种变形破坏模式有以下一些特点：

(1)斜坡岩体的滑移-剪损变形破坏与斜坡岩体的坡体结构以及弱面的发育特征有着密切的关系。滑移-剪损变形破坏主要发育在顺层岩质斜坡，特别是力学性能相对较差的薄层、互层状结构的顺层岩质斜坡。

(2)在斜坡中下部出现的剪损面一般为弯曲、波状起伏或断续的剪切面，邻近剪切面斜坡岩体拉张变形破坏明显。

(3)滑移-剪损变形破坏发育的水平深度一般距斜坡表部数十米以内，多发生在强-弱风化、卸荷带内。在变形体内，斜坡岩体普遍拉裂、变形，岩体完整性较低。

(4)陡倾坡外弱面的物理力学特性对斜坡发生滑移-剪损变形破坏有重要影响，当弱面呈拉张卸荷状态，斜坡发生滑移-剪损变形破坏水平深度相对较大，当弱面呈紧密胶结状态，则斜坡发生滑移-剪损变形破坏水平深度相对较小。

(5)控制斜坡发生滑移-剪损变形破坏的既可以是单条弱面，也可以是基本平行的多条弱面。斜坡中下部可能出现多个剪损面。

图 4-30 陡倾坡外断裂控制的斜坡滑移-剪损变形破坏模式

图 4-31 顺层斜坡浅表部发育的滑移-剪损变形破坏模式

5. 单条倾坡外和单条倾坡内断裂组合计算结果分析

采用强度系数折减法计算得到的斜坡整体稳定性系数见图 4-32，天然状态下斜坡整体稳定性系数为 1.63，地震动峰值加速度 0.1g、0.2g、0.3g 工况下，斜坡整体稳定性系数分别为 1.4、1.21、1.1。另外数值计算结果也表明断裂的这种组合形式对斜坡位移（变形）的控制作用十分明显（图 4-33），斜坡位移（变形）被严格控制在两条断裂组合形成的块体内。从图 4-33 计算结果还可以看出，两条断裂组合形成块体前缘和后部位移量相对较大，中部位移量相对小一些。

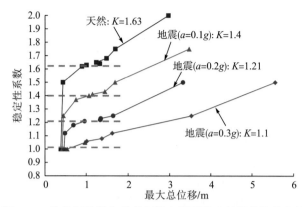

图 4-32 单条倾坡外和单条倾坡内断裂组合斜坡整体稳定性

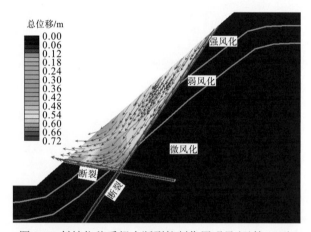

图 4-33 斜坡位移受组合断裂控制作用明显(天然工况)

6. 多条倾坡外和单条倾坡内断裂组合计算结果分析

多条倾坡外和单条倾坡内断裂组合斜坡整体稳定性计算结果见图 4-34,天然工况下斜坡整体稳定性系数为 1.46,地震动峰值加速度 0.1g、0.2g、0.3g 工况下,斜坡整体稳定性系数分别为 1.29、1.13、0.99。比单条倾坡外和单条倾坡内断裂组合稳定性系数稍低一些,这是由于多条断裂带相互影响导致组合块体底滑面抗剪强度降低。

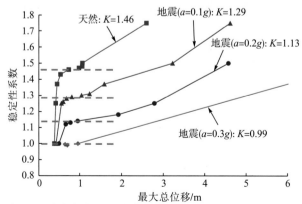

图 4-34 多条倾坡外和单条倾坡内断裂组合斜坡整体稳定性

地震动峰值加速度 0.3*g* 时，斜坡总位移和最大剪应变计算结果见图 4-35 和图 4-36。斜坡位移(变形)受组合断裂控制，斜坡位移主要出现在底部缓倾坡外断裂和最靠斜坡外部陡倾坡外断裂组合形成的块体内。最大位移出现在组合块体下部坡脚处。在组合块体底部出现明显的最大剪应变区，预示着组合块体下滑破坏的底部边界。

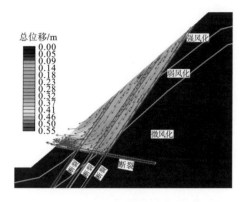 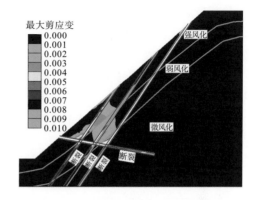

图 4-35　地震工况(0.3*g*)总位移　　　　图 4-36　地震工况(0.3*g*)最大剪应变

前面对 6 种断裂带空间组合形式对斜坡稳定性(地质灾害效应)的控制作用进行了数值分析。从数值计算的结果可知，不同断裂带空间组合形式对斜坡变形和稳定性的影响有较大的区别：

(1)单条和多条反倾坡内断裂带对斜坡变形和稳定性不起控制作用，这种组合形式下斜坡变形和稳定性主要受浅表部强风化、强卸荷带岩体的影响和控制。

(2)单条断裂倾坡外，无论断裂倾角大于还是小于斜坡地形坡角，断裂对斜坡变形和稳定性均有着重要的影响控制作用：断裂倾角小于斜坡地形坡角，断裂对斜坡变形和稳定性起着直接的控制作用。断裂倾角大于斜坡地形坡角，在斜坡岩体自重作用下形成滑移-剪损变形破坏模式。

(3)陡倾坡外断裂和缓倾坡内断裂组合形式对斜坡变形和稳定性也有重要的影响，斜坡变形主要发生在两条断裂组合形成的块体内。

4.3　安宁河断裂带对大型滑坡影响控制研究

安宁河断裂石棉至西昌段为活动断裂，随着断裂缓慢的蠕滑变形，断裂周边应力场的分布和量值也随之不断变化，从而导致断裂周围介质发生相应的物理化学变化。一方面，从地质灾害的角度考虑，它往往会致使断裂内部产生空隙和拉张裂隙，诱使断裂破碎带发生沉陷变形或者造成局部应力集中现象，从而引起或者加剧地质灾害的发生。另外一方面，由于断裂的活动变形，往往会引起断裂周边岩体挤压或拉张变形破坏，使得斜坡岩体变形、拉裂、破碎、解体，导致斜坡稳定性降低进而引发斜坡岩体发生下滑、崩塌、垮塌等作用，从而形成地质灾害。因此，活动断裂与地质灾害的形成、分布以及成因机理和成灾模式往往有着密切的关系。

4.3.1　安宁河断裂带及附近地区大型滑坡发育分布特征

安宁河断裂带活动性具有明显的分段性，冕宁至西昌段活动性最强，石棉-冕宁段活动性次之，西昌至德昌段活动性相对最弱。受断裂带活动性影响，断裂带附近地质灾害的分布与断裂活动性有着较好的对应性。为了进一步分析安宁河断裂带对大型滑坡的影响控制，本节将在第 3 章调查研究的基础上，对安宁河断裂石棉田湾至西昌安宁段附近大型滑坡发育分布特征以及与断裂带的关系进行进一步分析研究。

通过地面调查、遥感解译和资料收集整理，安宁河断裂带石棉田湾至西昌安宁镇段，断裂两侧各 20km 范围内一共调查复核了规模在大型及以上的滑坡 57 处，其中大型滑坡 45 处，特大型滑坡 12 处，滑坡主要特征见表 4-2。

表 4-2　安宁河断裂石棉田湾-西昌安宁段规模大型及以上滑坡主要特征表

编号	滑坡名称	地理位置	滑体性质	体积/10^4m³	规模等级	构造对滑坡控制模式
1	瓦儿沟滑坡	冕宁县大桥镇大桥村 2 组	岩质	150	大型	断裂控坡型
2	塞可尼落滑坡	冕宁县曹古乡扯羊村 4 组	岩质	150	大型	断裂控坡型
3	瓦曲依呷滑坡	冕宁县彝海镇彝海村 3 组	岩质	100	大型	断裂控坡型
4	大杠山滑坡	冕宁县大桥镇大桥村 1 组	碎屑	120	大型	断裂控坡型
5	瓦厂沟右侧滑坡	冕宁县惠安镇稗子田村组	碎屑	240	大型	断裂控坡型
6	照壁山滑坡	冕宁县城厢镇杀叶马村 4 组	岩质	455	大型	断裂控坡型
7	混水沟上游滑坡	冕宁县城厢镇杀叶马村 4 组	碎屑	750	大型	断裂控坡型
8	混水沟滑坡	冕宁县城厢镇杀叶马村 4 组	岩质	360	大型	断裂控坡型
9	曹古堡子滑坡	冕宁县曹古乡扯羊村 7 组	岩质	150	大型	断裂控震型
10	大桥水库东侧滑坡	大桥县大桥镇峨瓦组	岩质	100	大型	断裂控坡型
11	转经房后山滑坡	大桥县大桥镇峨瓦组	土质	300	大型	断裂控坡型
12	得伍滑坡	冕宁县曹古乡得伍村 7 组	堆积层	500	大型	断裂控坡型
13	脚底滑坡	大桥县大桥镇大桥村 2 组	土质	100	大型	断裂控坡型
14	落乃格村 1 号滑坡	喜德县红莫乡落乃格 3 组	碎屑	400	大型	断裂控岩型
15	落乃格村 2 号滑坡	喜德县红莫乡落乃格 3 组	碎屑	160	大型	断裂控岩型
16	大坪滑坡 3 组	冕宁县泸沽镇大坪村 3 组	碎屑	3000	特大型	断裂控震型
17	堰塞塘滑坡	喜德县鲁基乡中坝村 2 组	碎屑	150	大型	断裂控震型
18	中坝村 1 组滑坡	喜德县鲁基乡中坝村 1 组	碎屑	600	大型	断裂控坡型
19	中坝村 2 组滑坡	喜德县鲁基乡中坝村 2 组	堆积层	3500	特大型	断裂控坡型
20	采砂厂滑坡	喜德县鲁基乡中坝村 5 组	碎屑	500	大型	断裂控坡型
21	中坝村 5 组滑坡	喜德县鲁基乡中坝村 5 组	土质	100	大型	断裂控坡型
22	大水沟滑坡	冕宁县漫水湾镇沙耳村 5 组	碎屑	750	大型	断裂控坡型
23	王家山滑坡	冕宁县月华乡新华村 3 组	碎屑	1100	特大型	断裂控坡型
24	冯家坪滑坡	冕宁县月华乡新华村 7 组	碎屑	400	大型	断裂控水型
25	黑砂河 4 号滑坡	喜德县鲁基乡深吉洛 6 组	碎屑	500	大型	断裂控水型
26	黑砂河 3 号滑坡	喜德县鲁基乡深金洛村	碎屑	300	大型	断裂控水型
27	黑砂河 2 号滑坡	喜德县鲁基乡深吉洛村 6 组	碎屑	400	大型	断裂控水型

编号	滑坡名称	地理位置	滑体性质	体积/10^4m^3	规模等级	构造对滑坡控制模式
28	黑砂河 1 号滑坡	喜德县鲁基乡深金洛村	土质	300	大型	断裂控水型
29	大巴叉滑坡	冕宁县漫水湾镇沙耳村 3 组	碎屑	150	大型	断裂控震型
30	漫水湾塘滑坡	冕宁县漫水湾塘村村 3 组	碎屑	20000	特大型	断裂控震型
31	大塘河 3 号滑坡	喜德县李子乡史觉村	碎屑	150	大型	断裂控岩型
32	大塘河 1 号滑坡	喜德县李子乡瓦西村	堆积层	100	大型	断裂控岩型
33	麻打滑坡	喜德县红莫镇落乃格村 2 组	堆积层	140	大型	断裂控坡型
34	落乃格村 3 号滑坡	喜德县李子乡落乃格村 3 组	堆积层	150	大型	断裂控坡型
35	稀土工业园滑坡	冕宁县复兴镇白土村 1 组	堆积层	1000	特大型	断裂控坡型
36	上白土滑坡	冕宁县复兴镇白土村 2 组	堆积层	300	大型	断裂控坡型
37	白泥沟 1 号滑坡	冕宁县泸沽镇安宁村	土质	100	大型	断裂控坡型
38	白泥沟 2 号滑坡	冕宁县泸沽镇安宁村 2 组	土质	100	大型	断裂控坡型
39	朝王坪滑坡	喜德县冕山镇как果村村 1 组	堆积层	650	大型	断裂控坡型
40	凯利公司滑坡	西昌市马道乡大堡村	土质	112	大型	断裂控坡型
41	顶了觉莫滑坡	冕宁县大桥镇店子村 5 组	堆积层	8000	特大型	断裂控坡型
42	堡子滑坡	冕宁县槽古乡大堡子村 2 组	岩质	4500	特大型	断裂控震型
43	大塘河 2 号滑坡	喜德县李子乡史觉村	碎屑	250	大型	断裂控岩型
44	东河则木组滑坡	喜德县北山乡拉克村	堆积层	678	大型	断裂控坡型
45	采蔬组滑坡	喜德县热柯依达乡团结村	堆积层	520	大型	断裂控坡型
46	老堡子滑坡	冕宁县城厢镇老堡子村	堆积层	280	大型	断裂控坡型
47	浑水沟沟口右岸滑坡	冕宁县曹古乡镇沙泥乐村 1 组	碎屑	100	大型	断裂控坡型
48	周家堡子后山滑坡	冕宁县城厢镇枧槽村 1 组	堆积层	140	大型	断裂控坡型
49	足富滑坡	石棉县先锋藏族乡出路村 3 组	碎屑	1400	特大型	断裂控岩型
50	科落头滑坡	石棉县新民藏族彝族乡足富村 3 组	碎屑	300	大型	断裂控岩型
51	漫哈沟沟头滑坡	石棉县蟹螺藏族乡猛种村 2 组	岩质	400	大型	断裂控坡型
52	红旗坝电站上游(灰棚子)滑坡	石棉县蟹螺藏族乡新乐村	岩质	2000	特大型	断裂控坡型
53	干海子滑坡	石棉县栗子坪彝族乡栗子村	岩质	100	大型	断裂控坡型
54	煤建公司滑坡	石棉县栗子坪彝族乡栗子村	岩质	4000	特大型	断裂控震型
55	雷勿滑坡	石棉县栗子坪彝族乡孟获村	岩质	2500	特大型	断裂控坡型
56	碓窝坪滑坡	石棉县草科藏族乡大坭村	岩质	2000	特大型	断裂控坡型
57	河坝头滑坡	石棉县先锋藏族乡乡金坪村	堆积层	100	大型	断裂控坡型

在全部 57 处滑坡中,滑体以碎屑为主,达 22 处,主要为断层活动形成的断层破碎带。其次为堆积层滑坡,一共有 14 处,多是由于构造运动在坡顶形成较厚的堆积碎块石土和残坡积土层;岩质滑坡一共有 14 处,主要发育在活动断裂长期作用形成节理裂隙密集发育区,或由地震诱发的地震滑坡。土质滑坡数量相对较少,仅有 7 处。此外由于安宁河发生过多期次的升降运动,在山前河流切割较深地带的冲洪积区,由于坡脚受冲刷或后缘不断的堆积作用也会诱发部分大型滑坡,如五得滑坡和转经房后山滑坡等。

将 57 处滑坡根据坐标投影到数字高程模型(digital elevation model,DEM)图上,并且将安宁河活动断裂 17 条次级断裂空间展布位置也一并投影到图上(图 4-37)。从图中滑坡分布位置与安宁河活动断裂关系可知，总体上滑坡发育密度与安宁河断裂活动性大体一致，从北向南滑坡数量逐渐增多，大致可分为三段：

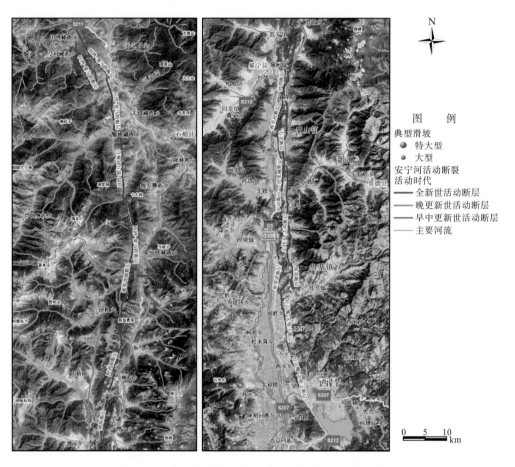

图 4-37　安宁河断裂带石棉田湾-西昌段大型滑坡分布图

1. 石棉田湾-栗子坪滑坡弱发育段

石棉田湾-栗子坪滑坡弱发育段长约 70km，断裂带两侧 20km 范围内发育有 7 处规模在大型以上的滑坡。由于北段的大凉山断裂、鲜水河断裂、锦屏断裂和安宁河断裂距离都比较近，受共同作用明显，直接分布于安宁河断裂带 2km 范围内的滑坡仅为 2 处。

2. 石棉栗子坪-冕宁县城滑坡强发育段

石棉栗子坪-冕宁县城滑坡强发育段长 35km，断裂带两侧 20km 范围内发育有 20 处规模在大型以上滑坡。在安宁河东支和西支断裂上滑坡均较发育。

3. 冕宁县城-西昌安宁滑坡强发育段

冕宁县城-西昌安宁滑坡强发育段长 75km，断裂带两侧 20km 范围内发育 30 处规模在大型以上的滑坡。其中安宁河西支断裂活动性弱，对滑坡发育影响控制作用较弱。安宁河东支断裂活动较强，并且东支断裂又进一步细分为东西两支(简称东断裂和西断裂)，受断裂本身及其活动影响，断裂通过地区斜坡岩体拉裂、破碎、解体，斜坡稳定性差，发育多个大型滑坡。

从调查分析结果可知，区内规模大型及以上滑坡多集中分布于安宁河活动断裂带附近，总体为南北呈条、东西呈块格局。南北呈条即滑坡沿安宁河断裂带呈不连续条状分布。从东西方向来看总体呈块状分布，一方面与地层岩性、地形地貌有关，另一方面受活动构造控制作用更为突出。从大型滑坡分布密度图可知(图 4-38)，滑坡最发育地段为小盐井-杀叶马段和泸沽-安宁镇段，滑坡密度达 0.05~0.06 处/km^2，其次为复兴、栗子坪和草科至蟹螺等地，并沿安宁河断裂带向东西两侧密度逐渐减小。

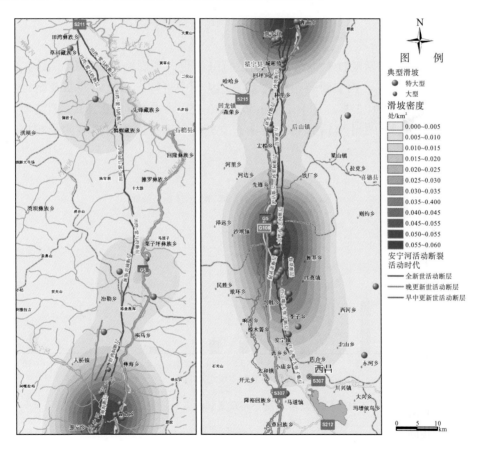

图 4-38 安宁河断裂带石棉田湾-西昌段大型滑坡密度图

进一步分析滑坡距安宁河断裂带直线距离关系可知(图 4-39)，总体而言，距离安宁河断裂越近，大型滑坡发育数量越多，随着距滑坡距离的增加，大型滑坡发育数量逐渐降低：在距断裂带 0.5km 范围内，发育 21 个滑坡。距断裂带 0.5~1.0km 范围内，发育 16 个滑坡。距断裂带 1.0~1.5km 范围内，发育 8 个滑坡。从统计结果来看，在距断裂带 1.5km 范围内，一共发育 45 个大型滑坡，占全部调查滑坡的 78.95%。而在距断裂

1.5km 以外，一共仅发育 12 个大型滑坡。这说明安宁河断裂带对滑坡发育分布的影响在 1.5km 范围内更强烈。

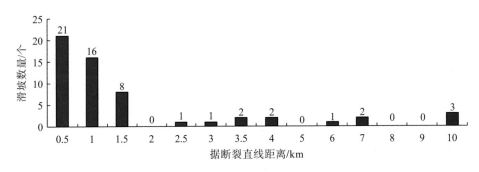

图 4-39　大型滑坡与安宁河断裂带距离关系图

另外，断裂带的活动性对大型滑坡的发育分布也有着影响控制作用。图 4-40 是大型滑坡距安宁河东支、西支断裂距离关系图。从图中可知，东支断裂带及附近共发育滑坡 52 处，占总数 91.23%，其中 1.5km 以内 40 处，占总数的 70.18%。西支断裂及附近共发滑坡 5 处，均在 1.5km 以内，表明东支断裂较西支断裂对滑坡的影响控制作用更加显著。

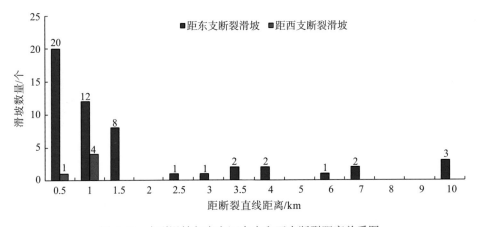

图 4-40　大型滑坡与安宁河东支和西支断裂距离关系图

4.3.2　安宁河断裂带对滑坡控制模式

在总结调查研究成果的基础上，根据安宁河断裂带附近大型滑坡发育特征、滑体物质、动力来源和临空面成因等主控因素的耦合作用，归纳总结了安宁河断裂带对滑坡的 4 种控制模式，分别为断裂控岩(岩体特征)型、断裂控水(地下水特征)型、断裂控坡(斜坡形态)型和断裂控震(地震滑坡)型，这 4 种控制模式的滑体类型及成因、主要滑动力来源、临空面成因、边界条件与主滑方向以及典型滑坡见表 4-3。

表 4-3　安宁河断裂带对滑坡控制模式分类表

类型	滑体类型及成因	主要滑动力来源	临空面成因	边界条件与主滑方向	典型滑坡
断裂控岩型	滑坡体为断层破碎带,母岩的类型及坚硬程度和抗风化能力关系不大,主要受构造挤压切割形成	在坡脚受长期外力切割作用下,当自身重力产生的下滑大于抗滑力进而诱发滑坡	主要为河流或人类工程活动切割作用形成高陡边坡	滑坡侧边界和范围常受断裂控制;滑坡方向与断裂带走向近似平行	落乃格滑坡、秧财沟滑坡等
断裂控水型	由于断层破碎带导水作用,形成饱和或超饱和的岩土体	断裂带的导水作用,引起地下水浮力增大,阻滑力减小	坡面冲刷或自然运移及人类工程活动切坡形成	滑坡体发育于断裂带内,常沿断裂方向扩展;滑坡方向与断裂带走向近似垂直	小庄子滑坡及黑砂河一带的滑坡
断裂控坡型	多为较密实的冰碛物或构造作用形成的破碎的基岩	在长期的挤压台升作用下,当自身重力产生的下滑大于抗滑力进而诱发滑坡	受长期的构造挤压隆升形成高陡边坡	滑坡后边界位置及发展趋势多受断裂控制;滑坡主滑方向与断裂带走向近似垂直	照壁山滑坡、浑水沟滑坡等
断裂控震型	多为节理较发育,岩体较完整的基岩边坡	主要是由于地震发生时,在地震波及边坡放大效应作用下诱发	自然陡崖或构造隆升高边坡	滑坡前缘主要受断层控制,滑坡体多位于断层上盘;滑坡方向与断裂带走向近似垂直	大巴叉滑坡、老堡子滑坡等

1. 断裂控坡型滑坡模式

该模式的特点主要是在活动断裂的长期作用下,引起地表不均匀隆升的持续变化,局部形成高陡边坡为滑坡发生提供临空面。当持续隆升达到边坡自稳极限(天然休止角)后,在自重应力或外力作用下可能诱发滑坡发生,此类滑坡模式见图 4-41。滑坡方向多与断裂的走向垂直,滑坡的发生不一定在雨季。

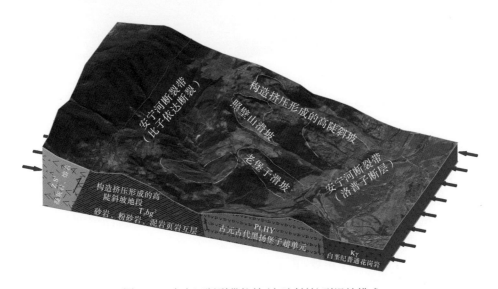

图 4-41　安宁河断裂带控坡(高陡斜坡)型滑坡模式

当地层为厚度较大和密实的冰碛物或断层破碎带时,随着活动构造的连续挤压,引起边坡不断隆升,破碎的斜坡物质加上高陡的边坡,易形成较大规模的滑坡。此类滑坡模式发育的典型地段如冕宁县杀叶马村至小盐井一带，受安宁河东西断裂带的长期挤压隆升作用，形成较多的高陡边坡。当挤压形成边坡坡角大于30°，或坡脚开挖时，可能发生较大规模的滑坡，典型的如照壁山滑坡。

2. 断裂控岩型滑坡模式

此类滑坡发生的主控因素是由于构造作用引起岩体的力学性能变差，不论是坚硬的岩浆岩、变质岩，还是相对较软的沉积岩，受活动构造长期挤压和升降作用，风化强烈，节理发育，岩体破碎，为滑坡发生提供物质条件。此类滑坡模式见图4-42。安宁河断裂带在长期的挤压运动作用下，部分地段形成宽度达100m以上的断层破碎带，在构造隆升、坡面侵蚀或河流切割作用下，形成高陡边坡。滑坡发生于断层破碎带内，滑体为断层破碎带物质，与滑坡所在斜坡基岩类型关系不大。受走向与断层走向近于垂直的河流切割作用形成临空面，滑坡主滑方向与断裂带的走向大致相同。

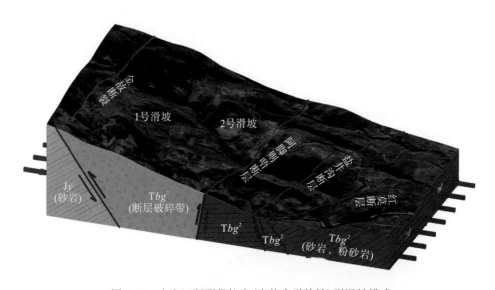

图 4-42 安宁河断裂带控岩（岩体力学特性）型滑坡模式

3. 断裂控水型滑坡模式

此类滑坡主要是由于断裂导致的地下水导水运动路径变化引起。断裂带改变地下水的渗流条件，沿断裂带形成较好的导水通道，当局部受阻、水位抬升，在岩土体中形成较大浮托力，斜坡抗滑力降低，导致滑坡的形成。滑坡动力来源主要是抗滑力的降低和滑体重度增加，滑动方向多与断裂带走向垂直（图4-43）。

典型滑坡如冕宁县小庄子滑坡，由于安宁河断裂带的作用在昔格达地层中形成导水廊道，将斜坡后部和周边的地表水和地下水引流至断层破碎带。虽然斜坡为逆向坡，但由于坡体前部的超静水压力和浮托力的作用，最终在坡体前部形成滑坡，导致G5京昆高速公路匝道产生变形破坏（图4-44）。因此防水是此类滑坡治理的重点。

图 4-43　安宁河断裂带控水型(导水通道)滑坡模式

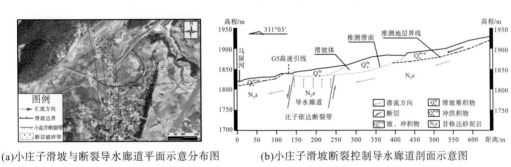

(a)小庄子滑坡与断裂导水廊道平面示意分布图　　(b)小庄子滑坡断裂控制导水廊道剖面示意图

图 4-44　小庄子滑坡形成机理示意图

4. 断裂控震型滑坡模式

此类滑坡由地震直接触发(图 4-45),滑体多为节理密集发育岩体,主滑方向多与构造走向垂直,滑坡发生处以高陡边坡为主,在坡脚或斜坡中部有断层通过。因活动断裂附近的地震通常具有强破坏作用和长周期大脉冲的特点,地震作用常沿地震断裂产生较强的冲击力,突发地震形成的巨大冲击力造成断裂带通过处斜坡上部岩体产生抛掷。地震滑坡的抛掷量与地震动力、斜坡风化卸荷程度及其形成的松散体和节理化岩体有很大的关系,冲击力可用式 4-1 表示:

$$\sigma_1 \geqslant \sigma_T + \sigma_G \qquad (4\text{-}1)$$

式中:σ_1 为冲击力,σ_T 为滑坡壁岩体抗拉强度,σ_G 为重力沿滑壁法向分量。

1536 年 3 月 29 日,在西昌北礼州镇新华村附近发生 Ms7.5 级地震,此次地震的断裂效应主要体现在上盘效应。地震形成强大的冲击力 σ_1,造成断裂上盘物质突然抛射启动,随后高速冲击斜坡下方物质并堆积,形成规模大、破坏严重的高速远程滑坡,此类滑坡在安宁河漫水湾镇一带表现最为明显,如漫水湾塘村滑坡、大巴叉滑坡等。

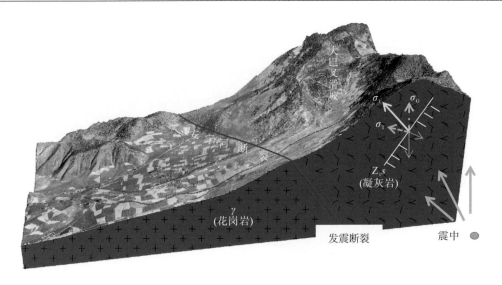

图 4-45　安宁河断裂带控震型滑坡模式

4.4　安宁河断裂带影响控制典型滑坡

4.4.1　断裂控坡型滑坡-洛乃格滑坡

4.4.1.1　滑坡概况

　　落乃格滑坡位于西昌市礼州镇东侧，由冲沟两侧向冲沟底部对滑的 2 个老滑坡组成，滑坡天然状态下稳定性较好。滑坡前缘受河流下切影响，发育多处小规模的次级滑坡。其中 1 号滑坡位于冲沟右岸，坡体前缘宽约 340m，纵向最长约 425m，总面积约 9.94 万 m^2，滑体厚度 35.3～51.5m，平均厚度 40m，总体积约 396 万 m^3，规模为大型。2 号滑坡前缘宽约 340m，纵向最长约 380m，总面积约 7.19 万 m^2，滑体厚度 30～50m，平均厚度 40m，总体积约 288 万 m^3，规模为大型（图 4-46）。

图 4-46　落乃格滑坡全貌图

4.4.1.2 地质背景条件

1. 地形地貌

落乃格滑坡地貌类型属侵蚀构造地貌,由1号、2号滑坡组成,分别位于沟谷的两侧(图4-47)。其中1号滑坡前缘高程1835~1890m,后缘高程1980~2000m,整个滑坡垂直高差约150~170m,滑坡体整体地形坡角15°~25°,主滑方向约267°。2号滑坡前缘高程1835~1890m,后缘高程1920~1940m,垂直高差约70~100m,整体地形坡角15°~25°,主滑方向约350°(图4-48)。

图4-47 落乃格对冲滑坡地貌图

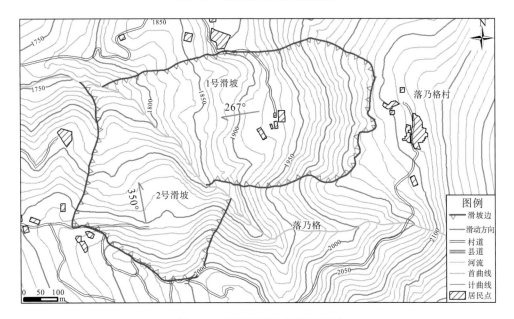

图4-48 落乃格滑坡地形地貌图

2. 地质构造

落乃格滑坡所在区域主要发育两条断层,分别是发育在2号滑坡下游侧的阿脚则唔断层和滑坡后部的金故断层(图4-49),对这2条断层描述如下:

阿脚则唔断层:位于2号滑坡下游侧,金故断层西侧,走向北北东,断层倾向80°~

120°，倾角 75°～80°，断层发育在三叠系白果湾组，断层性质为上盘上升的逆断层，断层长 13.5km，宽 20～30m，断层面呈现压性、张性的多期活动特征。

金故断层：位于滑坡后部，走向近南北，断面倾向 294°，倾角 64°，断层穿越地层为三叠系白果湾组，侏罗系益门组和新村组，断层性质为上盘上升的逆断层，断层长 5.5km，宽 80m。断层面呈现压性、张性的多期活动特征。

落乃格滑坡的形成与阿脚则唔断层和金故断层密切相关。发育在滑坡前后部的 2 条断层形成较宽的断层破碎带物质，为滑坡形成创造了较好的物质条件。从周边地形、岩土体特征、野外调查以及钻探揭露可知，受安宁河东支断裂挤压、剪切和抬升作用，滑坡所在区域斜坡岩体破碎，这点从落乃格沟揭露的斜坡岩体可以得到较好的印证。

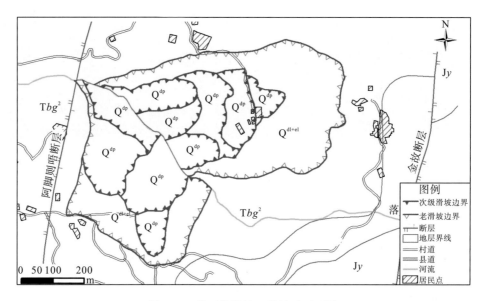

图 4-49　落乃格滑坡工程地质平面图

3. 地层岩性和滑坡物质结构特征

滑坡区地层主要为三叠系白果湾组碳质页岩和粉砂岩(Tbg^2)，基岩受断裂影响，岩体破碎。基岩产状为 250°∠40°左右，倾向坡内，为逆向坡。坡体结构对滑坡形成发育影响较小。

1) 滑体物质特征

滑体物质主要为含碎石粉质黏土、碎石土，钻孔揭露的典型粉质黏土、碎石土见图 4-50 和图 4-51。

含碎石粉质黏土：灰褐色，稍湿，可塑-硬塑；碎石岩性以砂岩、页岩为主，中风化，粒径 3～10cm，含量(质量分数)20%～30%，主要分布于斜坡表面。

碎石土：灰褐色、灰黑色，中密，碎石含量(质量分数)50%～70%，磨圆度差，棱角状，粒径一般 5～15cm，成分以砂岩、页岩为主，充填物以粉土、黏土、角砾等为主。

根据 1 号滑坡地形地貌以及滑坡上发育的多级平台、后缘拉裂缝判断，1 号滑坡经历多期次级滑移、垮塌，根据钻探揭露，1 号滑坡堆积体厚度 35.3～51.5m。

图 4-50　ZK02 钻孔揭露的含碎石粉质黏土

图 4-51　ZK02 钻孔揭露的碎石土

2) 滑带土特征

根据钻探揭露，滑带土主要为含少量角砾的粉质黏土，厚度一般 5~15cm。钻孔揭露的滑带土特征见图 4-52 和图 4-53。滑带土为含角砾粉质黏土，灰黑色，稍湿，可塑。土体主要为页岩、粉砂岩研磨产物，土质不均匀，有砂粒感和滑腻感。角砾岩性为粉砂岩，青灰色，中风化，粒径主要集中在 2.0~8.0mm，呈次棱角状，含量 30%~40%。

图 4-52　ZK01 钻孔揭露滑带土特征

图 4-53　ZK03 钻孔揭露滑带土特征

总体上讲，滑带土或基覆面上土体以细颗粒的粉质黏土为主，含少量角砾，位于此面上的强风化岩体及粉质黏土等风化产物强度较低，土体黏粒含量和含水量均较高，呈可塑状，滑腻感较明显，遇水易软化。

3) 滑床基岩特征

滑床物质为三叠系白果湾组碳质页岩和粉砂岩 (Tbg^2)。其中页岩为灰黑色，中风化，泥质结构，层状构造，碎屑成分主要为泥质、黏土矿物，在滑坡前缘出露。粉砂岩为青灰色，强风化，细粒砂质结构，层理不清晰，裂隙发育明显，岩体较破碎。滑坡后缘斜坡及前缘均有基岩出露，前缘基岩和滑体分界面见图 4-54，钻孔揭露滑床基岩见图 4-55。

图 4-54　滑坡前缘基岩和滑体分界面

图 4-55　ZK02 钻孔揭露滑床基岩特征

4.4.1.3　物探解释成果分析

在洛乃格滑坡上一共布置 2 条物探剖面，高密度电法 L1 线位于洛乃格 2 号滑坡，测线方向为 192°，共布置 80 个电极，点距 10m。反演结果见图 4-56，从图中可知：

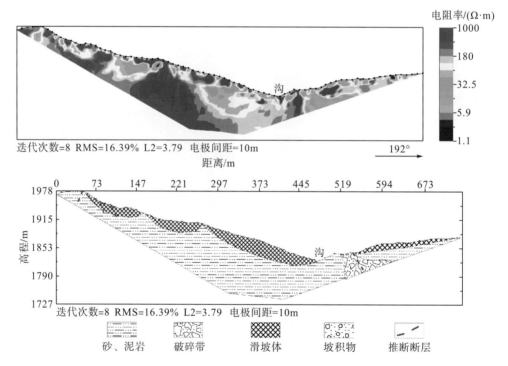

图 4-56　洛乃格村 2 号滑坡 L1 线高密度电法测量反演解释图

（1）整条剖面的电阻率偏低，均小于 1000Ω·m，主要由于测线所处地层为砂岩、泥岩、页岩为主的白果湾地层，地层岩石孔隙度较大，含水性较高，因此电阻率较低。

（2）反演结果从北往南以滑坡前缘的水沟为界大致分为两个部分，水沟北侧，电阻率总体为高-低-高的三层电阻率模式。浅表受到滑坡扰动，主要为岩石和土壤混杂，岩石和土壤松散，电阻率值表现为高阻，因此地表高阻主要为滑坡体的响应。深部高电阻率层规模较大，深度较深，为白果湾基岩地层，岩体相对较完整，弱风化，保持了原生地层特征，表现为高电阻率层。两层高电阻率之间的低电阻率层略呈弧形，且从山坡到水沟均存在，连通性较好，因此推测其为滑带。滑带成分主要为含角砾黏土，隔水性较好，地表降水后渗透至该层，含水量增加，从而导致电阻率变低。

(3)沿测线方向 0~150m，电阻率较高，但形成三个相对不连通的低电阻率带。经实地勘查可知，该段位于滑坡后壁，因此推测后壁主要受拉张作用，从而形成张性断裂，后期降水灌入，从而形成低电阻率带。沿测线方向，60~150m 段，电阻率呈现高-低-高三层结构，其中低电阻率带呈圆弧形，因此推测为一个次级滑坡。沿测线方向 150~250m 段，电阻率也呈高-低-高三层结构，但低电阻率较前一个次级滑坡规模略大，推测其也为次级滑坡。沿测线方向 250~480m 段，电阻率仍呈高-低-高三层结构，但较前两个滑坡低电阻率规模更大，低电阻率带与其下覆的高电阻率界面更深，推测为临近山沟的滑坡。

洛乃格村滑坡高密度电法 L2 线位于 1 号滑坡，测线方向 262°，共布置 84 个电极，点距 10m。反演结果见图 4-57。物探测试结果表明：

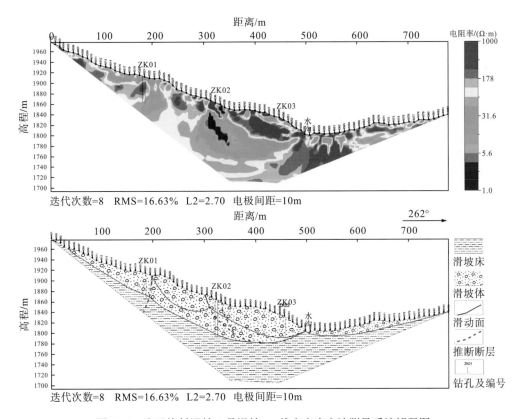

图 4-57　洛乃格村滑坡 1 号滑坡 L2 线高密度电法测量反演解释图

(1)剖面上整体电阻率较低，小于 1000Ω·m，主要由于测线所处地层为砂岩、泥岩、页岩为主的白果湾地层。

（2）反演结果从东到西大致分为四个区域，0～200m 范围内，地表电阻率较低，反演剖面深部表现为高电阻率。通过野外地质资料比对可知，剖面起点处为滑坡壁出露白果湾组砂岩，地形较陡。0～200m 出现两个滑坡台阶，且在滑坡台阶与滑坡壁处有大量山泉涌出，因此推测该段地表低电阻率是由多个规模较小的后缘洼地山泉下渗所形成。低电阻率带与高电阻率带的界线便是滑面。

（3）200～480m 范围内，地表为不均一的高电阻率带，深部为相对均一的低阻率带，低电阻率带范围较宽。通过对比区调成果可知，推测该低电阻率带为断裂带形成的破碎带，破碎带充水后形成低电阻率带。而地表处有两个电阻率相对稳定的椭圆状高电阻率体，推测这两个高电阻率体为滑坡体，主要是由于白果湾组地层未完全破碎，因此在地表形成两个较大的高电阻率体。破碎带深部，电阻率值较低，形成两个低电阻率带，东侧低电阻率带向东倾，低电阻率带呈直线，推测为陡倾断层破碎带。

（4）480～580m 范围电阻率值较高，电阻率相对稳定，地表出露白果湾组砂岩，因此推测这一段为向东倾的白果湾组基岩。纵观冲沟以东的电阻率反演剖面，低电阻率带规模较大，仅在靠近滑坡后缘的滑坡壁处可见深部高电阻率基岩，因此推测沿测线方向至冲沟之间为规模较大的滑坡体。

（5）580～800m 范围为高、低电阻率混杂带，结合地面调查、勘察和遥感解译结果，为洛乃格村滑坡西侧的 2 号滑坡体。

4.4.1.4　滑坡成因机制分析

落乃格滑坡所在斜坡为逆向坡，由于金故断层和阿脚则唔断层的强烈挤压和剪切作用，两条断层间的斜坡岩体破碎，在地震或河流切割作用下右侧斜坡首先发生下滑破坏，挤压河流并冲刷左侧坡脚，进而引起左侧斜坡发生下滑，多期次重复此过程进而形成现滑坡形态（图 4-58）。现场调查可知，1 号滑坡共发生了 5 次明显的下滑破坏，可划分为 6 处小的滑坡亚区。2 号滑坡至少发生 4 次明显的下滑破坏，可划分为 4 个小的滑坡亚区。

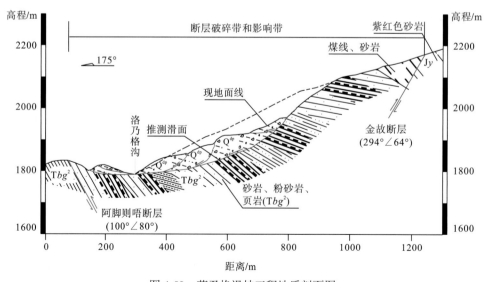

图 4-58　落乃格滑坡工程地质剖面图

综合上述分析，落乃格滑坡形成过程为：构造挤压—斜坡抬升—河流下切—滑坡发生—挤压河道—河水冲刷另一侧坡脚—诱发新滑坡，如此往复，形成现有滑坡形态。

4.4.2 断裂控岩型滑坡-秧财沟滑坡

4.4.2.1 滑坡概况

秧财沟滑坡位于四川省凉山州冕宁县城厢镇河东村。滑坡位于秧财沟右岸，属构造侵蚀、剥蚀低山丘陵地貌。总体地貌北高南低，地形坡角 17°～25°，坡向 200°。坡顶高程 1850～1900m，前缘为秧财沟，高程 1795～1815m。滑坡长 140～330m，宽 300～350m，总体积约 26.2 万 m³。根据滑坡地形特征、微地貌特征以及地层出露情况，将秧财沟滑坡分为三个区：Ⅰ号、Ⅱ号和Ⅲ号滑坡（图 4-59 和图 4-60）。

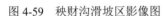

图 4-59　秧财沟滑坡区影像图

图 4-60　秧财沟滑坡全景图

Ⅰ号滑坡左侧边界为山脊，变形现象不明显。右侧边界为山脊，有明显下错裂缝，出露基岩为三叠系花岗岩。后缘为平台，高程 1856m，后缘平台处变形现象明显，发育较多裂缝。前缘为秧财沟沟道，高程 1795m。整个滑坡高差 61m。滑坡有明显的圈椅状地形，平面形态呈"舌"形，坡向 175°，长约 130m，宽约 80m，平均厚度约为 5m，面积约 0.9 万 m²，体积约 4.5 万 m³。

Ⅱ号滑坡左侧边界为山脊，出露地层为昔格达组泥质粉砂岩与粉砂质泥页岩互层。右侧边界为山脊，与Ⅰ号滑坡左边界相邻，出露昔格达组地层。后缘平台发育多级裂缝，高程 1876m，平台前有明显的下错陡坎，平均高度 1.5m，最大可见 3m，拉开宽度 5.0～10.0cm。滑坡前缘为秧财沟沟道，高程 1796m。滑坡有明显圈椅状地形，平面形态呈"舌"形，坡向 185°，长约 260m，宽 80～140m，平均厚度约 4m，面积 2.54 万 m²，体积约 10.2 万 m³。

Ⅲ号滑坡左侧边界为陡坡，陡坡上部为阶地堆积的卵石土。右侧边界为山脊，与Ⅱ号滑坡左边界相邻，出露昔格达组地层。后缘边界为缓坡平台，高程 1906m，平台前有明显下错陡坎，高度约 2m。前缘为秧财沟沟道，高程 1812m。滑坡呈圈椅状，坡向约 194°，坡角 12.6°，长约 325m，宽约 140m，平均厚度 3.5m，面积 3.86 万 m²，体积约 13.5 万 m³。

4.4.2.2 滑坡形成条件分析

1. 地形地貌条件

滑坡区地形地貌为典型的圈椅状地貌(图 4-61),后缘高约 1950m,坡脚高程 1790m,整体相对高差约 60m。Ⅰ号滑坡前缘为陡崖,在河水的冲刷作用下形成临空面,局部近于直立(图 4-62),为斜坡上松散堆积层的下滑创造了有利条件。Ⅱ号和Ⅲ号滑坡体坡角相对平缓,整体坡角约 18°～30°。

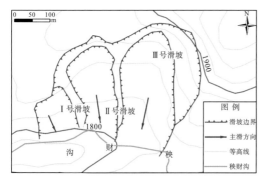

图 4-61 秧财沟滑坡地形图

图 4-62 秧财沟Ⅰ号滑坡前缘陡坎

2. 地质构造条件

秧财沟滑坡两侧边界主要受比子依达断裂带控制(图 4-63 和图 4-64),其中Ⅰ号滑坡主要发育在比子依达断裂带内。此外断裂的蠕滑、压扭作用对滑坡的控制作用明显:比子依达断裂的逆冲挤压作用形成破碎带,在右下侧坡脚受冲刷和左侧发生滑坡牵引的共同作用下,滑坡体沿断裂带向两侧扩展,并逐渐形成现今的秧财沟滑坡。

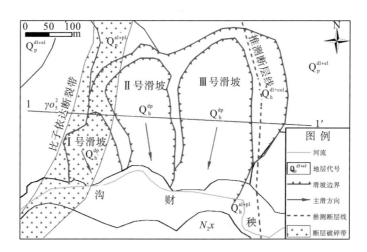

图 4-63 秧财沟滑坡工程地质平面图

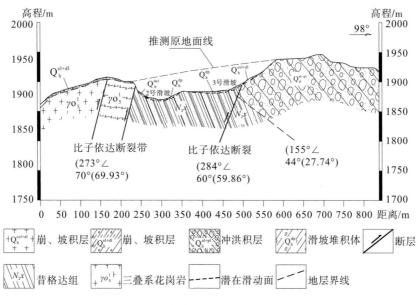

图 4-64　秧财沟滑坡工程地质剖面图

3. 地层岩性条件

滑坡区地层主要为 3 类，昔格达地层、断层破碎带和冲洪积物。

昔格达地层（N_2x）：由于受比子依达断裂的挤压和抬升作用，Ⅰ、Ⅱ号滑坡处近水平昔格达地层逐渐变成顺坡向缓倾地层，受断裂影响，昔格达地层破碎解体，形成新的滑坡物源和滑体。昔格达地层为粉砂岩与泥页岩互层，层厚一般 20～80cm，颜色以灰色-灰黑色为主，稍湿。薄-微薄层状，部分岩块可见层理面，实测岩层产状为 155°∠44°。

断层破碎带（γo_5^1）：从现场调查情况和钻探可知，断层破碎带物质呈灰白、灰绿、肉红色，由长石、石英、云母、角闪石等组成。中粗粒花岗结构，块状构造，节理、裂隙较发育，岩体完整性一般，岩心多呈碎块-短柱状，手折易断，主要分布于秧财沟滑坡Ⅰ区及下游区段。

冲洪积物（Q^{al+pl}）：含砂砾卵石杂色或灰褐色，湿-很湿，结构松散-中密。砾、卵石主要为花岗岩岩块，粒径主要集中在 5～50cm，最大可见粒径达 1m 以上，含量约 45%～55%。砾、卵石之间充填物质主要为砂，由上至下砂质含量渐增，主要分布于秧财沟河床部位，厚度 1.0～3.0m 不等。

4. 水文地质条件

Ⅰ号滑坡下伏地层主要为强风化花岗岩，Ⅱ、Ⅲ号滑坡下伏地层为昔格达组泥质粉砂岩与粉砂质泥页岩互层，其中粉砂质泥页岩渗透系数较低，为相对的隔水层，地下水易沿此处富积，软化上部地层，使其力学强度降低，上覆不稳定坡体易沿此软弱结构面蠕滑变形。另外，大气降雨导致坡体内地下水位的升降变化，一方面使滑坡体浸润软化，另一方面地下水的升降产生一定的动水压力，也易导致不稳定坡体发生滑动。

4.4.3 断裂控震型滑坡-大巴叉滑坡

4.4.3.1 滑坡概况

大巴叉高速远程古地震滑坡位于冕宁县漫水湾镇漫水湾塘村，安宁河左岸。滑坡的最大长度 1.0km，滑体面积 0.64km²，平均厚度 10~40m，总方量约 1000 万~1500 万 m³，滑动距离达 2.5km（图 4-65）。

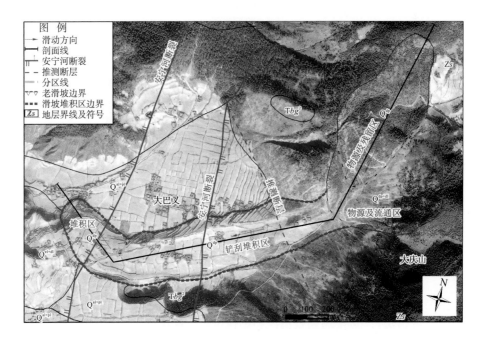

图 4-65　大巴叉滑坡工程地质平面图

4.4.3.2 滑坡区工程地质条件

1. 地形地貌

大巴叉滑坡位于安宁河盆地与中坝盆地间大庆山的西侧山坡上，滑坡后缘高程为 2400m，堆积体前缘高程为 1800m，高差达 600m（图 4-66）。

2. 地质构造

大巴叉滑坡所在区域位于安宁河东支断裂带内，根据现场调查和物探解译成果，在滑坡堆积体附近一共发育 3 条断裂，其中 2 条断裂为安宁河东支断裂的次级断裂，走向北东，分别从大巴叉滑坡堆积体前缘和中部通过。另外根据物探解译成果，在大巴叉滑坡堆积体后部发育一条走向北西的小断层（图 4-65）。

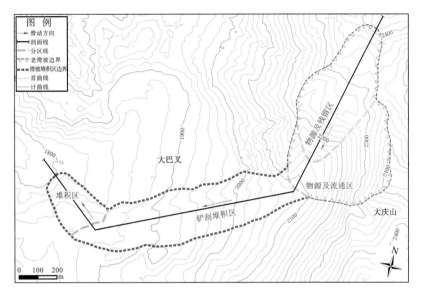

图 4-66　大巴叉滑坡地形图

3. 地层岩性

大巴叉滑坡地层岩性主要有第四系残坡积层（Q_h^{el+dl}），第四系冲洪积层（Q_h^{al+pl}），第四系滑坡堆积层（Q_h^{dp}），三叠系白果湾组（Tbg^2），震旦系苏雄组（Zs）。对各地层特征描述如下：

（1）第四系残坡积层（Q_h^{el+dl}）：含碎石粉质黏土：灰褐色，稍湿，可塑-硬塑。碎石岩性以砂岩、页岩为主，中风化，粒径 3～10cm，含量（质量分数）20%～30%。主要分布于斜坡表面，厚度 0.5～2.0m。

（2）第四系冲洪积层（Q_h^{al+pl}）：砂卵石粒径主要为 5～20cm，有少量漂石，磨圆度一般，呈次棱角状-亚圆形。母岩成分以砂岩，页岩为主。分布于滑坡前缘冲沟内，厚度 0.5～2.0m。

（3）第四系滑坡堆积层（Q_h^{dp}）：碎石土呈灰褐色、灰黑色，中密，碎石含量 50%～70%，磨圆度差，呈棱角状，粒径一般 5～15cm。成分以砂岩、页岩为主。充填物以粉土、黏土、角砾等为主。分布于滑坡范围内，厚度 20～50m。

（4）三叠系白果湾组（Tbg^2）：主要为页岩和粉砂岩。页岩为灰黑色，中风化，泥质结构，层状构造，碎屑成分主要为泥质、黏土矿物。在滑坡前缘有出露。粉砂岩为青灰色，强风化，细粒砂质结构，层理不清晰，裂隙发育明显，岩体较破碎。在滑坡后缘斜坡及前缘有出露。

（5）震旦系苏雄组（Zs）：下部为灰紫色变流纹质熔结角砾凝灰岩夹 3 层以上晶屑凝灰岩。中部岩性单一，为灰、紫灰色变流纹质熔结角砾质凝灰岩，向上角砾增多。上部为深灰、肉红色变流纹质角砾凝灰岩。

4.4.3.3　物探解释分析

在大巴叉滑坡体上布置 2 条物探剖面，其中高密度电法测量 L1 剖面位于大巴叉滑坡后缘，控制滑坡壁和滑坡台阶，测线方向 190°，共布置 112 个电极，数据采用施伦贝格装置测量，数据处理采用阻尼最小二乘法，圆滑系数为 10，阻尼系数为 10 进行反演，反演结果见图 4-67。从图中可以得到以下几点结论：

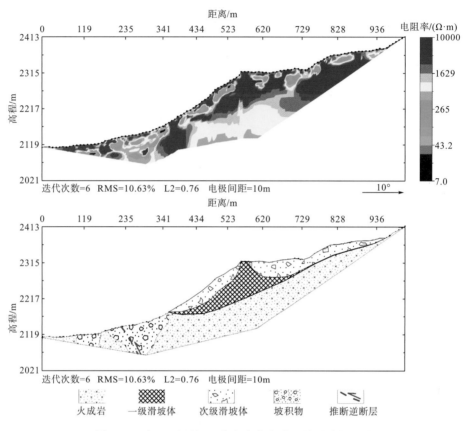

图 4-67　大巴叉滑坡 L1 线高密度电法测量反演解释图

（1）电阻率值从地表向地下，主要表现为高-低-高的三层结构，最下面的高电阻率层相对于地表高电阻率层，电阻率更为稳定，高电阻率面积更大，因此推测地表高电阻率为滑坡体滑动时机械破碎的火成岩和火成岩风化后的碎石块。碎石块呈棱角状，碎石块之间间隙较大。由于火成岩抗风化能力较强，滑坡形成时导致碎石块之间黏土含量少，隔水效果差，含水量低，碎石块之间无填充，连通较差，因此表现为高电阻率层。深部的高电阻率层整体性较好，规模较大。两层电阻率之间的低电阻率层，推测为滑坡体在滑动过程中，滑坡体与滑床摩擦，岩石较细。并且滑坡稳定后，随着地表径流和大气降水，地表土壤随水流通过碎石间的空隙进入碎石底部。由于土壤的加入，碎石之间的连通性增强，保水能力增加，从而降低碎石的电阻率，表现出低电阻率的性质。因此推测低电阻率带为滑坡体和滑床之间土壤填充的碎石层。

（2）反演剖面横向上主要表现为沿测线 0～400m 电阻率值低，且呈 V 字形，推测为断裂破碎带，0～400m 处地形变缓，成为主要的汇水区，地表降水通过渗透填充断裂破碎带，从而形成低电阻率带。

高密度电法剖面 L2 剖面靠近大巴叉滑坡碎屑流重力加速段和铲刮减速段,控制了主滑段和滑坡堆积区。测线方向 247°,共布置 118 个电极,数据采用施伦贝格装置测量,数据处理采用阻尼最小二乘法,圆滑系数为 10,阻尼系数为 10 进行反演,反演结果如图 4-68。从图中可知:

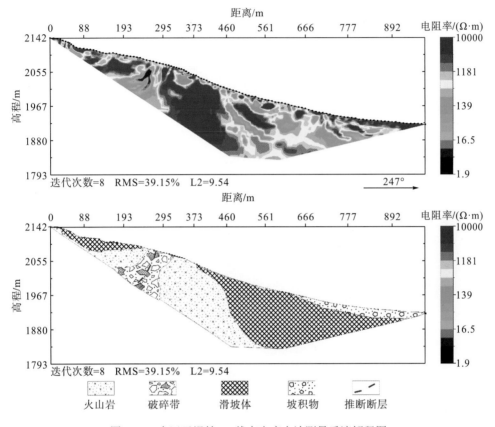

图 4-68 大巴叉滑坡 L2 线高密度电法测量反演解释图

(1) L2 线高密度电法反演剖面横向上高低电阻率相间,其中剖面中部的高电阻率最高且电阻率最稳定。通过对比该区地质资料,推测该高电阻率区为火山岩。沿测线方向,剖面 0～200m 区段,电阻率值由地表向深部分布特征没有明显的中间滑动带引起的低电阻率带,地表电阻率较深部电阻率略低。推测该段位于滑坡碎屑流的重力加速段,滑坡形成的碎屑物质堆积较少,地表仅堆积了少量的高速远程滑坡发生后期滑落堆积的土壤和碎石,厚度较小。由于降水的原因,电阻率值较滑床基岩略低。

(2) 剖面 200～300m 电阻率值相对两侧电阻率较低,且形成向东倾斜的低电阻率带,推测为东倾逆断层,为安宁河断裂的次级断裂。沿测线方法 300～400m,电阻率表现为规模较大,电阻率稳定,由地表向深处延伸的规律,结合该区地质资料推测,此高电阻率应为侵入岩体。

(3) 在 460～1000m 范围内,电阻率表现为高低电阻率混杂,且低电阻率带呈圆弧状。推测为高速远程滑坡碎屑流高速滑动,对滑坡基岩进行铲刮,因此形成圆弧状的铲刮减速碎屑流段和堆积掩埋段。此段碎屑流堆积，分选差，磨圆程度低。受后期降水的影响，地表黏土物质随流水向地下渗透，碎石较小的地段，电阻率主要由碎石间黏土和含水量控制。碎石较大的地段，由于黏土和水所占比例较小，电阻率值主要由碎石控制，火成岩电阻率较高，因此在碎石较大的地段形成高电阻率。

另外，在大巴叉滑坡高密度电法 L2 剖面进行了音频大地电磁法(audio magnetolluric method，AMT)测试，根据实际地形和受干扰情况，点距为 50～100m 不等，剖面长 1.35km，共 21 个测点，测线方位 247°。AMT 反演剖面结果显示(图 4-69)，反演电阻率剖面在横向上表现为三个高电阻率带夹两个低电阻率带。在纵向上表现为地表电阻率高、低电阻率混杂，深部电阻率稳定。结合地质情况和高密度电法反演结果推断。地表高、低电阻率混杂带为滑坡体堆积区。推测测点 6、测点 7 和测点 14～16 处低电阻率带为断裂带，测点 08～14 为两条断层带之间的基岩。

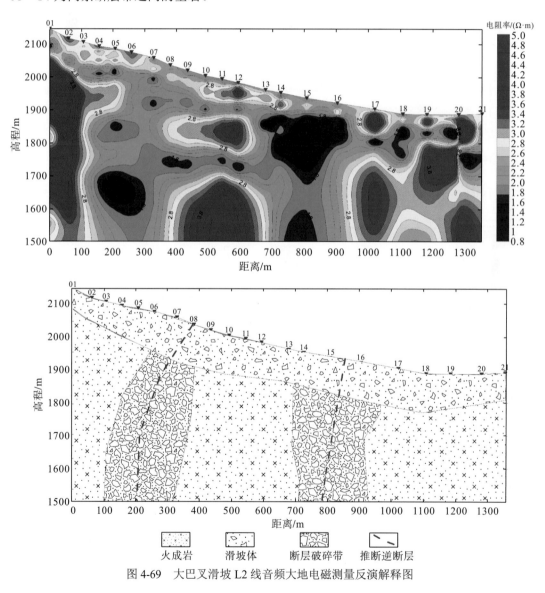

图 4-69　大巴叉滑坡 L2 线音频大地电磁测量反演解释图

4.4.3.4 滑坡成因机理分析

大巴叉滑坡属于典型地震滑坡，强震发生时，由于地震波的作用，加上地震波在边坡上部的高位放大效应，产生的冲击力 σ_1 远大于滑坡壁岩体抗拉强度 σ_T 和重力沿滑壁的法向分量 σ_G 之和，使安宁河断裂带上盘节理发育的震旦系苏雄组变流纹岩、安山凝灰岩、英安质角砾凝灰岩等在地震力的作用下向斜坡下部滑动，冲击和铲刮下部坡体，形成高速远程滑坡(图4-70)。

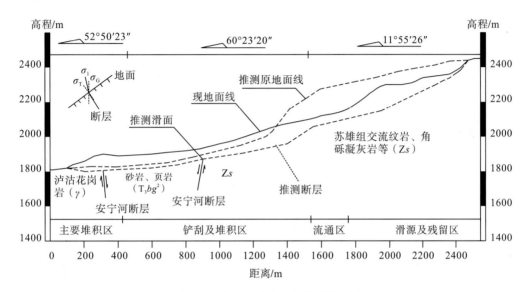

图 4-70　大巴叉滑坡工程地质剖面图

4.5　小　结

(1)基于现场调查和资料收集，本章对地震滑坡动力效应进行了归纳总结。地震滑坡动力效应主要表现在6个方面：地震加速度高位放大效应、地震波背坡面效应、地震波界面动力效应、地震波双面坡效应、发震逆断层上/下盘效应以及发震断层锁固段效应。这些效应对斜坡岩体在地震工况下下滑破坏形成大型滑坡或崩塌有重要的影响和控制作用。

(2)野外调查和数值分析结果表明：单条或多条陡倾坡内断裂对斜坡稳定性影响较小。无论是缓倾坡外还是陡倾坡外的断裂，对斜坡变形稳定性均有重要的影响控制作用。陡倾坡外断裂和缓倾坡内断裂组合形式对斜坡变形和稳定性也有重要的影响，斜坡变形主要发生在两条断裂组合形成的块体内。

(3)基于现场调查和室内分析，得到了陡倾坡外断裂或顺向斜坡在重力长期作用下导致斜坡岩体变形破坏的一种新模式：滑移-剪损。

(4)通过地面调查、资料收集、遥感解译等多种技术方法，查明安宁河断裂带石棉田湾-西昌安宁段两侧各20km范围内，一共发育规模大型及以上滑坡57处，研究结果表明：

①总体上滑坡发育密度与安宁河断裂活动性一致，从北向南滑坡数量逐渐增多，大致

可分为三段：石棉田湾-栗子坪滑坡弱发育段，长约 70km，一共发育 7 处规模大型以上的滑坡。石棉栗子坪-冕宁县城滑坡强发育段，长 35km，一共发育 20 处规模大型以上滑坡。冕宁县城-西昌安宁滑坡强发育段，长 75km，一共发育 30 处规模大型以上的滑坡。

②安宁河断裂带对大型滑坡影响控制作用明显，总体来说，距离安宁河断裂越近，大型滑坡发育数量越多。其中 45 个大型滑坡发育在距断裂带 1.5km 范围内。而在距断裂带 1.5km 以外，一共仅发育 12 个大型滑坡。表明安宁河断裂带对滑坡的影响范围在 1.5km 内更强烈。

③安宁河断裂带的活动性对大型滑坡的发育分布也有明显的影响控制作用。安宁河东支断裂带及附近共发育滑坡 52 处，其中 1.5km 以内 40 处。西支断裂及附近共发滑坡 5 处，均在 1.5km 以内。东支断裂较西支断裂对滑坡的影响控制作用更加显著。

(5) 总结了安宁河断裂带对滑坡控制的 4 种模式：断裂控岩 (岩体特征) 型、断裂控水 (地下水特征) 型、断裂控坡 (斜坡形态) 型和断裂控震 (地震滑坡) 型，并归纳总结了 4 种控制模式的滑体类型及成因、主要滑动力来源、临空面成因、边界条件与主滑方向等特征。

5 活动断裂带诱发重大工程地质问题研究

5.1 概　　述

　　活动断裂带由于其特殊的工程力学特性，一直以来都是各类工程建设重点关注的对象之一。活动断裂不仅可以缓慢蠕变导致建(构)筑物的剪切、拉裂、鼓胀、错动等变形破坏，而且还可能引发各类地质灾害从而威胁或直接破坏工程建(构)筑物。我国是活动断裂十分发育的国家，随着近年来各类大型、超大型工程的陆续规划建设，活动断裂带引发的工程地质问题也越发凸显其重要性。一些重大工程项目的选址以及城市规划布局等对工程地质的要求，不再仅仅限于建筑物载荷对地基承载力和边坡稳定性等工程地质评价问题，还涉及地质环境变化或内外动力耦合作用对场地工程地质条件的影响等方面(彭建兵，2006)。其中，活动断裂带工程地质问题及其防范技术研究是当前亟待攻克的重大工程地质课题，受到地质学界、工程技术界以及决策部门的普遍关注(张永双等，2019)。

　　活动断裂带对各类基础设施的影响和破坏是全方位的，不仅体现在断裂剧烈活动(地震)产生的地表破裂、隧道围岩和边坡岩体垮塌、地震地质灾害，在非地震期间断裂蠕滑变形造成隧道围岩局部高地应力集中、软岩大变形以及对断裂带通过地段地形地貌、地层岩性、斜坡结构等也有较大的影响控制作用。归纳总结活动断裂对城镇和工程的影响破坏主要体现在以下几点：

　　1. 活动断裂与城镇规划建设有关的工程地质问题

　　活动断裂通过城镇建成区和规划建设区的相关工程地质问题主要有两个方面，一是活动断裂发震造成城镇建筑物直接错断或地表隆起破坏，二是活动断裂发震引发的地震滑坡直接摧毁城镇。如 5·12 汶川地震，龙门山断裂带通过地段造成多处地表隆起，破坏道路、房屋等。地震触发多个大型地震滑坡，摧毁大量房屋(图 5-1)。

(a)活动断裂发震造成地表隆起破坏建筑物　　　　(b)活动断裂发震引发地震滑坡直接摧毁城镇

图 5-1 活动断裂通过城镇区的相关工程地质问题

2. 活动断裂与大型工程规划建设有关的工程地质问题

1) 与隧道围岩有关的工程地质问题

隧道工程穿越活动断裂带时，由于断裂带力学性能较邻近岩体差，并且断裂带物质结构相对松散，易形成地下水的导水通道，因此断裂带及附近地区往往成为隧道围岩出现各类工程地质问题的集中爆发点。这些工程地质问题主要有隧道围岩垮塌、开裂、鼓胀、涌水、冒顶等变形破坏(图 5-2)，给工程施工以及后期的安全运营和维护带来极大困难。

(a)受断裂影响隧道垮塌　　　　　　　　　　　　(b)受断裂影响隧道出现大量涌水

(c)受断裂影响隧道发生鼓胀变形　　　　　　　　(d)受断裂影响隧道发生冒顶破坏

图 5-2　活动断裂与隧道围岩变形和稳定性有关的工程地质问题

2) 与边坡有关的工程地质问题

自然斜坡中发育的单条或多条断裂带在空间上自由组合、相交，一旦形成有利的组合关系，对边坡稳定性有较大的影响控制作用。特别是在强震发生时，由这些断裂带组合形成的潜在不稳定坡体的稳定性将会出现不同程度的降低，从而可能出现失稳下滑破坏。例如 5·12 汶川地震发生时，强震区斜坡岩体发生大面积下滑垮塌，形成数以万计、规模不等的崩滑体(图 5-3)，造成大量人员伤亡和财产损失。

图 5-3　5·12 汶川地震触发大量边坡失稳破坏

3) 与桥基和路基有关的工程地质问题

我国西部山区修建的重要交通干线等线状工程，在线路沿途往往会遇到多条断裂带。理论研究和实际调查结果均表明，强震发生时路基和桥基的破坏形式和破坏程度，与断裂带和路基、桥基的相交角度有很大的关系。当断裂带与大型桥梁桥基或路基呈大角度相交时，一旦活动断裂带发生强震，断裂带通过处的桥梁桥基通常会出现直接的垮塌、掉落等破坏。而路基也会出现隆起、开裂变形破坏，如图 5-4 所示。

(a)活动断裂发震直接摧毁桥梁　　　　　　　(b)活动断裂发震抬升、摧毁路基
图 5-4　活动断裂与路基、桥基稳定性有关的工程地质问题

我国位于环太平洋和地中海-喜马拉雅两大地震带之间，为地震多发国家，历史上曾多次发生重大的破坏性地震，造成严重的人员伤亡和财产损失。现有研究表明，虽然我国内陆的地震分布极为广泛，但是强震在空间上分布不均匀。总体来讲，我国西部地区的历史强震远多于东部。并且我国西部地区多为山区，山高坡陡，河流深切，地形地质条件复杂。特别是在青藏高原东缘，由于印度板块向北俯冲欧亚板块，青藏高原隆升并向东挤压相对刚性的扬子板块，导致这一地区地质环境条件极其复杂，具有"四高四不利"的特殊性。即高陡地形、高地震烈度、高寒高海拔和高地应力，不利的构造背景、不利的岩土条件、不利的气候特征和不利的人口分布。潜在的强震区加上复杂的地质环境条件，一旦发生较大规模地震，往

往造成重大的人员伤亡和财产损失,需要政府决策部门、学术界、工程界引起高度重视。

在青藏高原东缘发育一系列规模宏大的活动断裂带,局部地段地应力集中(图 5-5),使得该区成为我国地震高烈度区和强震频发区。而受地形地貌限制,西部地区的城镇常呈条带形分布在山谷之间(图 5-6),两侧分布大量斜坡。山区公路、铁路、水电等基础设施工程一般也沿沟谷、斜坡路段布置,因此存在大量的隧道、桥梁工程和高边坡工程(包括

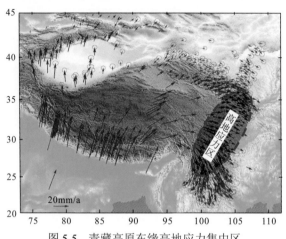

图 5-5　青藏高原东缘高地应力集中区

图 5-6　西南山区典型的沿河流阶地依山而建的城镇(石棉县城)

自然斜坡和开挖边坡)。强烈地震往往触发数量巨大的大型高速滑坡、崩塌、滚石等地质灾害,甚至导致隧道进出口被埋、隧道结构失效、桥梁坍塌、桥基座落等破坏,严重威胁人民生命财产安全,影响和阻碍震后救灾抢险。

5.2　国内外研究现状

虽然在工程前期规划和勘察设计阶段,对于工程可能遇到的断裂带进行了大量的调查、勘察、评价等工作,也针对断裂带采用多种工程措施进行了针对性的防治设计。但是遗憾的是,由于断裂带,特别是活动断裂带的隐蔽性和特殊工程性质,国内外由于活动断裂引起的工程地质问题比比皆是。例如,印度希布罗-科德里(CHHibro-Khodri)隧道横穿多条活动断裂,隧道施工时高地应力、围岩大变形等问题频繁出现,致使工期延后六年之久(Jethwa et al.,1980)。1995年日本阪神7.2级地震造成鹿港(Rokko)隧道多处出现裂缝,交通中断4个月(Asakura,1997)。2008年汶川Ms8.0级地震导致都汶高速公路穿越断裂的13座隧道严重破坏(Qian et al.,2009),地震触发的滑坡崩塌泥石流直接造成2万人死亡(殷跃平,2008;Sun et al.,2010)。

1. 地震工况下地下洞室破坏模式和动力响应方面的研究现状

对于地震与地下洞室稳定的关系,传统的观点认为,地下围岩的振动加速度小于地面,而且围岩有足够的刚度保持隧道形状不变。因此,隧道有较好的抗震性能(Day,2008)。但是1995年日本阪神地震和1999年中国台湾集集地震导致的隧道破坏与这种传统观点不吻合。1995年阪神地震造成灾区内10%的山岭隧道受到严重破坏。1999年台湾集集地震后,台湾中部距发震断层25km范围内的44座受损隧道中,严重受损者达25%,中等受损者25%。

我国西部地区顺断裂带有多处高烈度地震区,也是在建或拟建的大型水电工程和岩土工程地下洞室群较多的重点区域。洞室的地震设计烈度要求高,动力响应和围岩稳定是高地震烈度区地下工程建设需要重点解决的问题。地下洞室的稳定性分析主要包括整体稳定性分析(过度的塑性区变形)和局部块体的稳定性分析(边墙或顶拱的块体垮塌)。2011年日本东海岸地震以及2008年中国汶川地震实例证明(张雨霆等,2010),地震载荷作用下地下洞室变形和破坏可以直接导致边墙和拱顶的塌落和洞室内部建筑破损断裂等,对地下工程安全造成严重影响。一般将地下洞室的地震震害机理归纳为地基失效破坏和地震动破坏(Hashash et al.,2001;郑永来等,2005;韩锡勤等,2010),这与地上结构的地震震害机理有了一致性(胡聿贤,1988)。

Hashash等(Hashash et al.,2001;Nam,et al.,2006;Hasheminejad,et al.,2008)对地下建筑衬砌结构的动力响应和抗震设计进行了详细的分析,并根据震后的现场调查分析了地下岩体工程的变形破坏模式、程度与覆盖层厚度、岩石类型、支护类型、地震参数之间的关系。表明在地震载荷作用下,地下洞室位移响应随埋深的增加而减小,随地应力侧压系数的增加洞室位移明显减小,幅度随埋深的增加有减小趋势。黄润秋等(黄润秋等,1997;金峰等,2001;陈健云等,2002;张丽华等,2002)应用有限元、离散元等分析方法,分析了岩体洞室(隧道)在地震动载荷作用下的速度、加速度、位移等响应特征和规律,得出了地下洞室群地震响应明显小于地表响应,洞室入口的动应力强度明显比洞室中部的动应力强度大的结论。朱维申研究团队(隋斌等,2008)利用有限差分 FLAC3D 软件分析了高地应力和高地震烈度条件下地下洞室的动力学响应,得出地下洞室开挖后洞室角点及顶拱部位产生较高的应力集中区,高边墙的中部出现较大范围的拉应力区。地震载荷使高边墙拉应力增大,需要注意该处拉裂破坏的发生(王如宾等,2009)。另外,Dowding(1985)将经验公式和数值模拟技术结合,对地下洞室地震反应进行了分析,并研究了地震频率和入射方向对地震反应的影响。Stamos 等(2010)考虑土和结构的相互作用,应用边界单元法进行了大型地下结构(包括地下洞室)的三维地震响应分析。Karakostas 等(2002)利用边界元法进行了地下隧洞的随机地震反应分析。

　　一些学者针对大型地下洞室群的地震反应特点,也开展了一些研究。陈健云等(2001)采用阻尼影响抽取法研究了围岩动刚度的动力特性,采用相互作用分析法提出了岩石地下结构抗震分析的实用算法,并在此基础上通过考虑地震动输入空间变化的随机过程模型,采用随机分析方法研究了地震动输入机制对地下洞室群动力响应的影响。赵宝友(2009)以大型动力非线性有限元程序 ABAQUS 的隐式和显示动力求解模块为工具,建立了水电站厂房岩体洞室群地震反应分析模型,分析了地质因素和地震动参数因素对水电站岩体洞室群地震反应的影响,提出了大型水电站岩体洞室的减震措施,并对相应减震措施的效果进行了敏感性分析。吕涛(2008)利用 FLAC3D 软件模拟分析总结岩体地下洞室岩体地震响应特征,提出了动应力集中因子代表值的概念,并将动应力集中因子代表值作为描述岩体地下洞室地震响应的关键特征,开展了动应力集中因子代表值影响因素的参数分析。

　　另外,张玉敏(2010)根据三角级数叠加法合成了基岩场地非平稳人工地震动,结合动态力学特性试验,利用有限差分程序,对大岗山水电站大型地下洞室群地震响应的数值模型、地震动输入、响应特征、影响因素、损伤区演化规律和分布特征等进行了系统研究。左双英等(2009)基于深埋大型地下洞室群围岩损伤机理,对映秀湾水电站洞室群在三向地震载荷耦合作用下的动力响应进行了三维非线性数值模拟。韦敏才(1996)将波前法引入子空间迭代法,提出拟波前子空间迭代法,并利用该法分析了包括地下洞室在内的地下结构的动力特性。张雨霆等(2010)采用波动场应力法,对位于高地震烈度区的水电站地下厂房结构震损机理进行了分析研究,提出了地震作用下地下洞室群整体安全系数的计算途径和震后加固效果的评价方法。严松宏(2003)应用随机振动理论,采用概率分析方法初步研究了地下结构线弹性工作状态的地震随机响应及其地震动力可靠度,为地下结构抗震设计方法研究提供一定的理论参考。王如宾等(2009)利用动力时程分析法对金沙江两家人水电站地下厂房洞室进行了地震动力响应分析。李小军等(2009)采用有限元空间离散模型,结合动力方程求解的显式差分方法、局部透射人工边界和接触力模型,对溪洛渡地下洞室群进行了地震响应分析。

　　2. 地震工况下边坡岩体破坏模式和动力响应方面的研究现状

　　一次大的地震可以触发数以万计的同震滑坡、崩塌等地质灾害。强震发生时,地震波传播到斜坡岩体时，与斜坡岩体，特别是斜坡浅表部强风化卸荷岩体发生多种复杂的耦合作用，从而导致斜坡岩体出现不同程度、不同规模的失稳下滑破坏。斜坡失稳破坏形成的大量崩滑体，不仅直接造成大量人员伤亡，而且在高山峡谷区往往堵塞交通要道，阻碍外界救援力量进入灾区，影响灾区快速救援。因此，分析研究地震工况下边坡岩体破坏模式和动力响应特征，采取针对性的防治措施，降低或减少强震作用时斜坡失稳下滑破坏带来的直接和间接损失，成为摆在各级政府部门、研究机构、工程科研单位面前的一项重要研究课题。前人对此进行了大量研究，取得了应用于工程实践的研究成果。

谢红强等(2010)基于动力时程分析原理，采用非线性动力有限元法，研究复合堆积体边坡地震动力响应特征，揭示边坡动位移、动应力、加速度响应规律，并计算边坡动抗滑稳定安全系数。徐光兴等(2008)考虑场地特征和地震动过程，建立一种边坡动力稳定性的时程分析方法。地震发生时，地震波在斜坡岩体中的传播规律和动力响应特征一直是研究的热点和难点，大量的学者在这方面进行了卓有成效的探索研究。王环玲等(2005)研究了地震作用下边坡动力加速度的分布规律与坡高、坡角以及坡体弹模之间的关系。祁生文等(2003)利用三维数值模型研究了边坡形态对边坡动力响应在边坡剖面上分布规律的影响。言志信等(2011)运用有限元法研究了边坡在双向地震作用下的共振规律。刘汉龙等(2003)基于振动台模型试验，针对均质和层状结构岩质边坡模型研究了试验不同阶段白噪声激振下的动力特性，着重研究了边坡加速度动力响应规律以及与地震波频率变化的相关性。毕忠伟等(2009)利用 ABAQUS 建立均质土坡动力数值模型分析了地震作用下边坡的动力响应。

物理模型试验作为一种成熟、可靠的研究方法，在地震动载荷作用下边坡岩体破坏模式和动力响应分析方面具有独特的优势。多位学者利用物理模型试验对地震工况下边坡的变形破坏特征进行了广泛的研究。杜永廉等(1984)应用实体物理模型试验研究了地震动载荷作用下岩体中块体的倾倒和转动。王存玉、王思敬等(1987)研究了水平层状边坡、反倾向边坡和顺倾向边坡的地震动力破坏(王存玉等,1987)。梁庆国、韩文峰等(2005)进行了物理模型的振动模拟试验，研究强地震动作用下层状岩体的变形破坏问题。试验结果表明，在不同方向的强地震动作用下，岩体结构面的空间展布方向和充填物的软硬程度是影响岩体动力变形破坏方式和分布的控制性因素，岩体的破坏主要是其结构的宏观破坏和微观损伤。

岩土边坡地震失稳机理是岩土边坡地震稳定性评价与治理的关键。所谓岩土边坡地震失稳机理是指地震动作用下直接引起岩土边坡破坏的主要原因。地震动对边坡稳定性的影响表现为累积效应和触发效应(张倬元等,1994)，前者主要表现为地震动作用引起边坡岩土体塑性破坏和孔隙水压力累积上升等，后者主要表现为地震动作用诱发边坡的软弱层触变软化、砂层液化以及处于临界状态的边坡瞬间失稳等。Kramer(1996)把地震边坡失稳概括为惯性失稳和弱化失稳两大类。祁生文等(2004)对地震边坡失稳进行了归纳，指出地震边坡失稳是由于地震惯性力作用以及地震产生的超孔隙水压力迅速增大和累积作用这两个方面造成的。从已有的研究成果来看，取得公认一致的看法是，地震惯性力和孔隙水压力是导致边坡地震失稳的两大重要原因。

自然界斜坡具有多种岩体结构和坡体结构，不同的地质结构导致地震工况时，边坡岩体失稳破坏模式和破坏类型也各不相同。导致边坡动力失稳的主导因素也不同。一般来讲，塑性流动失稳破坏是孔隙水压力的累积作用起主导作用(祁生文等，2004)。崩塌型、层体弯折型则是地震惯性力起决定作用。对于滑动型破坏则视具体条件而定，滑动型破坏的边坡并不是地震瞬间便发生整体破坏，而是一个由局部破坏以至贯通形成滑面的过程(李守义等，1998)。

就地震动作用下边坡失稳的位置(通常指滑动面)而言，祁生文等(2004)对边坡的工程地质模型及其可能的变形破坏形式做了归纳总结，将其分为两类：一是结构面控制的边坡，二是无明显结构面控制的边坡。对于前者，通常是指存在软弱夹层的岩体边坡，可以通过系统的工程地质勘查和监测来确定可能的滑动面(李功伯等，1997)。对于后者，通常采用优化算法以每一计算时步的安全系数最小为目标搜索确定可能的滑动面，比如黄金分割0.618法(刘汉龙等，2003)和虎克-捷夫法(唐洪祥等，2004)等。已有的研究表明，最危险滑动面的位置通常是相对固定的(陈云敏等，2002)。

综上所述，由于强震的巨大破坏力，特别是在西部山区和人口密集区，强震往往造成巨大的人员伤亡和财产损失。因此，地震灾害及抗震问题是当前学术界研究的热点、工程界设计施工关注的重点，也是各级政府十分重视的课题。综合国内外研究现状，前人虽然对高烈度地震区地下洞室和边坡的失稳破坏模式和动力响应进行了大量研究，取得了丰硕的成果。但是对地处活动断裂带附近甚至穿越活动断裂带隧道和边坡的失稳灾害和致灾机理等方面的研究，仍然不能完全满足工程规划建设和防灾减灾的需要。尚需深入研究地震工况下隧道围岩和边坡岩体变形破坏模式和动力响应特征，揭示致灾的地质证据，从而提出有效的防灾减灾手段。为此，本章采用物理模型试验和三维数值仿真试验，研究活动断裂发震对大型地质灾害的控制作用，重点分析地震工况下断裂对大型隧道和边坡稳定性的控制作用、变形破坏模式和致灾机理。为研究区大型工程或重要城镇规划建设和建成后的安全运营以及防灾减提供地质资料和技术支撑。

5.3　地震工况下隧道破坏模式及动力特征试验研究

物理模型试验是将现场实际的缩放模型置于实验体(如模型架、风洞、水槽、试验装置等)内，以相似理论为基础，在满足基本相似条件(包括几何、运动、热力、动力和单值条件相似)下，通过在模型上的试验所获得的某些物理量间的规律，再回推到原型上，从而获得对原型的规律性认识，以此模拟真实过程主要特征的试验方法。物理模型试验按照模型加载和模型材料可以分为4类：相似材料模拟试验、原型材料模拟试验、离心模拟试验和底摩擦模拟试验；按照模型的空间形态和受力状态可以分为3类：立体模型、平面应变模型和平面应力模型；按照相似条件可以分为2类：单因素模型和多因素模型。其中相似材料模型试验是物理模型试验主要的方式之一，也是应用较为广泛的一类模型试验。它采用力学上相似于原型材料的人工材料，在实验体内按照一定的比例建造一个相似于原型的力学结构系统，施加相似于原型的载荷和各种作用力，从而研究原型的力学过程、破坏模式及其结果。

数值仿真试验也叫数值模拟，结合有限元或有限容积的概念，通过数值计算和图像显示的方法，达到对工程问题和物理问题乃至自然界各类问题研究的目的。数值模拟实际上可以理解为用计算机来做试验，通过对研究对象施加边界条件和各做载荷作用，从而模拟研究对象的应力、变形、破坏、温度、渗流等量值和分布规律。目前在工程领域常用的数值模拟方法有有限单元法、边界元法、离散单元法、有限差分法等。

5.3.1　物理模型试验装置及试验设计

5.3.1.1　相似性原理

相似材料模拟是科学实验的一种，用与天然岩体物理力学性质相似的人工材料，依据实际原型，遵循一定比例缩小做成模型，然后在模型中开挖隧道，观察模型中隧道围岩的变形、位移、破坏和应力等情况。因此，要使物理模型试验得到的结果能如实反映原型变形破坏情况，就必须根据相似性原理，确定原型与模型之间的相似关系和相似准则，原型与模型相似必须具备下面几个条件。

（1）几何相似：要求模型与原型的几何形状相似。为此，必须将原型的尺寸，包括长、宽，高等都按一定比例缩小或放大，以做成模型。设以 L_H 和 L_M 分别代表原型和模型长度，α_L 代表 L_H 和 L_M 的比值，称长度比尺，则几何相似要求 α_L 为常数：

$$\alpha_L = L_H/L_M = 常数 \tag{5-1}$$

因面积是长度二次方，所以面积比尺为

$$A_H/A_M = \alpha_L^2 \tag{5-2}$$

因体积是长度三次方，所以体积比尺为

$$V_H/V_M = \alpha_L^3 \tag{5-3}$$

一般来说，模型尺寸越接近原型尺寸，越能反映原型的实际情况，原型实际上 $\alpha_L=1$，但是由于各方面条件限制，模型不可能做得太大。通常物理模型试验选取 $\alpha_L = 50 \sim 100$，即物理模型相当于原型的 1/50～1/100。

（2）运动相似：要求物理模型与原型所有各对应点的运动情况相似，即要求各对应点的速度、加速度、运动时间等都成一定比例。设 t_H 和 t_M 分别表示原型和模型中对应点完成沿几何相似轨迹所需的时间，以 α_t 代表 t_H 和 t_M 的比值，称为时间比尺，则运动相似要求 α_t 为常数，即

$$\alpha_t = t_H/t_M = 常数 \tag{5-4}$$

（3）动力相似：要求物理模型与原型的所有作用力都相似，对于隧道围岩问题，主要考虑重力作用，即要求重力相似，设 P_H、r_H、V_H 和 P_M、r_M、V_M 分别表示原型与物理模型对应的重力、视密度和体积，因为

$$P_H = r_H V_H, \quad P_M = r_M V_M \tag{5-5}$$

则

$$P_H/P_M = r_H \alpha_L^3 / r_M \tag{5-6}$$

所以在几何相似条件下对重力相似还要求 r_H、r_M 的比尺 α_r 为常数，即 α_r 视密度比尺，

即 $\alpha_r = r_H / r_M =$ 常数。

由上述三个比尺，a_L，a_t，a_r 根据各对应量组成的物理方程式，还可推得位移、应变、应力等其他比尺。

$$\alpha_\sigma = \sigma_H / \sigma_M = C_H / C_M = E_H / E_M = r_H \alpha_L / r_M \tag{5-7}$$

$$\varphi_H = \varphi_M \tag{5-8}$$

$$v_H = v_M \tag{5-9}$$

式中：σ_H、C_H、E_H、φ_H、v_H、σ_M、C_M、E_M、φ_M、v_M 分别代表原型与物理模型的应力、凝聚力、弹性模量、内摩擦角、泊松比。

5.3.1.2　模型材料配制

物理模型不仅要与原型几何形状相似，而且在模型试验过程中所包括的各项物理量或主要的物理量应与原型相似。对于原型材料-混凝土、岩石来说，如果所研究的问题仅限于弹性范围内的静力学问题，一般说来模型材料的选择困难较小。如研究的问题超出了弹性范围直至破坏，显然应考虑到各种材料-混凝土和岩体的物理力学性能及整个变化范围。地质力学模型是在研究重力坝坝基、隧洞及岸坡的稳定性问题中逐渐发展起来的一项模型试验技术。由于它主要用于研究超过弹性范围直至破坏阶段的建筑物及周围岩体的静力平衡问题，因此不同于传统的弹性模型试验。它所研究的不是已知载荷作用下的某一状态，而是研究从载荷开始作用起，经过弹性、弹塑性或黏弹塑性阶段直至破坏的整个发展过程。

自重是研究岩体稳定问题的一项重要载荷，为了模拟岩体的自重效应，对模型材料的容重提出了一定的要求。根据相似条件，地质力学模型材料的力学变形特性(具有应力量纲的各物理量)的比例尺必须与模型的几何长度比例尺相等或相近。实践证明，选用合适的模型材料是地质力学模型试验成功的关键。表 5-1 和表 5-2 是国内、外科研机构研制成功的不同模型材料的配比及性能。

表 5-1　国外科研机构模型材料不同配比的力学性能

研究单位或个人	材料配比(重量比)	材料物理力学特性			
		重度 $r/(kN \cdot m^{-3})$	抗压强度 R_c/MPa	变形模量 E_s/MPa	E_s/R_c
意大利贝加莫结构模型试验所	石膏：PbO 粉：膨润土：水=1.0：8.5～12.0：0.14～0.22：1.85～2.59	35.8～36.5	0.77～0.3	550～300	714～1000
巴顿	石膏：Pb₃O₄ 粉：砂及小米石：水 =1.0：4.8～8.0：9.6～16.0：3.3～5.8	19.3～19.8	0.348～0.072	179～25.2	466～350
葡萄牙国家土木工程研究所	石膏：Pb₃O₄ 粉：肽镁矿粉：水 =1.0：16.0：31.9：4.8	34.1	0.46	200	587
意大利贝加莫结构模型试验所	环氧树脂：重晶石粉：浮石粉：固化剂：甘油：水 = 1.0：162.4～244.8：23.2～35.8：1.0：2.5～3.8：9.9～16.7	23.5～24.5	1.3～0.4	1150～2500	885～625

表 5-2 长江水利委员会长江科学院重晶石与砂子不同配比的力学性能

重晶石粉:砂	重晶石粉/g	砂子/g	石膏/g	水泥/g	水/g	重度 $r/(kN\cdot m)^{-3}$	抗压强度 R_c/MPa	变形模量 E_s/MPa
1:1	3630	3630	326	1000	145	22.0	0.17	34
1.5:1	4360	2900	326	1000	145	23.0	0.19	35
2:1	4830	2430	326	1000	145	23.7	0.2	36
2.5:1	5200	2070	326	1000	145	24.0	0.23	38
3:1	5450	1815	326	1000	145	24.1	0.23	38
1:2	2430	4830	326	1200	145	19.4	0.1	25
1:3	1815	5450	326	1200	145	19.0	0.1	25
1:1.5	4360	6540	490	1600	218	20.7	0.13	29

基于国内外物理模型试验普遍采用的材料，并且考虑到安宁河断裂带及附近地区围岩特征，本次物理模型试验以砾、砂为基材，以石膏为辅料（图 5-7），调制了 6 个不同的材料配比，每个配比制作三个试样（图 5-8），按照试验条件相似的原则，将试样置于天然环境下进行养护，养护三周后对试样进行物理力学指标测试（图 5-9），测试结果见表 5-3。

(a)砾   (b)砂   (c)石膏   (d)混合物

图 5-7 物理模型配制采用的材料

 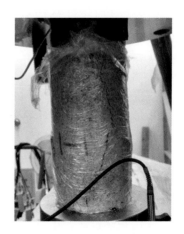

图 5-8 不同配比制成的试样   图 5-9 单轴抗压试验

表 5-3　不同配合比材料的物理力学性能

材料编号		碎石∶砂∶石膏∶水泥重量比	密度/(g·cm⁻³)	c/kPa	φ/(°)	抗压强度/kPa	泊松比	弹性模量/GPa
1#	1-1		2.05	43.80	31.50	169.30	0.42	0.113
	1-2	20∶18∶4∶0.5	2.03	39.63	31.00	140.13	0.41	0.112
	1-3		2.02	40.25	30.24	140.13	0.42	0.111
2#	2-1		2.13	61.71	35.97	242.04	0.40	0.122
	2-2	20∶18∶4∶1	2.15	70.78	34.23	267.52	0.40	0.124
	2-3		2.17	76.12	35.09	292.99	0.39	0.125
3#	3-1		2.28	106.90	35.09	411.46	0.38	0.136
	3-2	20∶18∶4∶1.5	2.23	80.16	34.65	305.73	0.39	0.131
	3-3		2.29	110.75	35.97	434.39	0.38	0.137
4#	4-1		2.35	144.47	37.80	589.81	0.37	0.153
	4-2	20∶18∶4∶2	2.39	154.27	35.97	605.10	0.36	0.154
	4-3		2.41	156.05	36.87	624.20	0.36	0.156
5#	5-1		2.44	236.61	39.74	1008.92	0.34	0.182
	5-2	20∶18∶4∶2.5	2.47	250.48	38.76	1044.59	0.35	0.183
	5-3		2.49	268.89	39.25	1133.76	0.35	0.150
6#	6-1		2.52	381.78	40.76	1666.24	0.31	0.201
	6-2	20∶18∶4∶3	2.54	413.17	39.74	1761.78	0.30	0.212
	6-3		2.51	364.45	40.25	1571.97	0.31	0.201

从表 5-3 中可知：

(1)水泥含量越高，合成材料的容重越大，反之则合成材料的容重越低。

(2)随着水泥含量的增大，合成材料的弹性模量也增大，反之则变小。

(3)合成材料具有容重大，弹性模量低的特点。

研究以上不同配比的合成材料可知，合成材料的力学性能与其密度有关。经筛选，选用 2#材料作为隧道围岩材料进行物理模型试验。

另外，为了研究断层破碎带对隧道围岩稳定性的影响和控制作用，在物理模型试验的隧道围岩中嵌入断层破碎带，断层破碎带模拟材料选用碎石与河砂为主料，辅以石膏进行配制。河砂密实时容重为 17.8kN/m³，渗透系数为 5.25×10⁻²cm/s，摩擦角为 38°，其平均粒径为 0.26mm，不均匀系数为 4.16，属于均匀级配。碎石密实容重为 16.7kN/m³，渗透系数为 9.6×10⁻²cm/s，摩擦角为 30°，其平均粒径为 2.48mm，不均匀系数为 3.26。

5.3.1.3　模型装置设计

隧道模型试验的主要目的是研究隧道围岩中的应力变化或应变特征，观测隧道围岩的形变过程，分析隧道围岩在地震动载荷作用下的变形破坏特征，为隧道开挖以及选择合理的支护方案有关的设计和施工理论提供依据。

物理模型试验投资大，耗时多，但可得到丰富的实验数据。为了试验的科学性及经济性，并且在保证试验结果科学性和准确性的前提下，尽量减少实验数量，本次物理模型试验方法采用正交设计。正交设计可以把试验数量和试验目的二者紧密结合起来考虑问题，是一种科学的试验方案，并能得到较为理想的试验结果。

本次物理模型试验主要研究隧道围岩的变形破坏问题，强度相似为主要相似条件。因此，确定几何相似比 a_l =50，应力相似系数 a_σ =39，密度相似系数 a_ρ =39/50 =0.78。

1. 试验装置

本次物理模型试验是模拟含单孔隧道围岩在地震动力作用下产生的力学响应，以研究隧道围岩地震工况下的变形破坏特点，揭示动力作用对隧道围岩变形破坏方式的影响，为制定合理的开挖施工方案和加固设计提供理论依据。

根据上述目的，设计的物理模型试验装置如图 5-10 和 5-11 所示，对物理模型装置说明如下：

图 5-10　物理模型试验装置实物

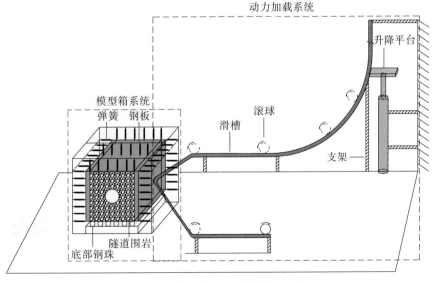

图 5-11　物理模型试验装置示意图

(1)物理模型试验装置包括模型箱(内箱、外箱)、竖向限位弹簧、水平限位弹簧、滑轨、可升降平台、支架。

(2)模型箱外边界长宽高均为800mm,内边界长宽高均为600mm。模型箱正面安装有机玻璃观察窗,以便观察钢板框内隧道模型的变形情况。

(3)模型箱外边界和内边界的上侧及左右壁分别用 36 根大小一致的弹簧均匀地进行连接,以模拟地震作用时周围岩体的约束作用(图 5-12)。

(4)模型箱底部设置两条滑轨,滑轨内安放直径大小为 2cm 的钢珠,以实现模型能在震动作用下产生水平向摆动。

(5)滑轨分为竖直加速段、弧形加速段、水平直线段、水平弧形撞击段四部分。

(6)为了模拟隧道顶部围岩自重应力,通过模型箱顶部油压千斤顶进行加压。千斤顶通过薄板将载荷均匀施加到隧道顶部围岩,通过调整施加的压力来模拟隧道上部不同厚度岩体的自重应力。本次模型试验中,顶部千斤顶压力为 5MPa。通过换算,可得作用在围岩顶部的均布载荷为 46kPa(图 5-13)。

(7)每隔一段距离设置支架,以固定滑轨,防止轨道倾斜或倾倒。

图 5-12　模型箱外边界和内边界的上侧及左右壁弹簧均匀连接

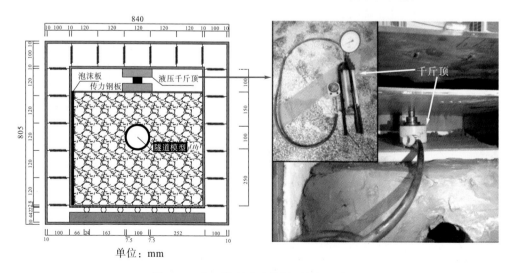

单位:mm

图 5-13　物理模型试验装置顶部加压装置

2. 模型组合形式

为了分析断层与隧道围岩不同组合形式对隧道围岩稳定性的控制作用，一共进行 3 种组合关系的物理模型试验，分别是：

(1)隧道围岩中无断层，试验方案示意图见图 5-14。

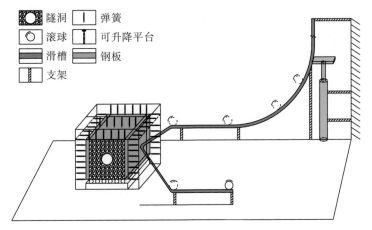

图 5-14 隧道围岩中无断层试验方案示意图

(2)断层走向与隧道洞轴线正交，试验方案示意图见图 5-15。

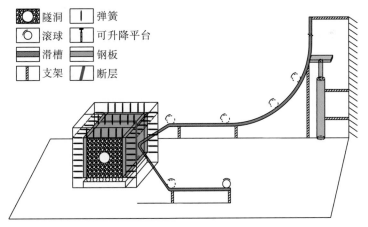

图 5-15 断层走向与隧道洞轴线正交试验方案示意图

(3)断层走向与隧道洞轴线平行，试验方案示意图见图 5-16。

3. 地震动力设计

本次物理模型试验采用在一定高度释放钢球撞击模型箱壁，从而模拟地震工况对隧道围岩的影响和破坏。将连接模型箱的滑轨升高到 6m 的高度，释放直径为 60mm，重量为 980g 的钢球，让钢球沿滑轨自由运动，释放钢球的时间间隔为 1s，连续释放 60 次，模拟地震持续时间为 1min。利用钢球将势能转化为动能，当钢球撞击到钢板框上时，由于钢板内外框之间有弹簧连接，撞击力作用在模型箱上，促使含隧洞模型试样在钢板内框及钢板外框之间产生水平往返运动，模拟相同振幅地震波对隧道的影响，分析隧道模型在持续动力作用下的变形破坏特征。最后拆除模板，通过摄像方式直观地观测隧道内岩体的破坏特征，分析地震动力作用对隧道围岩稳定的影响。

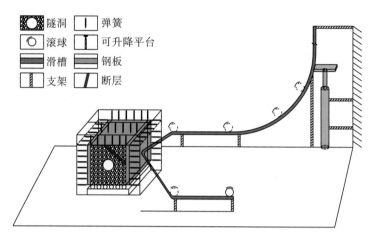

图 5-16　断层走向与隧道洞轴线平行试验方案示意图

地震动力设计遵循以下原则：

（1）动载荷量值：通过滚动钢球落下撞击模型产生的动载荷来模拟临近活动断裂的地震载荷，通过置于不同高程钢球的势能和冲击弹回换算获得动载荷。

（2）动载荷频率：通过置于同一高程可调的等间距运动钢球的势能和冲击弹回换算获得动载荷。

（3）动载荷历时：通过置于同一高程呈固定间隔周期性运动钢球的势能和冲击弹回算获得动载荷。

4. 模型制作过程

首先在模型箱内壁设置柔性材料-聚氯苯烯泡沫板来吸收边界反射波，聚氯苯烯泡沫板厚度为 1cm。然后按照预先设定的配比配制围岩材料，按照从下往上的顺序分层将试样填筑于模型箱内，每次填筑厚度为 10cm，填筑过程中对试样进行振捣，以保证试样均匀，符合要求。每填筑完一层进行耙平、压紧，压紧程度按所需的视密度的要求。根据模型组合形式，将断层放置在模型中部，在填筑围岩材料的同时填筑断层材料，模型中断层宽度为 3cm。在填筑过程中，在模型中部平整的放置直径为 10cm 的 PVC 管，安放之前在 PVC 管外表面涂抹润滑油，且要保证隧道轴线与模型箱轴线重合。PVC 管道安装完成后，将围岩填筑到 50cm 的高度，在试样填筑完成以后，轻轻旋转 PVC 管道，以利于管道与模型试样能够形成交界面，便于在试样成型后取出管道。

试样浇筑完成后，将试样养护两天，保证岩体达到一定的强度，通过旋转的方式将PVC 管缓缓取出，并拆除前后模板，置于天然通风环境下养护三周，保证围岩达到强度要求。填筑完成后的模型箱内的隧道及围岩模型见图 5-17。

(a)无断层模型　　　　(b)断层走向与隧道洞轴线垂直　　　　(c)断层走向与隧道洞轴线平行

图 5-17　填筑完成后的模型箱内的隧道及围岩

5.3.2　物理模型试验结果

1. 无断层模型试验结果

不同动力作用(钢球撞击次数)后，隧道围岩破坏情况见图 5-18，图中右侧为钢球撞击侧。从图中可以得到以下几点结论：

(1)总体而言经过周期性动力载荷作用后，隧道围岩发生了明显破坏，且随着冲击载荷施加次数的增加，隧道洞周及洞内侧壁岩体逐渐发生破坏。

(2)当冲击载荷施加 10 次时，隧道围岩未发现明显的破坏，仅有局部颗粒脱落。随着冲击载荷施加次数的增加，隧道围岩逐渐产生裂隙及破坏。

(3)当冲击载荷施加 20 次时，隧道右侧围岩出现掉块，洞顶右侧有局部塌落现象，隧道左侧腰部也发现局部鼓胀现象。

(4)当冲击载荷施加 30 次时，距离洞口约 40cm 处发生塌落，隧道右侧破坏的范围开始增大。经测量，洞内塌陷区最深处离洞壁约 1.5cm，洞壁左侧鼓胀现象未继续发展，破坏范围未见明显增加。

(5)当冲击载荷施加 40 次时，隧道右侧破坏的范围继续增大，经测量，洞内塌陷区最深处离洞壁约 2.5cm，洞壁左侧鼓胀现象未继续发展，破坏范围未见明显增加。

(6)当冲击载荷施加 50 次时，距离洞口约 40cm 处塌落破坏范围继续增加，洞内塌陷区最深处离洞壁约 3.3cm。同时，距离洞口约 15cm 处，洞壁右侧也发生了塌落，塌陷区最深处离洞壁约 1.3cm，洞壁左侧破坏区未见增加。

(7)当冲击载荷施加 60 次时，洞壁破坏区域有所增加，洞内塌陷区最深处离洞壁达 4.2cm，右侧塌落区连成一片，洞室左侧鼓胀现象未有明显变化，破坏区范围未见明显增加。

(8)在试验过程中，右侧围岩逐渐发生掉块、塌落等破坏，且破坏区随着冲击载荷施加次数的增加而不断加大，而左侧围岩在整个过程中只见局部产生鼓胀破坏现象，且破坏程度有限，破坏范围并未随着冲击载荷施加次数的增加而发生变化。这说明在动力载荷作用下，当地震波传播至隧道时，出现临空面，造成隧道临空侧围岩形成了应力集中，最终引起冲击一侧岩体发生破坏。

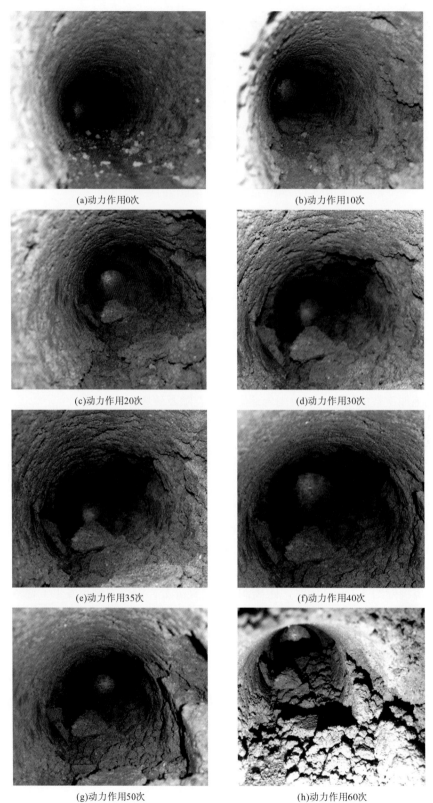

图 5-18　不同动力作用次数时隧道围岩破坏情况

2. 断层走向与隧道洞轴线正交模型试验结果

试验结果表明，经过周期性动力载荷作用后，隧道围岩在断层处发生了明显的坍塌破坏，且破坏位置位于冲击载荷一侧（图 5-19）。经测量，洞内塌陷区最深处离洞壁达 6cm。同时，洞顶也出现了局部掉块的现象。但是在洞体的另一侧断层处未观察到明显的破坏。

图 5-19　隧道围岩在动力载荷作用一侧的断层处发生明显坍塌破坏

3. 断层走向与隧道洞轴线平行模型试验结果

不同动力作用（钢球撞击次数）后，隧道围岩破坏情况见图 5-20，图中左侧为钢球撞击侧。从图中可以得到以下几点结论：

（1）经过周期性动力载荷作用后，隧道围岩发生了明显破坏，且随着冲击载荷施加次数的增加，隧道洞周及洞内侧壁破坏范围和破坏程度逐渐增大。

（2）当冲击载荷施加 10 次时，洞体未发现明显的破坏，仅有细颗粒脱落。

（3）当冲击载荷施加 20 次时，隧道左侧断层破碎带处围岩已发生了掉块，右侧断层破碎带也产生了明显的裂隙，块体即将脱离母体，此时，洞内还未发现明显的破坏现象。

（4）当冲击载荷施加 30 次时，隧道左侧断层破碎带处围岩破坏的范围开始增大，内壁开始产生局部裂纹。

（5）当冲击载荷施加 40 次时，距离洞口约 25cm 处小球撞击侧隧道围岩发生了掉块，位于破碎带上方且紧临破碎带。经测量，洞内塌陷区最深处离洞壁约 1.3cm。

（6）当冲击载荷施加 50 次时，左侧断层破碎带处围岩破坏区进一步扩大，小球撞击一侧扩大范围较另一侧更为明显。洞内破坏范围进一步增加，洞内塌陷区最深处离洞壁达 3cm。

（7）当冲击载荷施加 60 次时，左侧断层破碎带处围岩破坏区域进一步增加，洞内塌陷区最深处离洞壁达 4.5cm，但较 50 次时，变化不是特别明显。

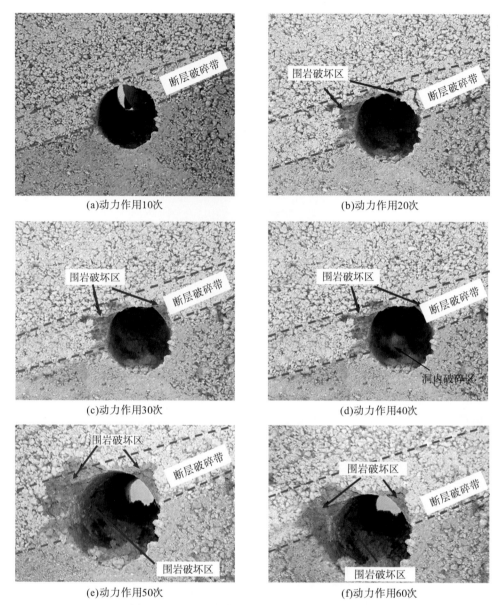

(a)动力作用10次   (b)动力作用20次

(c)动力作用30次   (d)动力作用40次

(e)动力作用50次   (f)动力作用60次

图 5-20   不同动力作用次数时隧道围岩破坏情况

5.4   地震工况下边坡破坏模式及动力特征试验研究

地震作用下的边坡稳定性一直是学术界研究的热点和工程界关注的重点。现阶段对大型工程边坡稳定性的分析以解析法、数值模拟和模型试验方法为主。就模型试验而言，它能够直观地记录试验模型的变形破坏过程，还可以通过测量元件的安装来获取边坡应力等物理量的分布状态。经过多年研究，边坡破坏模型试验发展出了倾斜模型槽试验、底面摩擦试验、离心模型试验、爆破模型试验和大型振动台试验等方法。本节将从物理模型试验和三维数值仿真试验两个方面，对地震工况下工程边坡破坏模式和动力响应特征进行分析研究。

5.4.1 物理模型试验装置及测量系统

1. 试验装置

建立的地震工况条件下，边坡破坏模式和动力响应特征物理模型试验装置见图 5-21 和图 5-22，对模型说明如下：

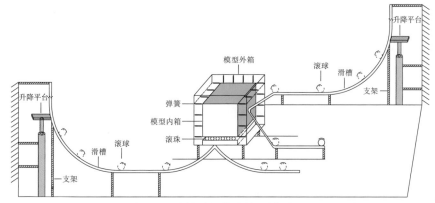

图 5-21 地震工况下边坡破坏模式物理模型试验装置示意图

图 5-22 地震工况下边坡破坏模式物理模型试验装置实物图

（1）设计了两个不同尺寸的模型箱，长×高×宽为 75cm×60cm×40cm 和 100cm×80cm×40cm，分别称为小模型箱和大模型箱。

（2）为便于观察模型在动力作用下的变形破坏特征，将模型箱 75cm×60cm 的侧边设置为钢化玻璃门，拆卸试样时可以将玻璃门打开，装好试样后锁定密闭。

（3）模型箱顶部开口，底部及侧边为厚 1cm 的钢板，左右两侧使用弹簧将模型箱内箱和外箱进行连接，底部设置两个滑槽，每个滑槽内均匀放置 10 个直径为 24mm 的滚珠。

（4）在模型箱一侧设置滑轨，滑轨采用直径 65mm 内嵌钢丝的塑料胶管，滑轨通过绳子固定在楼梯外壁上，楼梯最高处约 10m，通过控制钢球释放高度和释放时间间隔以及时间长度来模拟的不同地震载荷、频率和持时。

2. 边坡模型的制作

边界效应是模型建立过程中不可忽略的问题，它是一种来自模型箱的边壁对模型中试样的约束作用，在试验中应尽量消除。另外在制作模型时应尽量保证滑动体不受人为边界的影响。具体到本次模型试验，消除箱壁与填筑材料接触面之间的摩擦力是消除边界效应的主要方面。因此，试样填筑前在模型箱两侧壁上涂抹凡士林或机油，减小箱壁与试样之间的摩擦阻力，尽量减少边界效应的影响。

物理模型成型一般依据研究对象及相似材料的不同，采用如下几种制作方法：砌筑成型、碾压成型、压力机压实成型及夯实成型等。本次试验选用橡皮锤夯实成形的方法制作试验模型，保证每次夯实力度一定的条件下，可以确保模型的均匀性。模型制作前先把晒干的土碾碎，将土过筛。配制试样时，选用不同级配颗粒，按照不同比例进行配制，不同级配颗粒质量配比为：粒径大于 10mm 的粗颗粒 15%，细砂 20%，黏性土 65%。配制土样时，含水量控制为 11.5%，密度约 1.83g/cm³。试样采用分层填筑方法，按照 5cm 间距分层夯实填筑。分层填筑完成后通过人工削坡得到模型所需几何尺寸。然后静置 24h，使其在自身重力下固结。试样填筑完成后如图 5-23 所示。

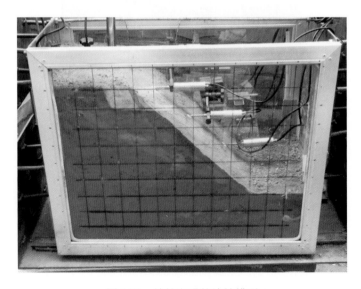

图 5-23　填筑完成的边坡模型

为了模拟不同类型、不同特征边坡在地震工况下的破坏模式和动力响应特征,本次试验设计了不同的边坡试验方案:

(1)坡比分别为1∶1.0、1∶2.0的边坡。

(2)坡比为1∶1.0,台阶数分别为1级、3级。

(3)含倾坡外软弱夹层边坡。

(4)含倾坡内软弱夹层边坡。

3. 物理模型试验测量系统

为了实时监测试验过程中边坡不同部位的应力和位移情况,在试验开始前在边坡内部和表部安装监测设备。监测设备采用南京丹陌电子科技有限公司生产的DMTY土压力传感器(图5-24)和DMWY全桥应变式位移传感器(图5-25)。

图5-24　DMTY土压力传感器

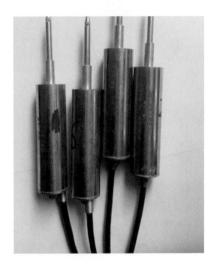

图5-25　DMWY全桥应变式位移传感器

DMTY土压力传感器,量程0~10kPa;精度≤0.3%F·S;可在饱和水的介子中工作。桥路电阻350Ω,电路接口五线,外形尺寸Φ16mm×4.8mm。埋设前先校核土压力盒,确保传感器能正常工作,土压力盒受力面正对土体。另外,土压力盒受力面不能直接与土体接触,应留有缝隙,并用细沙振捣密实。安装就位后土压力盒初始值应大于埋设前自由状态读数,即就位后土压力盒应处于受力状态。

DMWY全桥应变式位移传感器,量程30mm,精度≤0.5%F·S,桥路电阻350Ω、全桥。供电电压2V,使用温度范围-35~+80℃,外径25mm。测量地震载荷作用下,滑坡变形破坏过程中不同部位的位移。该位移计输出灵敏度高,线性好,体积小,自重轻,温度漂移小,抗湿性能强。位移计采用磁性吸铁架或百分表安装架把轴套固定牢固,并与被测结构物(试件)表面垂直,接触量大小由被测试件变位方向而定,初始值大小可以通过传感器面板刻花尺示值确定。

试验过程中DMTY土压力传感器、DMWY全桥应变式位移传感器、应变传感器测量的数据,使用南京丹陌电子科技有限公司的DMYB1808动静态电阻应变仪进行采集、分析(图5-26)。DM-YB1808动静态电阻应变仪可实现对测量数据实时显示、监控，并且具有极强试验现场抗干扰能力以及很高测量精度。使用前通过设置具体传感器参数，可把所测得相对应变数据换算为土压力、位移。

图5-26　DMYB1808型动静态电阻应变仪

DM-YB1808动静态电阻应变仪规格和参数如下：输入范围0～±19999με，通道数单台8通道，桥路电阻60～1000Ω，精度≤±0.3%FS±2με，非线性≤±0.05%，分辨率/稳定性1με。时漂：零点漂移≤3με/4h。温漂：零点漂移≤1με/℃。数据采样频率10Hz。工作温度：0～400℃。存储温度：-55～85℃。湿度≤95%R.H，激励电压DC2V。

为获取在模拟地震动作用下边坡的变形破坏和动力响应特征，本次研究在边坡不同部位分别设置了位移计和压力盒。其中位移计设置于边坡表部，压力盒设置于边坡内部。考虑到不同模型的坡比和台阶数的不同，并且为了便于对所测量的数据进行对比分析，位移计和压力盒在不同模型中的相对高度一致。

4. 物理模型试验步骤

(1)设计、制作框架模型试验箱。

(2)在模型箱两侧钢化玻璃外壁上，每隔5cm画上相互平行的横纵参考线，并在模型试验箱左右侧钢化玻璃内壁上均匀涂抹上润滑油，以减小试样滑动过程中摩擦阻力，减少边界效应影响。

(3)边坡采用分层填筑，每5cm填筑一层，整平、夯实，当堆筑到需要埋设土压力传感器位置时，将土压力传感器用保鲜膜包裹，并用橡皮筋扎紧埋入预设位置，再进行堆筑。

(4)待边坡填筑完成后，将填筑多余的试样进行削切，使得边坡与设计的坡形一致，然后将多余的土清出模型试验箱。

(5)在边坡表面预设位置布设位移传感器。

(6)通过两次预先实验发现高度过高，小球撞击的能量过大，导致边坡破坏过程太过激烈。而当小球高度过小时，小球撞击的能量过小，边坡在很长一段时间内都不发生变形破坏。经过多次反复试验，本次研究将模型管道高度设置为7m。在此高度释放直径为60mm，重量为 980g 的钢球，让钢球沿轨道自由运动，释放钢球的时间间隔约为 1s，连续释放约 60～120 次。同时在实验过程中，实时记录位移计和土压力计数据。

5.4.2 物理模型试验结果

5.4.2.1 小模型试验结果

1. 坡比 1∶1 模型

不同时间(钢球撞击次数)边坡破坏见图 5-27 所示，试验模型发生变形破坏过程可概括为以下几个阶段：

(1)第一阶段为稳定阶段，时间为 0～10s，边坡整体处于稳定状态，仅仅只有少许边坡表层颗粒在动载荷作用下从坡面掉落至坡脚，形状如倒石堆。从侧面来看，在小球撞击的 9s 时，在坡顶处出现了滑动面。如图 5-27(a)所示。

(2)第二阶段为边坡变形阶段，时间为 11～30s，边坡开始出现变形裂隙以及土体崩塌。具体来看，在 12s 时，坡顶距离坡肩约 15cm 处出现了一条横向裂隙，如图 5-27(b)所示，该裂隙宽度随着时间增加不断变大。在坡肩右侧(面向坡面)和坡脚处则出现小范围的土体垮塌现象。从侧面来看，此时破裂面已经向上扩展至坡顶，但在坡脚处则尚未贯通。

(3)第三阶段为稳定阶段，时间大概为 31～55s，由于前一阶段边坡变形消耗了部分能量，使得整个边坡出现了暂时的稳定，但随着能量的积聚则继续发生变形破坏。

(4)第四阶段为变形破坏阶段，经过稳定阶段后边坡变形继续发展，55s 后随着时间增加变形强度不断加剧，最终在 73s 时边坡完全破坏。具体破坏过程如图 5-27(c)～(f)所示。在 65s 时坡脚处的破裂面突然贯通，使得第二阶段出现在坡脚处的垮塌进一步扩大，整个边坡前缘出现较大范围的垮塌，如图 5-27(d)。前缘垮塌后，边坡后部由于失去了支撑，在短时间内，边坡后部整体也开始了快速垮塌，并在垮塌过程中解体，如图 5-27(e)～(f)。至此，整个边坡变形破坏过程完成。

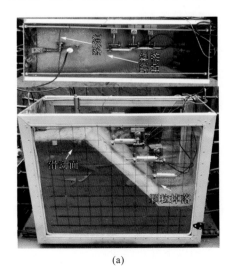

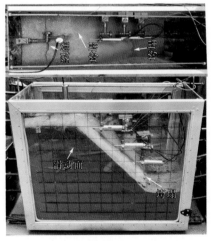

(a) (b)

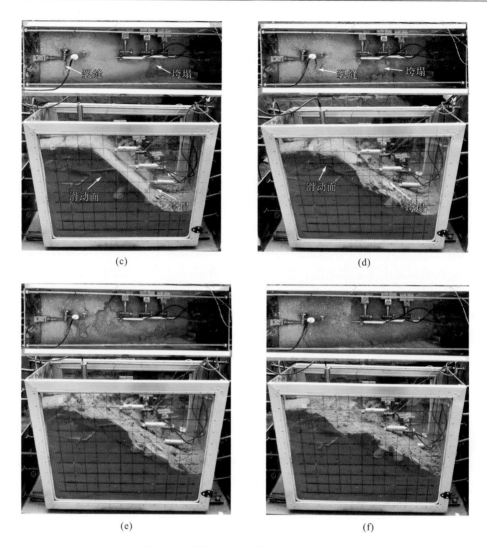

图 5-27　坡比 1 : 1 小模型变形破坏过程

　　从边坡的变形破坏全过程来看，在小球载荷作用下，边坡变形破坏的主要原因是由于破裂面的形成和贯通。而从破坏后揭露的滑面可以看出，滑面表面粗糙，说明下滑破坏主要由拉裂造成的，而不是剪切形成。这与斜坡模型在地震作用下的"拉裂-剪切"破坏力学机制相符。

　　另外，仔细观察边坡变形破坏全过程可知，边坡两侧土体受到边界约束，在下滑过程中运动速度较慢，而中部土体则相反。因此边坡不同部位土体在下滑过程中运动距离出现了差异，下滑后的堆积体在平面上呈舌形形状，中间厚而两侧薄的堆积特征。

　　试验之前在模型表部和内部分别设置位移计和压力盒，具体位置见图 5-28。试验得到冲击载荷作用下边坡表部 $A_1 \sim A_3$ 点水平位移变化情况见图 5-29，其中正向位移表示向临空水平方向移动，负向位移则相反。从图中可以得到以下几点结论：

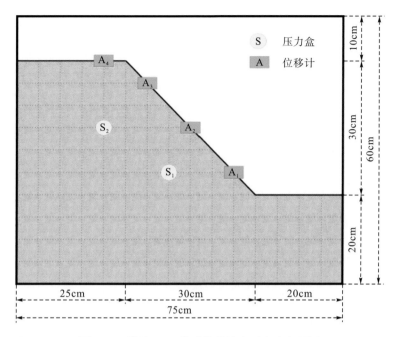

图 5-28 坡比 1∶1 模型位移计和压力盒布置图

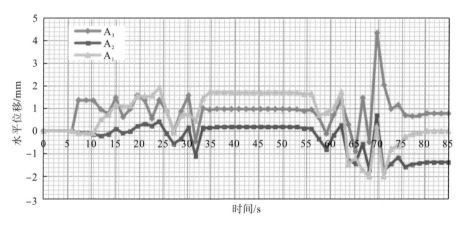

图 5-29 A_1、A_2、A_3 水平位移历时曲线

(1)在开始的几秒钟内,边坡表面几乎无明显位移。当小球撞击到第 7s,位于最上部的测点 A_3 处的土体发生了 1.36mm 的正向位移,该位移产生的原因主要是由于边坡浅表部开始向临空面缓慢滑动。而此时 A_2、A_1 测点处分别产生-0.07mm 和-0.09mm 的负向位移,这是由于该两处测点表面有少量土体颗粒向下滑动,在边坡表面形成了一个小的凹曲面,故位移方向指向土体,即为负值。

(2)在 7~33s,A_3、A_2、A_1 测点位移出现较大的波动,从整体来看,A_3、A_1 的位移较大。这表明在这段时间边坡位移变形量在坡肩与坡脚处较边坡坡面中部大。另外,在此时间段内 A_3、A_1 的位移为正值,表明 A_3、A_1 测点处位移方向指向临空面。

(3)33~56s,A_3、A_2、A_1 三个测点的位移未出现明显变化,A_2 测点处位移重新变为正值。经历一段静止期后，测点的位移又出现了明显的波动。整体来看 A_3 的位移波动范围明显比 A_2、A_1 大，A_3、A_1 在波动过后位移值基本稳定在一个正的高值水平。而 A_2 则快速变为负值，这表明 A_3、A_1 测点土体向坡脚滑动，A_2 测点土体出现脱落，从而在该处产生了较大空腔。73s 后基本完成整个下滑过程，边坡完全破坏。

冲击载荷作用下边坡表部 A_4 点垂直位移变化情况见图 5-30，其中正向位移表示垂直向下位移，负向位移表示垂直向上位移。从图中可知，测点 A_4 位移变化呈台阶状。在小球撞击载荷作用下，边坡坡顶在垂直方向上的位移具有明显的四阶段特征：

（1）在 0～9s，位移量基本为零。

（2）9s 后，位移量迅速增加，在 15s 时位移量达到 15mm，随后 16～33s 这段时间内，位移呈现小幅波动增加的趋势。

（3）在 34～54s，位移处于平稳状态，不再继续增加。

（4）54s 之后位移又开始出现较大幅度波动增加，到 70s 时位移突然急剧增大，到 73s 时稳定于 29mm 左右，此时边坡已经完全破坏。

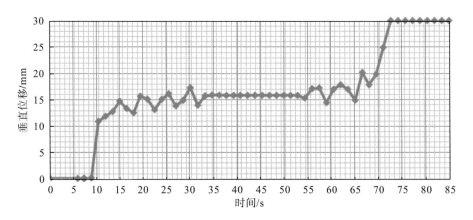

图 5-30　A_4 垂直位移历时曲线

冲击载荷作用下边坡内部 S_2、S_1 测点土压力随时间变化关系见图 5-31 和图 5-32。从图中可知：

（1）S_2、S_1 监测点土压力随时间大致呈阶梯状递减的趋势，均在 70s 以后（分别是 74s、71s）压力达到最小值（分别为 148Pa、1096Pa）。

（2）在 30s 时，S_2 土压力在经历减小后，出现了明显的增加，表明坡体上部推力已经传递到该处。而后土压力又保持了一段时间的稳定，表明在此时间段内，该处对于边坡上部土体的滑动起到了一定的阻止作用。而在此时边坡下部试样已经出现了局部垮塌，垮塌后压力有所释放，故此时 S_1 处土压力依旧呈现递减的趋势。

（3）在 53s 后 S_1 土压力经历了一段波动变化，而 S_2 则不断减小。这在实验过程中表现为边坡上部土体下滑，土体在坡脚处堆积。最后 S_1、S_2 土压力值趋于稳定，表明边坡破坏过程基本完成。

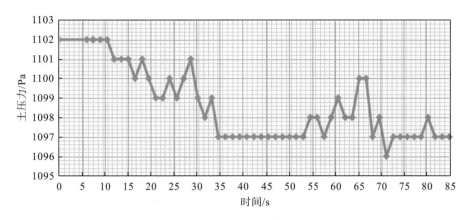

图 5-31　S_1 土压力随时间变化全过程

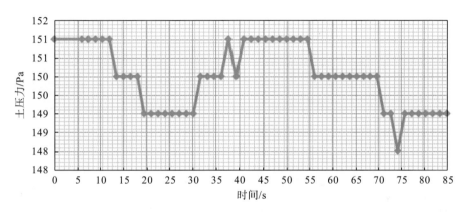

图 5-32　S_2 土压力随时间变化全过程

2. 坡比 1∶2 模型

坡比 1∶2 模型的变形破坏过程见图 5-33。其变形破坏过程同坡比 1∶1 模型的变形破坏规律类似，也可以划分为四个阶段：

（1）0～15s 为稳定阶段，此阶段边坡并未出现明显的变形破坏迹象。

（2）16～48s 为变形阶段。首先在斜坡坡脚位置发生垮塌，坡顶距离坡肩约 9cm 处出现一条细小的横向拉裂缝，如图 5-33（a）所示。此后该裂缝不断加宽延长并持续向下发展，并与滑动面逐渐连接，如图 5-33（b）。值得注意的是，与坡比 1∶1 模型破坏模式相比较，虽然同样是坡脚垮塌，但坡比 1∶2 模型坡脚处的垮塌在后续变形破坏发展过程中并没有出现规模扩大后导致边坡出现整体破坏的现象。

（3）49～80s，边坡变形处于稳定状态。

（4）80s 后，边坡变形破坏继续并加剧发展，坡体向前滑动，后缘裂缝不断加宽且整体下沉垮塌，前缘向临空面滑动，如图 5-33（c）、（d）所示，此时滑动面已经完全贯通，边坡出现整体下滑破坏。

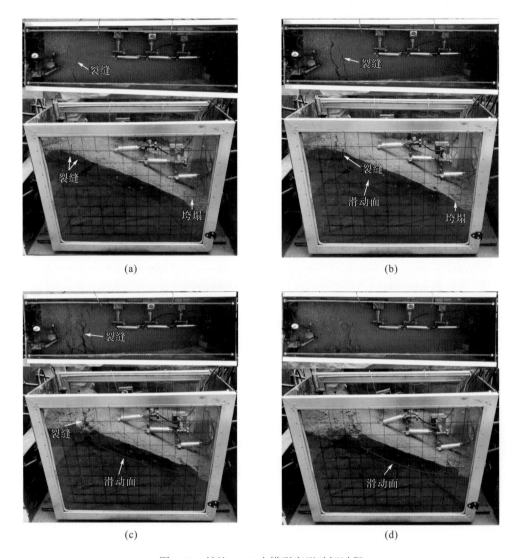

图 5-33 坡比 1：2 小模型变形破坏过程

试验前在坡体表部布置 4 个位移计，坡体内部布置 2 个压力盒，具体布置位置见图 5-34。试验过程中 A_1、A_2、A_3 位移随时间变化曲线见图 5-35。从图中可知：

(1)0～15s，边坡表面几乎无位移发生。

(2)第 16s，A_2、A_3 分别发生 0.75mm、0.11mm 的正向位移，A_1 测点处则产生-0.22mm 的负向位移，这是因为该处测点表面有少量颗粒向下滑动，在其表面形成了一个小凹坑，故位移为负值。

(3)16～52s，A_2、A_3 测点位移呈现逐渐增加的趋势，53s 开始两者位移突然减少，而后渐趋平稳。而 A_1 位移在整个载荷持续作用中一直呈现逐渐增加的趋势，在 117s 时位移的最大值达 29mm。

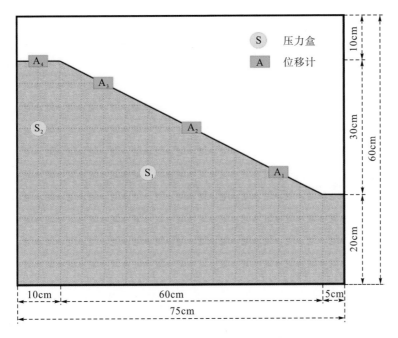

图 5-34　坡比 1∶2 模型位移计和压力盒布置图

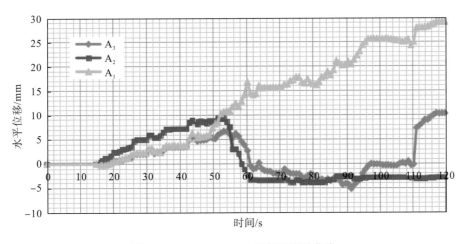

图 5-35　A_1、A_2、A_3 水平位移历时曲线

边坡顶部测点 A_4 处的垂直位移随时间变化关系见图 5-36。从图中可知，在小球撞击载荷作用下，边坡坡顶垂直方向上的位移具有较为明显的四阶段特征：

(1)0~15s，位移量基本为零。

(2)15s 后，位移量开始波动增加，在 53s 时位移量达到 14.7mm。

(3)53~71s，位移大致处于平稳状态。

(4)72s 之后位移又呈现小幅度波动缓慢增长的趋势，到 116s 时位移稳定在 30mm 左右，此时边坡完成了整个变形破坏过程。

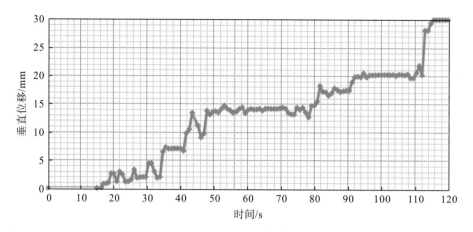

图 5-36　A_4 垂直位移历时曲线

坡体内部 S_1、S_2 压力盒随时间变化曲线见图 5-37 和图 5-38。从图中可知，在 0～16s，测点 S_1、S_2 的压力基本保持稳定。之后 S_1、S_2 变化情况则相异较大。具体来看，在 17～55s，S_2 处压力经历了较大的波动变化。之后 S_2 处压力直至边坡破坏都处于波动平衡状态。而 S_1 处压力则一直处于波动增加，直至最后边坡破坏才有一定的降低趋势。

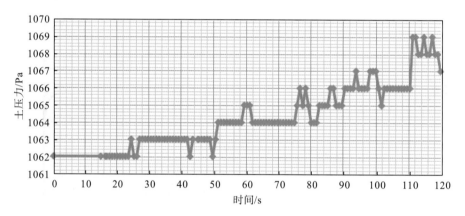

图 5-37　S_1 土压力全过程

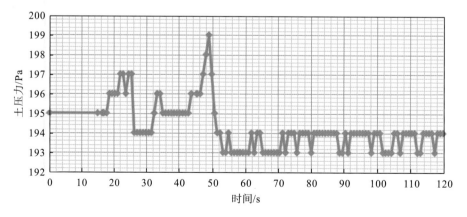

图 5-38　S_2 土压力全过程

3. 三台阶模型

三台阶模型随着冲击载荷作用的变形破坏过程见图 5-39 所示。

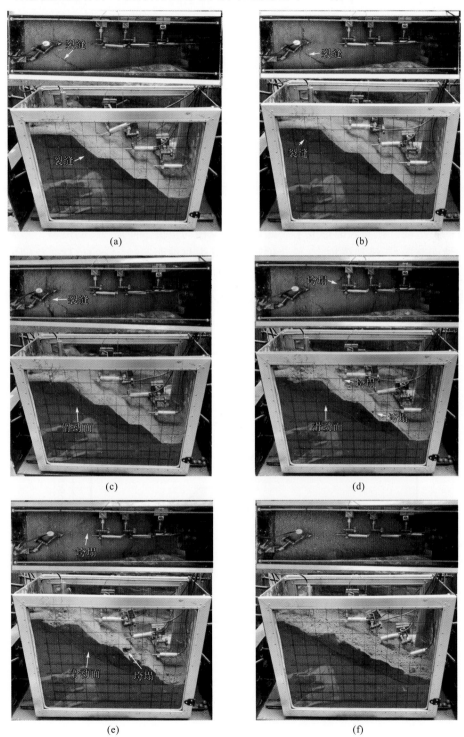

图 5-39 三台阶小模型变形破坏过程

从图 5-39 中可知：

（1）12s 时在坡顶处出现一条细小的弧形拉裂缝，如图 5-39（a）所示。随着冲击载荷的持续，坡顶处的拉裂缝逐渐增宽，并且在斜坡上部也出现拉裂缝，如图 5-39（b）所示。

（2）在小球撞击载荷的持续作用下，斜坡顶部和上部裂缝不断加宽延长并持续向下发展，当撞击载荷达到 20s 时，斜坡侧面出现了明显的贯通滑动面，如图 5-39（c）所示。

（3）20~37s，边坡变形经历了一个短暂的稳定时期后，于 37s 开始继续变形。此时边坡表面出现了局部垮塌，而后缘出现了较明显的下沉，如图 5-39（d）所示

（4）随着小球撞击作用下冲击载荷的持续，边坡表面的垮塌继续扩大，如图 5-39（e）所示。最后整个边坡在下滑中垮塌解体，完成整个变形破坏过程，如图 5-39（f）所示。

三台阶模型中位移计和压力盒布置位置见图 5-40，试验过程中 A_1、A_2、A_3 测点水平位移变化曲线见图 5-41。从图 5-41 中可知：0~11s，边坡表面几乎无位移发生。当小球撞击到第 12s，测点 A_3 处发生了 0.22mm 的正向位移，表明斜坡上部开始向临空面滑动。而此时 A_2、A_1 测点处分别产生-0.04mm 和-0.45mm 的负向位移，这是因为测点表面有少量颗粒向下滑动，在其表面形成了小凹坑，故位移为负值。而后 A_3 的位移一直为负值，主要是坡面变形（后缘裂缝扩大）导致位移计探针未与坡面接触。A_2 的位移变化幅度较小，可能是位移计探针与坡面的接触关系发生变化所致。A_1 在 13~52s 这段时间内测点位移量基本稳定，随后在 53~104s，A_1 处位移一直为负值，105s 后位移急剧增大，边坡整体破坏。

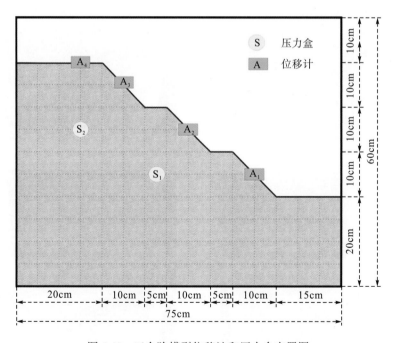

图 5-40　三台阶模型位移计和压力盒布置图

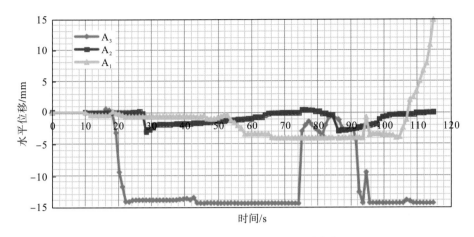

图 5-41　A_1、A_2、A_3 水平位移历时曲线

斜坡顶部 A_4 测点垂直位移随时间变化曲线见图 5-42。从图中可看出，测点 A_4 处位移变化曲线大致呈台阶状。在 0～11s，位移量基本为零。11s 后，位移量开始呈台阶状波动增加，在 57s 时位移量达到 21mm。在 53～80s，位移基本处于平稳状态，位移量增加较少。81s 之后位移出现小幅度增大，到 110s 时稳定于 30mm 左右，此时斜坡已完成整体变形破坏过程。

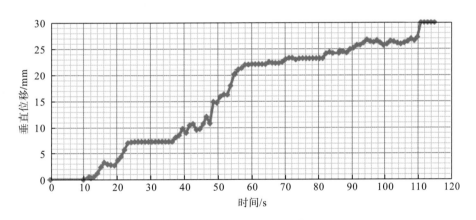

图 5-42　A_4 垂直位移历时曲线

试验过程中 S_1、S_2 土压力变化曲线见图 5-43 和图 5-44。从图中可以看出：

（1）S_1、S_2 测点土压力随时间大致呈先增加后减少的趋势。具体来看，在 0～12s，S_1、S_2 基本未出现变化。12s 后测点 S_2 土压力出现明显的增加，过后虽有波动但基本保持稳定，直至 42s 时突然增加。随后 S_2 又趋于波动平稳。在 96s 时 S_2 土压力达到最大值，其后土压力先减小后增加。

（2）12～26s，S_1 处土压力平稳波动。26s 后，S_1 处土压力小幅度增加并保持波动稳定状态，一直持续到 93s，S_1 处土压力又出现小幅度增加。其后 S_1 土压力在经历短暂稳定后出现了先减小后增大的现象，这与 S_2 变化过程基本相同。

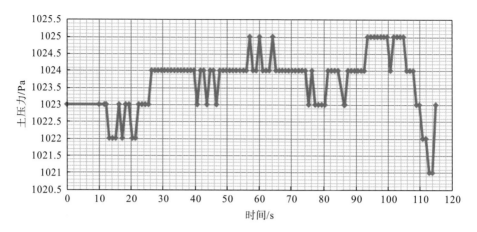

图 5-43　S$_1$ 土压力全过程

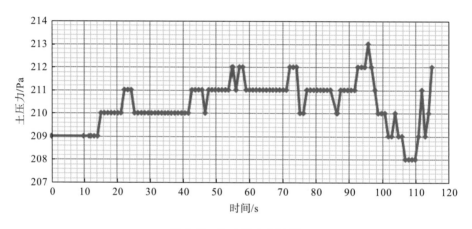

图 5-44　S$_2$ 土压力全过程

4. 含倾坡外软弱夹层边坡模型

在小球撞击载荷作用下，含倾坡外软弱夹层边坡模型变形破坏过程见图 5-45 所示。整过斜坡的变形破坏过程可以分为以下几个阶段：

（1）4s 时在斜坡坡顶距离坡肩约 10cm 处出现一条细小的横向裂缝，如图 5-45（a）所示，而后随时间（小球撞击次数）的增加，裂缝宽度不断加宽扩展。

（2）8s 时在坡脚处开始出现局部垮塌，如图 5-45（b）所示。

（3）至 30s 时坡脚垮塌开始逐渐扩大，坡顶裂缝也不断变宽并出现了明显的下沉，如图 5-45（c）所示。

（4）随着小球撞击次数的不断增加，斜坡下部垮塌逐渐向上部发展，斜坡表部的垮塌变形一直延伸到斜坡顶部，并且斜坡内部沿弱面的下滑变形也逐渐增大，直至完全下滑破坏，至此斜坡变形破坏结束，如图 5-45（d）。

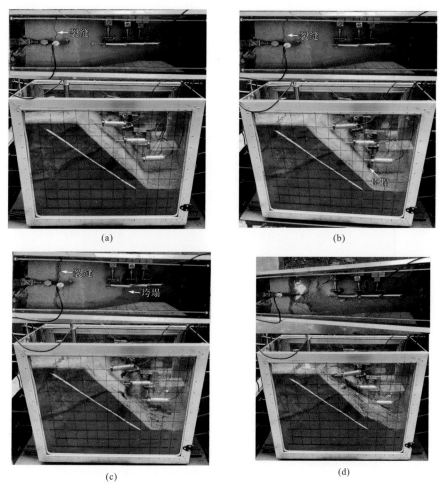

图 5-45　含倾坡外软弱夹层边坡小模型变形破坏过程

模型中位移计和压力盒布置位置见图 5-46，试验过程中斜坡表部 A_1、A_2、A_3 测点处水平位移随时间变化曲线见图 5-47。从图 5-47 中可知，在开始 4s 内，边坡表面几乎无位移发生。当小球撞击到第 5s，测点 A_2、A_3 处分别发生了 1.66mm、0.99mm 的正向位移，边坡开始向临空面变形。而此时 A_1 测点处无位移数据，主要是因为前缘发生垮塌致使位移计未与边坡表部接触，故未采集到位移数据。此后 A_2 在整个实验过程中位移量呈台阶状增长趋势，大致在 65s 左右趋于稳定并出现最大值 12.6mm，此时斜坡已完全破坏。A_3 位移总体上呈减小趋势，与 A_1 相比，波动相对较小，在 39s 时出现最小值-4.4mm。

试验过程中斜坡顶部 A_4 测点处垂直位移变化情况见图 5-48。总体而言，A_4 处垂直位移变化曲线呈台阶状。具体来说，在小球撞击载荷作用前 4s，位移量基本为零。4s 后，位移量开始呈现台阶状波动增加，在 38s 时位移量达到 12.9mm，此时顶部横向裂缝出现并逐渐加深扩大。随后至 53s 这段时间内，位移出现平稳，不再增加，到 54s 时，位移又出现急剧增加，随后保持平稳。到 65s 时，位移突然急剧增加到 30mm，此时边坡后缘发生整体下沉变形，位移达到最大值后趋于平稳，不再继续增加。

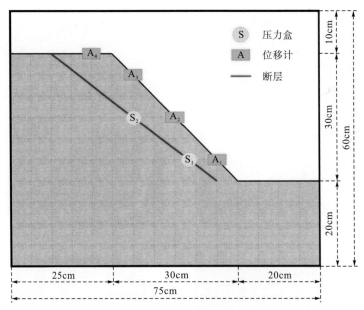

图 5-46　含倾坡外软弱夹层边坡模型测点布置图

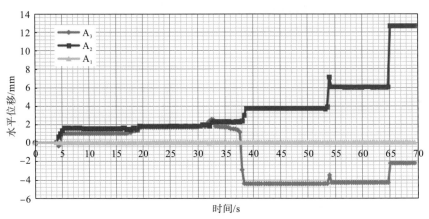

图 5-47　A_1、A_2、A_3 水平位移历时曲线

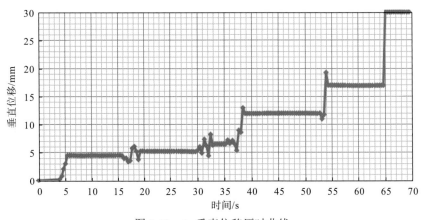

图 5-48　A_4 垂直位移历时曲线

试验过程中 2 个土压力盒监测到的土压力随时间变化曲线见图 5-49 和图 5-50。S_1 土压力变化波动较大，整体呈先增加后减少的趋势。在 4s 时 S_1 土压力出现了突然增加，随后开始逐渐波动减小。至 38s 时，出现了急剧减小，随后经过短暂平稳后，又开始出现增加。S_2 土压力随时间大致呈现阶梯状逐级增加的趋势，在 66s 时压力值突然增大，在 67s 左右土压力达到最大值 222Pa，此时边坡后部已发育较大拉裂缝并出现下沉变形。

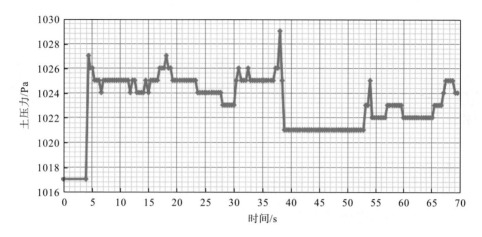

图 5-49　S_1 土压力全过程

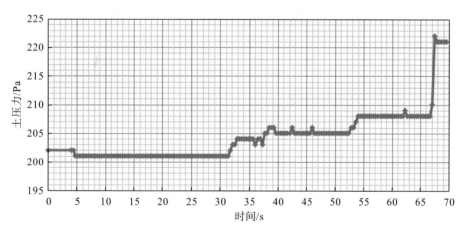

图 5-50　S_2 土压力全过程

5. 含倾坡内软弱夹层边坡模型

含倾坡内软弱夹层边坡模型在试验过程中的变形破坏过程见图 5-51，从图中可知，约 8s 时，在坡肩出现了明显的局部垮塌现象，如图 5-51（a）。随着小球撞击载荷持续作用，坡肩处的垮塌逐渐扩大，如图 5-51（b）、（c）。到 86s 时坡顶右侧（面向边坡）完全垮塌，如图 5-51（d）。从图中可知，边坡仅仅在右侧出现破坏，而左侧则相对完整。这主要是由于在边坡填筑过程中土体填筑不均匀所致。

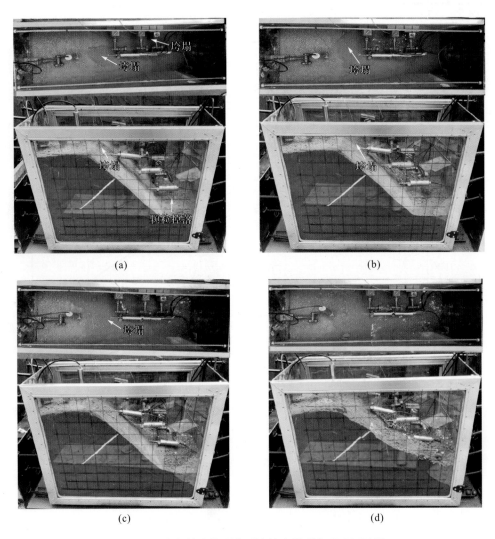

图 5-51　含倾坡内软弱夹层边坡小模型变形破坏过程

　　模型内位移计和压力盒布置位置见图 5-52，试验过程中测得的斜坡表部 A_1、A_2、A_3 测点水平位移随时间变化曲线见图 5-53。从图中可知，在开始 8s 内，边坡表面几乎无位移发生。当小球撞击到第 9s，测点 A_1、A_2、A_3 处分别发生了 0.35mm、1.11mm、0.17mm 的正向位移，表明斜坡开始向临空面滑动。随后 A_3 测点处的位移未产生变化，这是由于坡肩掉块致使位移计未与斜坡表面接触所致，因此未采集到位移数据。A_2 在整个边坡变形破坏过程中位移量呈现波动式增长的趋势，大约在 83s 左右趋于稳定，在 81s 时出现最大值 7.2mm。与 A_2 相比，A_1 位移总体上波动相对较大，在 75s 时位移突然减小且变为负值，表示斜坡已出现明显破坏。

　　试验过程中测得的斜坡顶部 A_4 处垂直位移随时间变化曲线见图 5-54。从图中可知，在 0~8s，A_4 处位移基本为零。8s 后，位移量开始呈现波动增加，在 33s 时位移量增大到 18.5mm。随后至 86s 这段时间内，位移变化较小，86s 后位移突然增加到 30mm，此时边坡变形破坏基本完成。

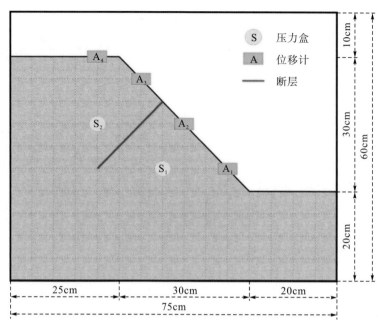

图 5-52　含倾坡外软弱夹层边坡模型位移计和土压力盒布置图

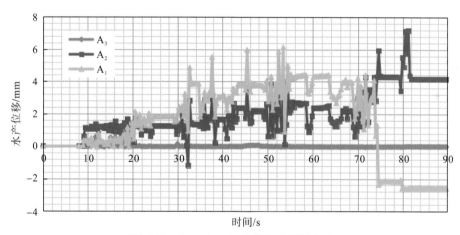

图 5-53　A_1、A_2、A_3 水平位移历时曲线

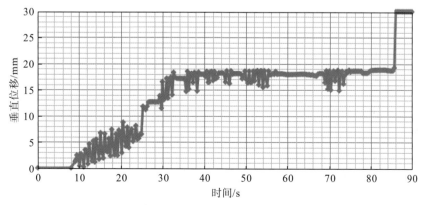

图 5-54　A_4 垂直位移历时曲线

　　土压力随时间(钢球撞击次数)变化曲线见图 5-55 和图 5-56。从图中可知,S_1 测点土压力随时间大致呈现递减的趋势,并且递减过程中土压力值存在较为强烈的波动现象。S_2 测点土压力在 0~30s 随时间呈现波动递减的趋势,30s 后在一定范围内来回波动且波动幅度较大。从监测数据可知 S_1 土压力的增减大致与 S_2 土压力的增减保持一致的步调。

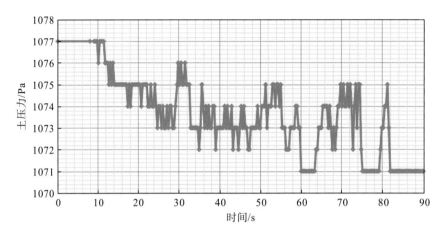

图 5-55　S_1 土压力随时间变化曲线

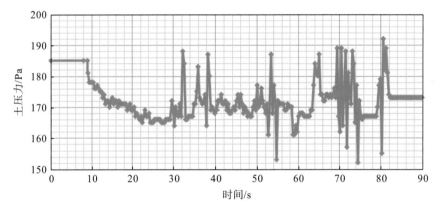

图 5-56　S_2 土压力随时间变化曲线

5.4.2.2　大模型试验结果

1. 坡比 1:1 大模型

　　试验过程中模型变形破坏过程见图 5-57。约 10s 时在坡顶出现两条裂缝,随着时间的持续,裂缝不断发育,20s 时在坡脚处出现局部垮塌,如图 5-57(a)。此后,坡顶处裂缝不断扩展并出现新的裂缝,与此同时坡脚垮塌范围也逐渐增大,如图 5-57(b)。约 33s 时边坡变形破坏逐渐加剧,坡脚处垮塌范围进一步扩大,而坡顶处的裂缝同时也迅速发育并出现较为明显的下滑破坏,如图 5-57(c)。最后在 51s 时,由于坡脚较大规模垮塌,导致斜坡上部也随之快速下滑破坏。

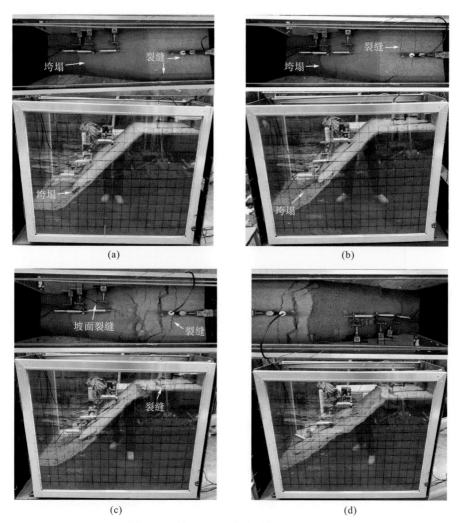

图 5-57 坡比 1∶1 大模型变形破坏过程

坡比 1∶1 大模型中位移计和压力盒布置位置见图 5-58,试验过程中斜坡表部 A_1、A_2、A_3 测点水平位移随时间变化曲线见图 5-59。从图中可知,0~3s,边坡表面几乎无位移。到第 4s,A_1、A_2、A_3 处分别发生了 0.25mm、0.78mm、1.14mm 正向位移,表明斜坡开始向临空面滑动。A_3 测点在 12s 后位移无变化,这是因为坡面产生裂缝致使位移计未与斜坡表面接触。此后 A_2 位移量呈现先增后减的趋势,在 39s 左右趋于稳定。A_1 位移总体也呈先增后减的趋势,增加和减少幅度相对 A_2 较大。A_1 和 A_2 处位移均在 38s 后迅速下降,而后位移值渐趋稳定,此时斜坡后缘拉裂下沉,前缘继续向临空面滑动并出现整体破坏。

测点 A_4 处位移变化曲线见图 5-60,从图中可知,A_4 处垂直位移整体呈台阶状增加。在 7s 前,位移量基本为零。7s 后,位移量开始呈现台阶状波动增加,在 10s 时位移量达到约 5mm,此时斜坡顶部出现横向裂缝。随后到 20s 这段时间内,位移逐渐增加,顶部横向裂缝逐渐扩大、加深并新增多条裂缝,后缘开始局部拉裂下沉。到 33s 时,位移突然急剧增加,此时斜坡后缘下沉破坏。到 51s 时,基本完成整个破坏过程。

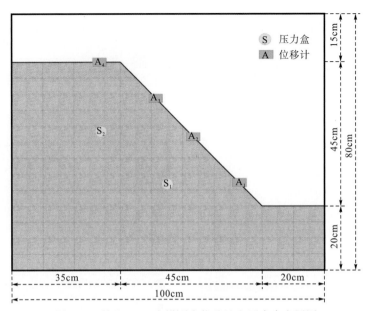

图 5-58 坡比 1∶1 大模型中位移计和压力盒布置图

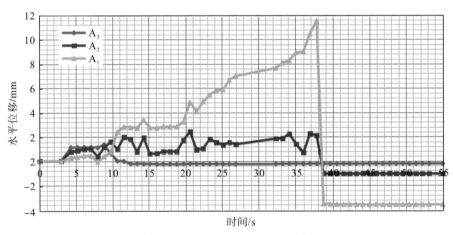

图 5-59 A_1、A_2、A_3 水平位移历时曲线

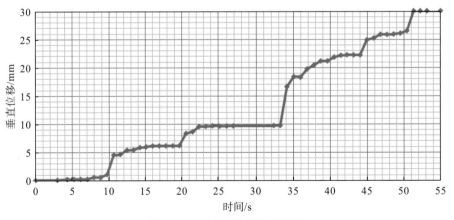

图 5-60 A_4 垂直位移历时曲线

试验过程中 S_1、S_2 土压力随时间变化曲线见图 5-61 和图 5-62。从图中可知，S_1 土压力随时间逐渐波动降低，在 46s 时压力达到最小值 1077Pa。S_2 处土压力在 35s 之前是逐渐增加趋势，35~46s 剧烈波动增加，在 46s 左右土压力达到最大值 183Pa。S_2 和 S_1 土压力变化趋势基本同步，随着 S_2 土压力的增加，S_1 土压力则相应的减小。

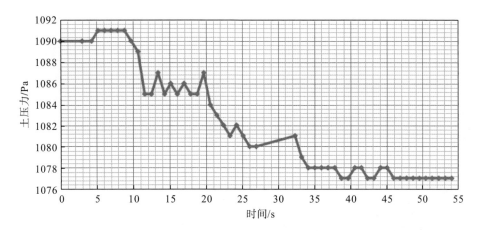

图 5-61　S_1 土压力随时间变化过程

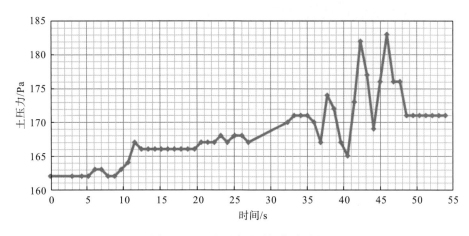

图 5-62　S_2 土压力随时间变化过程

2. 两台阶大模型

两台阶大模型在钢球冲击载荷作用下的变形破坏过程见图 5-63。从图中可知，约 3s时，坡顶和坡肩出现两条小裂缝，而坡脚则出现了小范围的垮塌现象。其后随着冲击载荷的持续作用，裂缝不断扩展，坡脚垮塌范围也逐渐增大，如图 5-63（a）。在 43s 时坡脚出现大范围的垮塌，而坡顶出现多条拉裂缝，如图 5-63（b）。随着冲击载荷的持续作用，65s时坡脚出现较大规模垮塌，导致边坡上部也随之下滑垮塌，如图 5-63（c）。

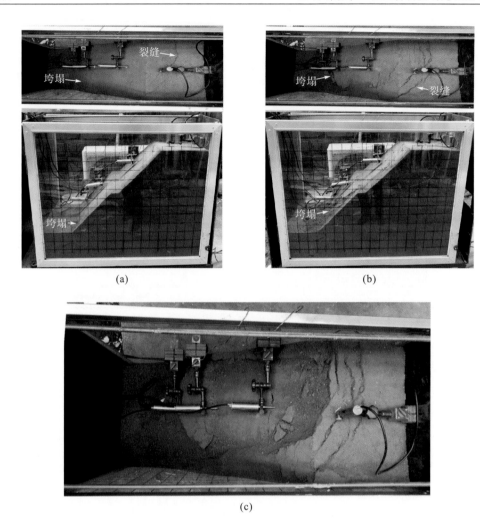

图 5-63　两台阶大模型变形破坏过程

　　两台阶模型中位移计和压力盒布置位置见图 5-64。斜坡表部 A_1、A_2、A_3 测点水平位移随时间变化曲线见图 5-65。从图中可知，开始的 5s 内，边坡表面几乎无位移。到第 6s，A_3、A_2、A_1 处的土体分别出现 0.69mm、2.14mm、0.78mm 的正向位移，斜坡开始向临空面变形。随后在冲击载荷的持续作用下，A_1 测点位移呈现逐渐增加的趋势，A_2、A_3 位移呈逐渐减少的趋势。A_1 位移值在 64s 左右突然增大，在 70s 时达到了最大值 13.1mm。A_3 位移在 64s 左右出现最小值-4.2mm，而后位移不再发生变化。A_2 在 40s 时位移出现最小值-7.9mm，而后位移稳定亦不再变化。

　　斜坡顶部测点 A_4 处垂直位移变化曲线见图 5-66。在 2s 前，位移基本为零。2s 后，位移开始波动增加，在 18s 时位移量达到 17mm。35s 时位移达到 24mm，35～57s，位移波动起伏，无明显增大。57～65s 位移又逐渐增大。65s 时位移达到最大值 30mm，而后位移不再增大，边坡变形破坏完成。

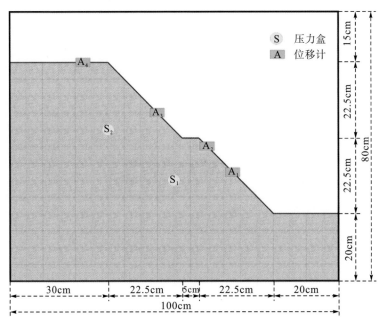

图 5-64 两台阶大模型测点布置图

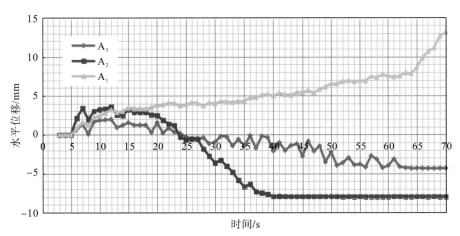

图 5-65 A_1、A_2、A_3 水平位移历时曲线

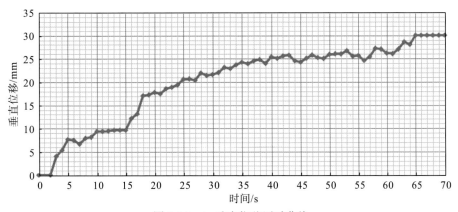

图 5-66 A_4 垂直位移历时曲线

　　试验过程中 S_1、S_2 土压力随时间变化曲线见图 5-67 和图 5-68。S_1 测点土压力在 12s 前逐渐增加，12～63s 波动稳定，64s 时土压力再次增加达到最大值 1079Pa，而后又快速降低。S_2 测点土压力在 6s 时增高至 159Pa，其后基本保持稳定状态，只在 30s、67s 出现降低，这与坡顶裂缝发育和后缘拉裂下沉变形有关。

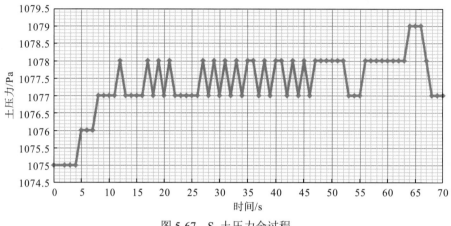

图 5-67　S_1 土压力全过程

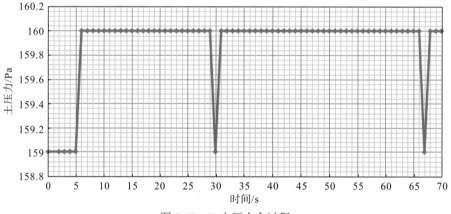

图 5-68　S_2 土压力全过程

3. 含倾坡外软弱夹层边坡大模型

　　含倾坡外软弱夹层边坡大模型在钢球冲击载荷作用下的变形破坏过程见图 5-69。从图中可知，在冲击载荷开始时，斜坡坡顶就开始出现明显的裂缝，至 5s 时，坡顶裂缝进一步发展，如图 5-69(a)。随着冲击载荷持续作用，裂缝不断扩展，至 21s 时坡脚出现垮塌，而坡顶拉裂缝处出现明显的下沉，如图 5-69(b)。到 37s 时，坡脚处垮塌规模进一步增大，导致斜坡上部整体下滑破坏，如图 5-69(c)。至此，斜坡变形破坏完成。

　　模型中位移计和压力盒布置位置见图 5-70，试验过程中斜坡表部 A_1、A_2、A_3 测点水平位移随时间变化曲线见图 5-71。从图 5-71 中可知，总体来说，A_1、A_2、A_3 测点水平位移变化趋势基本一致。在 0～3s，随着载荷的施加，斜坡上部 A_3、中部 A_2 和下部 A_1 的水平位移变化量都呈急剧上升趋势，3～6s 位移量呈缓慢波动上升的趋势。6～10s，水平位移呈 V 字形变化，先出现小幅度降低，随后增加。10～19s 水平位移无变化。19s 以后，A_1、A_2、A_3 测点水平位移均呈波动增加的趋势。到 30s 时，水平位移量达到 9～10mm 左右，其后水平位移量不再增加，斜坡下滑破坏基本完成。

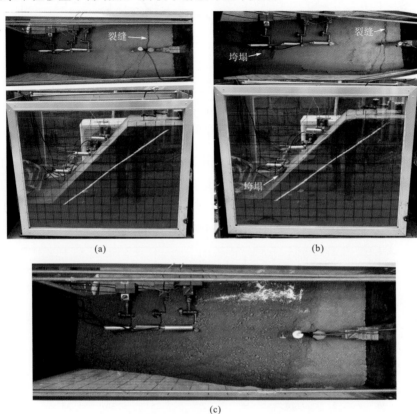

(a)   (b)

(c)

图 5-69 含倾坡外软弱夹层边坡大模型变形破坏过程

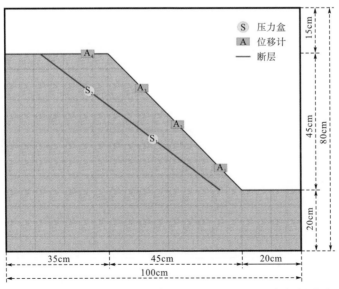

图 5-70 含倾坡外软弱夹层边坡大模型位移计和压力盒布置图

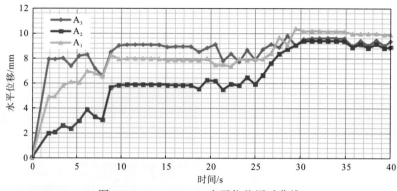

图 5-71　A_1、A_2、A_3 水平位移历时曲线

　　测点 A_4 处位移变化曲线见图 5-72。从图中可知，1s 前，位移量基本为零。1s 后，位移量开始呈现小幅度波动增加，7s 时位移量达到 7.1mm，此时顶部横向裂缝出现，随后至 37s 这段时间内，垂直位移缓慢增长。37s 时，垂直位移突然急剧增加，达到 30mm，此时斜坡后缘顺拉裂缝出现较大的下沉变形。位移达到最大值后趋于平稳，不再继续增加。

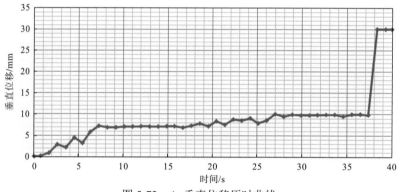

图 5-72　A_4 垂直位移历时曲线

　　试验过程中斜坡内部土压力变形情况见图 5-73 和图 5-74。测点 S_1 土压力值总体保持在 1078Pa，只在实验开始和结束时出现了小幅波动，这是由于边坡变形导致土压力盒产生位移。S_2 测点土压力随时间大致呈阶梯状逐级递减。在 0～2s，S_2 土压力没有明显变化。27s 后 S_2 土压力达到最小值 161Pa，随后不再变化。

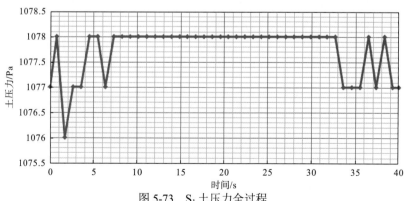

图 5-73　S_1 土压力全过程

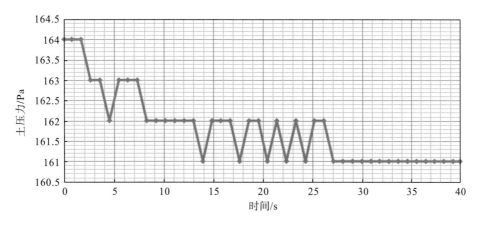

图 5-74 S_2 土压力全过程

5.4.3 三维数值仿真试验

5.4.3.1 计算方法

采用目前广泛应用的商业软件 FLAC^{3D} 进行数值模拟计算。FLAC^{3D} 软件为美国 ITASCA 公司开发的三维有限差分程序，采用显式算法，其主要功能是面向土木、交通、水利、石油及采矿和环境工程等领域，在土木工程界(尤其是岩土工程)有广泛影响和良好的声誉，可进行复杂的岩土工程数值分析和设计。包括求解有关深基坑、边坡、基础、坝体、隧道、地下采场以及地下洞室的计算分析，且包含静力、动力、蠕变、渗流、温度等 5 种计算模式，还可以进行多模式的耦合分析。归纳起来，FLAC^{3D} 具有以下特点：

(1)连续介质大变形模拟，并提供可选择的相界面来模拟滑移面或分离面，因此可用相界面来模拟断层、节理或摩擦边界。

(2)显式计算方案，能够为非稳定物理过程提供稳定解，完全动态运动方程使得在模拟物理上不稳定的过程不存在数值上的障碍。

(3)材料模型丰富并可扩充，内置 1 个 NULL 模型、3 个弹性模型和 8 个塑性模型。

(4)默认为静力学模块，可选模块包括热力学、蠕变计算、动力学分析功能。

(5)可设定所有物理力学参数的连续梯度或统计分布。

(6)可使用预定义的三维网格生成器生成复杂区域，且边界条件和初始条件设定方便。

(7)可定义地下水位高度以计算有效应力，可实现地下水流动与力学计算的完全耦合模拟。

(8)利用内置结构单元可模拟岩土工程中使用的桩、锚杆、锚索、衬砌、梁及土工格栅等。

(9)内置编程语言(FISH)增添了用户个性化特征。

(10)具有强大的后处理功能。

另外，与其他线性数值计算方法相比，FLAC^{3D} 还具有以下优点：

(1)"空间混合离散技术"的使用，能够精确而有效地模拟介质的塑性破坏和塑性流动，在力学上比常规有限元的数值积分更为合理。

（2）全部使用动力运动方程，即使在模拟静态问题时也如此。因此可以较好地模拟系统的力学不平衡到平衡的全过程，实现动态的模拟过程。

（3）求解中采用"显式"差分方法，不需要存储较大的刚度矩阵。因此与一般差分分析方法相比，既节约计算机内存空间又减少运算时间，提高了解决问题的速度。

（4）"HIST"变量功能可动态地记录求解过程或者动态模拟问题的关键变量。

FLAC^{3D}计算流程如图 5-75 所示。计算时首先调用运动方程（平衡方程），由初始应力和边界力计算出新的速度和位移。然后通过高斯定律，由速度计算出应变率，进而由本构关系获得新的应力或力，再通过单元积分计算结点力回到运动方程（平衡方程）进行下一时步计算。每个循环为一个时步，图 5-75 中的每个框图是通过固定的已知值，对所有单元和节点变量进行计算更新。

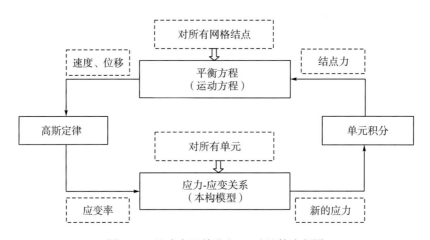

图 5-75 显式有限差分（FLAC）计算流程图

由于岩体抗拉强度一般较低，甚至为 0，按莫尔-库仑准则求推的理论抗拉强度最大值 $c/\tan\varphi$ 因与实际不符，计算时一般采用带拉截断莫尔-库仑模型。研究人员仔细研究 FLAC^{3D}软件莫尔-库仑模型源程序代码时，发现 FLAC^{3D}软件内置的莫尔-库仑弹塑性模型仍存在明显的不足，主要表现在：平面主应力空间应力精确返回问题，三维主应力空间应力精确返回问题。而其他一些商业软件也存在同样不足。为此，研究人员自编用户程序克服了带拉截断莫尔-库仑模型各顶点数学奇异问题（图 5-76 和图 5-77）。采用自编的拉截断莫尔-库仑弹塑性模型计算时，对拉破坏和剪切破坏按如下方式进行合理的处理：

（1）岩体材料首次出现拉破坏时用抗拉强度控制，一旦拉破坏发生后取抗拉强度为 0。

（2）对于首次出现剪切破坏时用峰值强度控制，一旦发生剪切破坏后用残余抗剪强度控制。自编的拉截断莫尔-库仑弹塑性模型还可进行快速强度折减法计算，从而获得边坡、地基、洞室等的整体安全系数及相应的失稳模式和变形趋势。

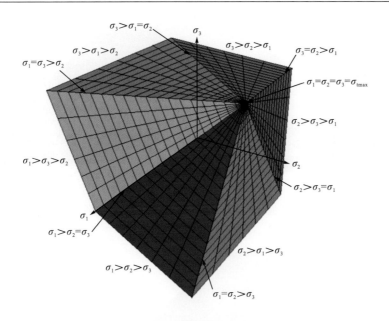

说明：主应力符号约定基于弹性力学，拉应力为正、压应力为负

图 5-76　主应力空间莫尔-库仑屈服面（数学描述的 6 个应力分区）

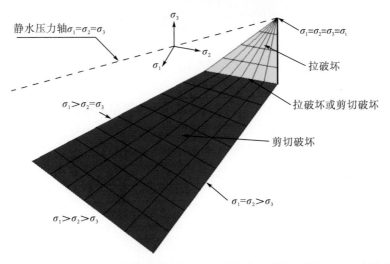

说明：主应力符号约定基于弹性力学，拉应力为正、压应力为负。弹性力学描述处于屈服条件时材料

只可能对应的主应力范围 $\sigma_1 \geqslant \sigma_2 \geqslant \sigma_3$。

图 5-77　实际应力空间带拉截断莫尔-库仑屈服面

5.4.3.2　三维数值仿真模型的建立

本小节进行的三维数值仿真试验是在静力仿真基础上，进一步开展地震动力的数值仿真试验。前面物理模型试验结果表明，相对小模型而言，大模型斜坡尺寸效应减小，同样条件下斜坡越容易失稳破坏。因此本小节建立的三维数值仿真试验模型尺寸采用大模型尺寸。建立的坡比 1∶1 斜坡、两台阶斜坡以及含倾坡外软弱夹层斜坡三维数值分析模型见图 5-78～图 5-80。模型中各材料参数根据动三轴试验结果并参考相关规范确定。

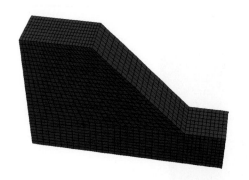

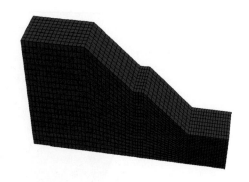

图 5-78　坡比 1∶1 斜坡三维数值分析模型　　　　　　图 5-79　两台阶斜坡三维数值分析模型

图 5-80　含倾坡外软弱夹层斜坡三维数值分析模型

为了反映物理模型中钢球撞击的效应，三维数值计算中采用脉冲动力载荷作为边界载荷输入计算模型(图 5-81)，其最大动力脉冲加速度约 $0.20g$。另外为了与物理模型实验进行对比分析，在计算时对物理模型中布设位移传感器的位置进行实时的位移、动力响应监测。并在计算结果中给出模型随周期性脉冲次数增加时的位移、动力响应分布情况，以及 4 个监测点的位移、动力响应变化。

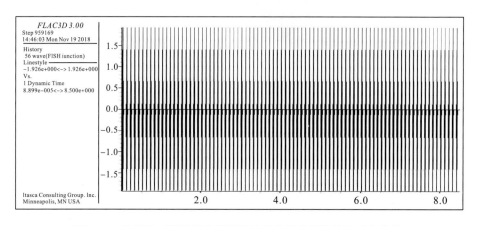

图 5-81　作用在三维数值分析模型边界的钢球碰撞脉冲动力载荷

5.4.3.3 三维数值仿真试验结果分析

1. 坡比 1∶1 模型

计算得到的坡比 1∶1 模型在脉冲次数分别为 11 次、33 次、55 次时的 X 方向（水平方向）位移分布、Z 方向（垂直方向）位移分布、XZ 方向应力分布以及最大剪应变增量见图 5-82～图 5-84。从图中可知，在斜坡浅表部出现了明显的位移分布，最大剪应变增量分布呈圆弧形。随着脉冲次数的增加，位移量和 XZ 方向应力也逐渐增大，并且在斜坡坡脚处出现了应力集中，这与物理模型试验结果是一致的。

计算得到的 A_1～A_4 测点水平、垂直方向位移和加速度变化情况见图 5-85。从图中可知，位移呈线性分布。计算得到的垂直方向位移量在 3cm 以内，与物理模型试验结果吻合度较好。

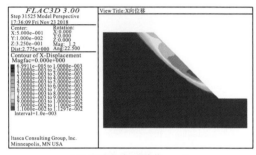

X向位移分布（单位：m）

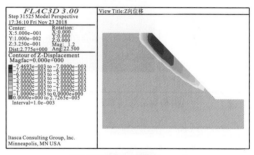

Z向位移分布（单位：m）

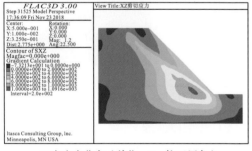

XZ向应力分布（单位：Pa，拉正压负）

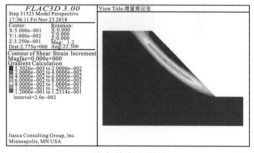

最大剪应变增量

图 5-82　脉冲 11 次时三维数值模型计算结果

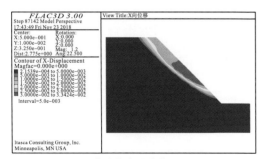

X向位移分布（单位：m）

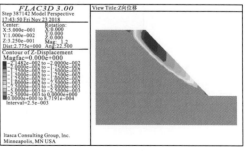

Z向位移分布（单位：m）

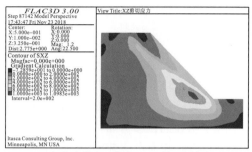
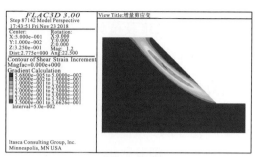

Z向应力分布（单位：Pa，拉正压负）　　　　　　　最大剪应变增量

图 5-83　脉冲 33 次时三维数值模型计算结果

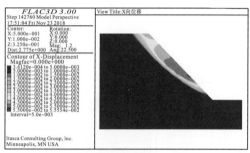
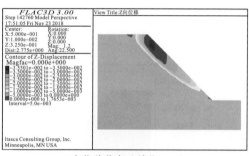

X向位移分布（单位：m）　　　　　　　Z向位移分布（单位：m）

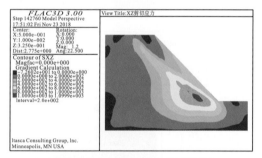
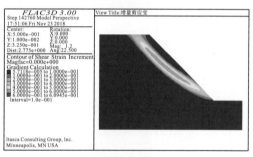

Z向应力分布（单位：Pa，拉正压负）　　　　　　　最大剪应变增量

图 5-84　脉冲 55 次时三维数值模型计算结果

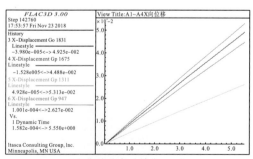
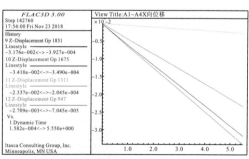

X向位移分布（单位：m）　　　　　　　Z向位移分布（单位：m）

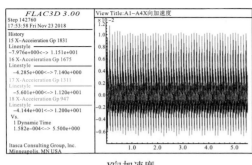
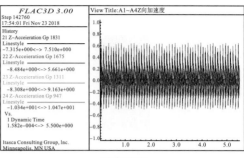

X向加速度　　　　　　　　　　　Z向加速度

图 5-85　A_1～A_4 测点水平(X)和垂直(Z)方向位移和加速度

(Gp1831 代表 A_4、Gp1675 代表 A_3、Gp1311 代表 A_2、Gp947 代表 A_1)

2. 两台阶模型

计算得到的两台阶模型在脉冲次数分别为 14 次、42 次、70 次时的 X 方向(水平方向)位移分布、Z 方向(垂直方向)位移分布、XZ 方向应力分布以及最大剪应变增量见图 5-86～图 5-88。从图中可知：

(1)斜坡浅表部出现明显的位移分布，越靠近斜坡表部，位移量越大。具体来说，水平位移最大的地方出现在斜坡中部、一级台阶附近，垂直位移最大的地方出现在斜坡顶部。

(2)XZ 方向应力在斜坡坡脚处有集中现象，高应力区呈长条形分布，走向与斜坡坡面走向大致平行。其中最高值约 1028Pa，与物理模型试验时 S_1 测点处土压力量值接近。并且随着脉冲次数的逐渐增加，XZ 方向应力集中区的最大应力量值也有所增大。

(3)斜坡浅表部 X 方向和 Z 方向位移高值区分布呈圆弧形，这与最大剪应变增量的分布有较好的吻合性，同时也与物理模型试验得到的斜坡浅表部变形下滑的部位一致，表明了三维数值分析计算的科学性和可信性。

(4)随着脉冲次数增加，X 方向、Z 方向位移以及最大剪应变增量也逐渐增大，表明斜坡稳定性逐渐降低，与物理模型试验得到的斜坡变形破坏规律和稳定性结果吻合。

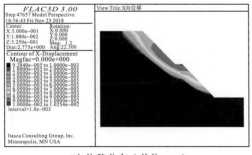
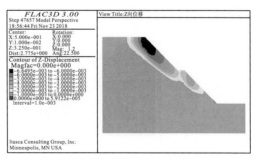

X向位移分布（单位：m）　　　　　　　　Z向位移分布（单位：m）

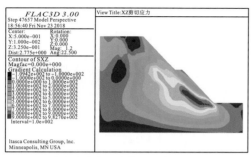

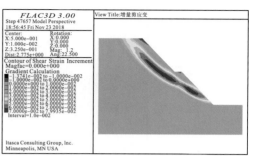

XZ向应力分布（单位：Pa，拉正压负）　　　　　　　　最大剪应变增量

图 5-86　脉冲 14 次时三维数值模型计算结果

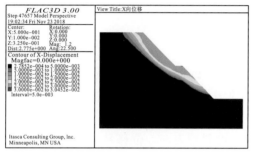

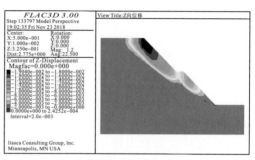

X向位移分布（单位：m）　　　　　　　　　　　Z向位移分布（单位：m）

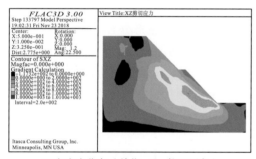

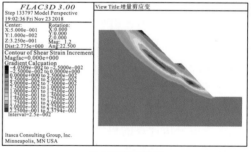

XZ向应力分布（单位：Pa，拉正压负）　　　　　　　　最大剪应变增量

图 5-87　脉冲 42 次时三维数值模型计算结果

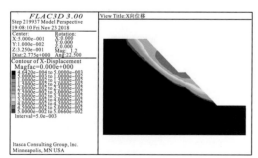

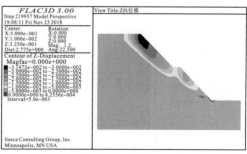

X向位移分布（单位：m）　　　　　　　　　　　Z向位移分布（单位：m）

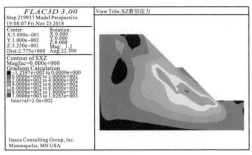
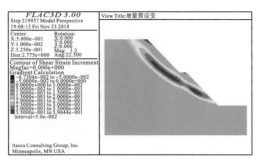

XZ向应力分布（单位：Pa, 拉正压负）　　　　　　　　　最大剪应变增量

图 5-88　脉冲 70 次时三维数值模型计算结果

三维数值模型计算得到的 $A_1 \sim A_4$ 测点水平（X 方向）、垂直（Z 方向）位移和加速度见图 5-89。从图中可知，总体而言，随着脉冲次数的增加，$A_1 \sim A_4$ 测点水平和垂直位移均呈线性增加。其中垂直位移最大约 3cm，与物理模型试验时斜坡顶部 A_4 测点测得的垂直位移量吻合度较好。

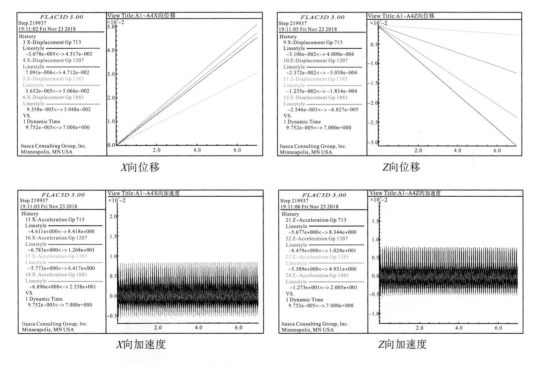

X向位移　　　　　　　　　　　　　　　　　Z向位移

X向加速度　　　　　　　　　　　　　　　　Z向加速度

图 5-89　$A_1 \sim A_4$ 测点水平（X）和垂直（Z）方向位移和加速度

（Gp713 代表 A_4、Gp1207 代表 A_3、Gp1385 代表 A_2、Gp1881 代表 A_1）

3. 含倾坡外软弱夹层斜坡模型

计算得到的含倾坡外软弱夹层斜坡模型在脉冲次数分别为 8 次、24 次、40 次时的 X 方向（水平方向）位移分布、Z 方向（垂直方向）位移分布、XZ 方向应力分布以及最大剪应变增量见图 5-90～图 5-92。从图中可知：

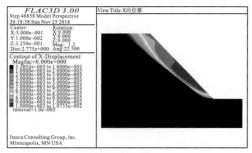

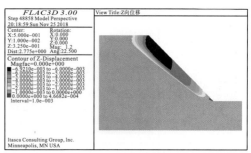

X向位移分布（单位：m）　　　　　　　　　　Z向位移分布（单位：m）

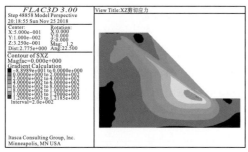

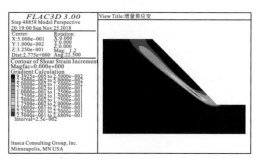

XZ向应力分布（单位：Pa，拉正压负）　　　　　最大剪应变增量

图 5-90　脉冲 8 次时三维数值模型计算结果

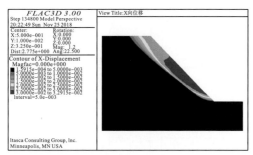

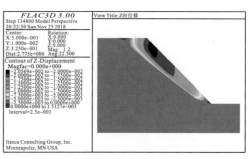

X向位移分布（单位：m）　　　　　　　　　　Z向位移分布（单位：m）

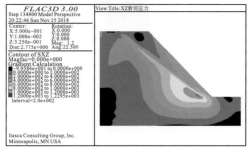

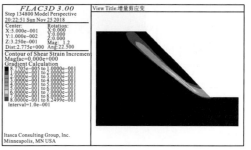

XZ向应力分布（单位：Pa，拉正压负）　　　　　最大剪应变增量

图 5-91　脉冲 24 次时三维数值模型计算结果

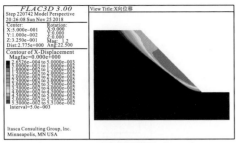
X向位移分布（单位：m）

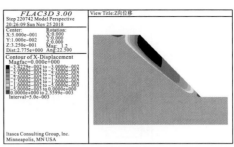
Z向位移分布（单位：m）

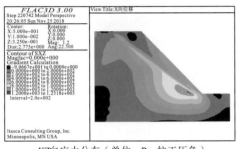
XZ向应力分布（单位：Pa，拉正压负）

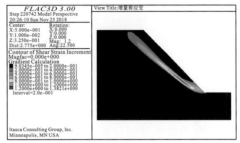
最大剪应变增量

图 5-92　脉冲 40 次时三维数值模型计算结果

（1）倾坡外软弱夹层对斜坡位移控制作用明显。随着脉冲次数的增加，在斜坡浅表部出现了明显的位移高值区，并且斜坡浅表部位移高值区主要出现在倾坡外软弱夹层与斜坡临空面之间。

（2）越靠近斜坡表部，位移量越大。具体来说，水平位移最大的地方出现在斜坡中下部，而垂直位移最大的地方出现在接近斜坡顶部。

（3）倾坡外软弱夹层的位置与最大剪应变增量的位置重合，进一步证明了倾坡外软弱夹层对斜坡变形稳定性的控制作用。

（4）XZ 方向应力在斜坡坡脚处出现明显集中现象，并且倾坡外软弱夹层对 XZ 方向应力分布也有一定的影响，应力分布云图在软弱夹层两侧出现了"断层"现象。另外计算结果表明，S_1 压力盒处应力为 800～1000Pa，与物理模型试验实测结果接近，S_2 压力盒处应力为 200～400Pa，比物理模型试验实测结果略高。

计算得到的 A_1～A_4 测点水平（X 方向）、垂直（Z 方向）位移和加速度见图 5-93。总体而言，随着脉冲次数的增加，A_1～A_4 测点水平和垂直位移均呈线性增加。其中垂直位移最大约 3cm，与物理模型试验时斜坡顶部 A_4 测点测得的垂直位移量吻合度较好。

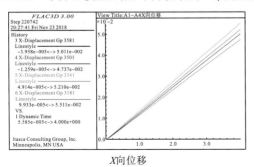
X向位移

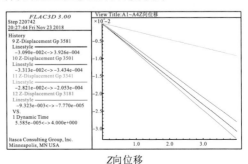
Z向位移

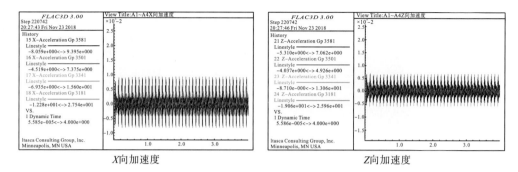

X向加速度   Z向加速度

图 5-93　A₁~A₄ 测点水平(X)和垂直(Z)方向位移和加速度

（Gp3581 代表 A₄、Gp3501 代表 A₃、Gp3341 代表 A₂、Gp3181 代表 A₁）

5.5　小　　结

本章在简要概述活动断裂对城镇和工程规划建设影响的基础上，归纳总结活动断裂带工程地质问题，分析国内研究现状，重点是地震工况下地下洞室、边坡岩体破坏模式和动力响应方面的研究现状。在此基础上，建立物理模型和三维数值仿真模型，分析研究活动断裂诱发强震工况条件下，大型隧道和边坡岩体破坏模式、破坏特征以及动力响应特征，得到以下一些认识：

（1）通过开展无断层、断层走向与隧道轴线正交以及断层走向与隧道轴线平行等 3 种物理模型实验，分析试验过程中隧洞围岩的破坏特征可知，在地震脉冲一侧岩体均发生了破坏，而在另一侧局部有破坏，且破坏程度低于冲击一侧。试验结果表明在动力载荷作用下，地震波沿着水平方向在岩体中进行传播，当传播至隧道时，隧道临空侧围岩形成了应力集中，最终引起冲击一侧岩体发生破坏。

（2）在地震载荷作用下，斜坡失稳多是由于坡脚发生破坏后，斜坡上部岩土体失去支撑而下滑破坏。总体而言，斜坡的变形破坏经历了坡顶产生裂缝—坡脚垮塌—边坡整体滑动三个阶段。

（3）边坡坡形对边坡稳定影响较大。在模拟地震载荷作用下，斜坡的坡比越小越有利于斜坡稳定。随着边坡台阶数增加，边坡变形破坏所需的脉冲次数也越多，即斜坡的台阶数越多越有利于斜坡稳定。

（4）模型试验具有明显的尺寸效应，随着模型尺寸的增大，斜坡尺寸效应减小。在相同高度上，地面水平加速度较大，变形破坏所需脉冲次数较少。同样条件下大尺寸模型斜坡越容易失稳。另外在相同地震动力载荷作用下，大尺寸斜坡发生破坏的时间较短。

（5）地震加速度具有明显的高位放大效应，在边坡坡面上随着坡高的增加，X 向(水平)地面加速度不断增大，最大值位于坡肩处。Z 向(垂直)地面加速度在边坡表面随坡高增加也逐渐增大，最大值出现在坡肩处，坡顶的加速度较坡底大。

6   结论和建议

紧密围绕活动断裂带工程地质调查研究有关的科学问题，以安宁河活动断裂带为例，采用地面调查、遥感解译、地球物理探测、高精度 GPS 监测、钻探、物理模型试验、数值计算等技术方法，对安宁河活动断裂带特征、活动性进行系统调查研究，查明断裂带附近地质灾害发育分布特征。探索研究活动断裂带地质灾害效应，并对受活动断裂影响控制典型滑坡进行解剖分析，揭示内外动力耦合作用下地质灾害成灾机理。通过物理模型试验和三维数值仿真试验，分析研究地震工况下，大型工程边坡岩体和隧道围岩破坏模式和机制以及动应力响应特征，为西南活动断裂带地区和强震山区重大基础设施规划建设以及防灾减灾提供基础资料和地质支撑。

6.1   主 要 结 论

1. 安宁河断裂带及地质灾害发育特征研究

(1)安宁河断裂带是一条位于青藏高原东缘的边界大断裂，最早出现在吕梁期，形成于晋宁期，定形于印支期，活动于喜马拉雅期。安宁河断裂带包括广义和狭义的安宁河断裂带。广义的安宁河断裂带北起石棉县田湾，向南经冕宁、西昌、德昌、米易至攀枝花金沙江边，全长约 350km。在东西方向上，以安宁河为界可分为东、西两支。狭义的安宁河断裂带是指生成于晚更新世并延续至整个全新世期间的活动断裂，北起石棉县田湾，向南经冕宁县拖乌后，沿安宁河东岸的泸沽至西昌市的安宁镇，全长约 170km 左右。狭义的安宁河断裂带属于广义安宁河断裂带的中北段，也即本书中所说的安宁河活动断裂带。

(2)在上新世末—早更新世初期，安宁河断裂带的东支和西支断裂，在地壳强烈隆升的同时伴随拉张作用下，发生了几乎同等幅度的断陷活动形成断陷，在断陷中堆积了早更新世的河湖相沉积。

早更新世末期至中更新世，新的构造运动不仅结束了河湖相物质的沉积，东西两支断裂又同时活动，使昔格达地层普遍发生褶皱和断裂，断裂活动性质也以拉张和挤压的互相转换为主，转变成了断裂以逆冲为主兼具一定的左旋滑动分量。

从晚更新世开始，特别是全新世以来，断裂的活动性发生强烈分化，东西两支断裂中的西支断裂基本停止活动，主要活动迁移到东支断裂。东支断裂中的西昌以南段新活动性也逐渐减弱，而东支断裂的西昌以北段，活动性逐渐增强，并延续到整个全新世期间。

(3)在野外调查基础上，将晚第四纪安宁河活动断裂进一步细分为 17 条次级断裂，分别是田湾-紫马跨断层、派斯哥滴断层、野鸡洞断层、彝海断层、米西洛沟-小盐井断层、沙湾断层、林里村断层、石龙断层、沙果树断层、泸沽断层、彝家海子断层、杨福山断层、射基诺断层、红山嘴-大堡子断层、杀野马海子-小热渣断层、大坪子-大沟断层、鲁基断层。基于野外调查、高精度 GPS 监测、SEM 测试、氢气测量等技术手段,获得每一条次级活动断层的空间位置、产状、规模、活动性等特征。

(4)安宁河断裂带具有明显的分段性,以断裂空间几何形态、断裂结构、活动性、地震活动为主要依据,结合野外调查和高精度 GPS 监测结果,将安宁河断裂分为北段、中段和南段。

北段:从石棉田湾到紫马垮,长度 50km,断层结构较简单,地震弱发育。

中段:从紫马垮到西昌,该段活动性强,运动速度大,构造复杂,历史上多次发生破坏性大地震。是安宁河活动断裂带中最复杂,最活跃的一段。根据断裂带的空间展布、活动性等特征可以将中段进一步细分为三个亚段:

中段Ⅱ-1 段:从紫马跨-小盐井,长约 40km。断裂由三条次级断层组成,以左旋左阶为主的斜列断裂段。断层活动速率相对较小,活动方式为蠕滑-黏滑。有记录以来,未见有大的地震发生,探槽揭示野鸡洞有古地震发生。

中段Ⅱ-2 段:从小盐井-西昌礼州,长约 55km。为左旋左阶或左旋右阶的斜列断裂带。GPS 监测表明,此段断层活动速率较大,断层平面结构复杂、活动性强。活动方式为黏滑,有记录以来的大地震主要发生在此段。

中段Ⅱ-3 段:从礼州-安宁,长约 15km。由 6 条首尾互不相连、断续展布的次级断层组成的左阶斜列段。断层活动速率相对较大。有记录以来发生的几次大地震主要分布在该段的北端及南端附近。

南段:西昌以南一直到攀枝花,该段活动性相对较弱。

(5)根据高精度 GPS 监测数据,安宁河断裂带北段、中北段、南段运动速度较小,中南段运动速度相对较大。受 2018 年 5 月 16 日石棉 Ms4.3 级地震以及 2018 年 10 月 31 日西昌 Ms5.1 级地震影响,安宁河断裂带附近的石棉和西昌为运动速度和运动方向变化较大的两个特殊位置。其中石棉和西昌附近安宁河断裂的现今运动速度分别达到 34.85±11.19mm/a 和 17.15±10.31mm/a。

(6)采用地面调查、遥感解译、资料收集等方法查明安宁河断裂带石棉-德昌段两侧各 20km 范围内,一共发育地质灾害 698 处,其中石棉-冕宁段、冕宁-西昌段、西昌-德昌段发育地质灾害分别是 164 处、286 处和 248 处。地质灾害类型以滑坡和泥石流为主,规模以大中型为主。其中冕宁-西昌段发育在安宁河左岸(安宁河东支断裂)的地质灾害共 247 处,发育在安宁河右岸(安宁河西支断裂)的地质灾害仅有 39 处,并且 80%的滑坡分布在安宁河东支断裂带和红莫断裂带及影响带范围内。西昌-德昌段滑坡主要发育在雅砻江左岸的磨盘山断裂带和九溪头断裂带及影响带范围内,泥石流则主要发育在雅砻江左岸和安宁河左右岸,其中高易发泥石流主要发育在雅砻江左岸,这与雅砻江左岸断裂密集分布,崩塌、滑坡发育,物源丰富有关。

2. 活动断裂带地质灾害效应研究

(1)安宁河断裂带对地质灾害具有显著的影响控制作用,特别是对大型滑坡影响控制作用尤为明显。在安宁河断裂带石棉田湾-西昌安宁段两侧各 20km 范围内,一共发育规模大型及以上滑坡 57 处。调查研究结果表明：

距离安宁河断裂越近，大型滑坡发育数量越多。其中 45 个大型滑坡发育在距断裂带 1.5km 范围内。在距断裂带 1.5km 以外，一共仅发育 12 个大型滑坡。

断裂活动性也对大型滑坡的发育分布有影响。安宁河活动断裂石棉田湾-栗子坪段长约 70km，该段断裂活动性较弱，一共发育 7 处规模大型以上的滑坡。石棉栗子坪-冕宁县城段长 35km，该段断裂活动性较强，一共发育 20 处规模大型以上滑坡。冕宁县城-西昌安宁段长 75km，该段断裂活动性最强，一共发育 30 处规模大型以上的滑坡。

安宁河东支断裂带及附近共发育滑坡 52 处，其中 1.5km 以内 40 处。西支断裂及附近共发育滑坡 5 处，均在 1.5km 以内。因此东支断裂较西支断裂对滑坡的影响控制作用更加显著。

(2)野外调查和数值分析结果表明：单条或多条陡倾坡内断裂对斜坡稳定性影响较小。无论是缓倾坡外还是陡倾坡外的断裂，对斜坡变形稳定性均有着重要的影响控制作用。基于现场调查和室内分析，得到了陡倾坡外断裂或顺向斜坡中，在重力长期作用下导致斜坡岩体变形破坏的一种新模式：滑移-剪损。而陡倾坡外断裂和缓倾坡内断裂组合形式对斜坡变形和稳定性也有重要的影响，斜坡变形主要发生在两条断裂组合形成的块体内。

(3)总结了安宁河断裂带对滑坡控制的 4 种模式，分别为断裂控岩(岩体特征)型、断裂控水(地下水特征)型、断裂控坡(斜坡形态)型和断裂控震(地震滑坡)型，归纳总结了这 4 种控制模式的滑体类型及成因、主要滑动力来源、临空面成因、边界条件与主滑方向等特征。并对这 4 种控制模式的典型滑坡进行了解剖分析。

(4)基于现场调查和资料收集，对地震滑坡动力效应进行了归纳总结，主要表现在六个方面：地震加速度高位放大效应、地震波背坡面效应、地震波界面动力效应、地震波双面坡效应、发震逆断层上/下盘效应以及发震断层锁固段效应。这些效应对斜坡岩体在地震工况下变形破坏形成大型滑坡或崩塌有重要的影响和控制作用。通过地震滑坡动力效应研究，对研究大型地震滑坡成因机理和成灾模式，并且做好相应的防范措施有重要的理论意义和工程应用价值。

(5)认识和掌握地震滑坡动力效应，对高地震风险区大型工程的枢纽布置及公路、铁路等线性工程的规划选线具有重要的指导意义。具体来说体现在以下几个方面：

地震加速度高位放大效应：重大工程选址选线时尽量从斜坡下部通过，避免从斜坡中上部通过。

地震波背坡面效应：重大工程选址选线时尽量从与地震波传播方向垂直的迎坡面通过，避免从背坡面通过。

地震波界面动力效应：重大工程选址选线时尽量从相同岩性、相同风化带通过，避免反复穿越不同岩性和风化带。

地震波双面坡效应：重大工程选址选线时尽量从单面坡通过，避免从双面坡和单薄山梁处通过。

发震逆断层上/下盘效应：重大工程选址选线时尽量从发震断层下盘通过，避免从发震断层上盘通过。

发震断层锁固段效应：重大工程选址选线时尽量避免从两条或多条断裂交叉、错落、转换等部位通过。

3. 活动断裂带诱发重大工程地质问题研究

(1) 活动断裂带工程地质问题涉及城镇和工程规划建设的诸多方面，主要包括活动断裂带的识别与鉴定、活动断裂带特征与空间展布、区域地壳稳定性与场地工程地质稳定性评价、活动断裂的避让问题、活动断裂带隧道工程和边坡岩体稳定性问题、活动断裂带大型工程基础稳定性问题、活动断裂地质灾害效应及其防范、活动断裂带引发的局部地应力集中问题等。

(2) 依托自研的物理模型试验装置，分别建立无断层模型、断层走向与隧道轴线正交模型以及断层走向与隧道轴线平行模型等 3 种物理模型，模拟分析地震工况下隧道围岩破坏模式和破坏特征。物理模型试验结果表明：随着地震脉冲的持续作用，20s 后在地震脉冲一侧岩体均发生明显破坏，而在另一侧局部有破坏，且破坏程度低于冲击一侧。这说明在动力载荷作用下，地震波沿着水平方向在岩体中进行传播，当传播至隧道时，隧道临空侧围岩形成了应力集中，最终引起冲击一侧岩体发生破坏。试验结果对高地震烈度区大型隧道布置和支护设计具有一定的指导意义。

(3) 开展了不同坡比、不同台阶、不同尺寸边坡在地震工况下的物理模型和三维数值仿真试验，试验结果表明：

地震载荷作用下斜坡失稳多是由于坡脚发生破坏后，斜坡上部岩土体失去支撑而下滑破坏。斜坡的变形破坏经历了坡顶产生裂缝—坡脚垮塌—边坡整体滑动三个阶段。

边坡坡形对边坡稳定影响较大。在模拟地震载荷作用下，斜坡的坡比越小越有利于斜坡稳定，而斜坡的台阶数越多越有利于斜坡稳定。

模型试验具有明显的尺寸效应，随着试验模型尺寸的增大，斜坡尺寸效应减小。在相同高度上，地面水平加速度较大，变形破坏所需脉冲次数较少。并且同样条件下大尺寸模型斜坡越容易失稳。在相同地震动力载荷作用下，大尺寸斜坡发生破坏的时间较短。

地震加速度具有明显的高位放大效应，在边坡坡面上随着坡高的增加，水平方向和垂直方向地面加速度不断增大，最大值均位于坡肩处，坡顶的加速度较坡底大。

6.2　问题和建议

活动断裂带工程地质调查研究是一个涉及多门类、多学科的系统工作。近年来随着经济社会的快速发展，在我国西部以西电东送、西气东输、青藏铁路、川藏铁路、川藏高速公路、金沙江水电基地群等为代表的一大批大型、超大型工程陆续规划建设并建成投入使用。但是我国西部地区，特别是青藏高原东缘处于特殊的大地构造部位，地形地貌和地质环境条件极其复杂，活动断裂发育，近年来已多次发生破坏性地震，给人民生命财产安全和基础设施安全运营带来重大损失，引起了各级政府部门、科研单位和相关学者、工程建设和运营单位的高度重视。本书以安宁河断裂带为例，进行了大量的野外调查和试验分析研究，取得了一定的进展，但是仍有许多涉及活动断裂带的工程地质问题和地质灾害防灾减灾问题有待进一步持续深入研究。建议今后继续加强以下几方面的研究工作：

（1）针对活动断裂带引起的工程地质关键问题，例如内外动力耦合作用下大型地质灾害成灾机理和成灾模式、活动断裂带和高地震烈度区小区域大比例尺高精度工程地质稳定性评价和不同地震工况下地震滑坡危险性评价、深埋超长隧道活动断裂带岩体多场耦合作用下的灾变机理和工程防治措施等，加大科技、资金、项目、人员投入，提高研究水平，保障活动断裂带地区和高地震烈度区基础设施规划建设以及建成后的安全运营，减少人员伤亡和财产损失。

（2）针对重点城镇和重大工程规划建设区，建议开展大比例尺活动断裂探测和专项调查，进一步查明活动断裂带空间展布特征和活动性，深入研究活动断裂对城镇和工程规划建设以及安全运营可能带来的危害和风险，并做好相应的防范措施和应急预案。

（3）加强中央和地方联动，开展中央机构和地方政府部门、企事业单位之间的合作，构建以需求为导向，以解决问题为目标，以项目为纽带，以成果为载体的合作关系，开展引领示范研究，集成调查研究、装备研发、工程治理和风险管控等为一体的综合体系，支撑活动断裂带和高地震烈度区防灾减灾。

参 考 文 献

毕忠伟, 张明, 金峰, 等, 2009. 地震作用下边坡的动态响应规律研究[J]. 岩土力学, 30 (s1): 180-183.

曹忠权, 宋方敏, 汪一鹏, 等, 1995. 小江断裂带中北段的新活动特征[M]//活动断裂研究(4). 北京: 地震出版社.

常祖峰, 周荣军, 安晓文, 等, 2014. 昭通-鲁甸断裂晚第四纪活动及其构造意义[J]. 地震地质, 36(4): 1260-1279.

车伟, 罗奇峰, 2008. 复杂地形条件下地震波的传播研究[J]. 岩土工程学报, 30 (9): 1333-1337.

车兆宏, 张艳梅, 2001. 南北地震带中南段断层现今活动[J]. 地震, 21(3): 31-38.

陈富斌, 1992. 横断山系新构造研究[M]. 成都: 成都地图出版社.

陈健云, 胡志强, 林皋, 2001. 超大型地下洞室群的三维地震响应分析[J]. 岩土工程学报, 23(4): 494-498.

陈健云, 胡志强, 林皋, 2002. 超大型地下洞室群的随机地震响应分析[J]. 水利学报, (1): 71-75.

陈社发, 邓起东, 赵小麟, 等, 1994. 龙门山中段推覆构造带及相关构造的演化和变形机制[J]. 地震地质, 16(4): 404-421.

陈云敏, 柯瀚, 凌道盛, 2002. 城市垃圾填埋体的动力特性及地震响应[J]. 土木工程学报, 35(3): 66-72.

程万正, 2003. 安宁河—则木河—小江带的强震构造环境和运动速率[J]. 四川地震, 2: 7-11.

程万正, 陈天长, 1994. 1989年巴塘6.7级震群的复杂时空扩展和震源力学机制[J]. 地震学报, 16(2): 153-159.

程万正, 刁桂苓, 吕弋培, 等, 2003. 川滇地块的震源力学机制、运动速率和活动方式[J]. 地震地质, 25(1): 71-87.

程万正, 杨永林, 2002. 川滇地块边界构造带形变速率变化与成组强震[J]. 大地测量与地球动力学, 22(4): 21-25.

邓起东, 等, 1980. 中国新生代断块构造的主要特征[M]. 北京: 地质出版社.

邓起东, 陈社发, 赵小麟, 1994. 龙门山及其邻区的构造和地震活动及动力学[J]. 地震地质, 16(4): 389-403.

丁国瑜, 1991. 活动亚板块、构造块体相对运动[M]//中国岩石圈动力学概论. 北京: 地震出版社: 142-153.

杜晓丽, 戴俊, 魏京胜, 等, 2008. 岩质边坡稳定性分析中地震波理论的应用[J]. 西部探矿工程, (6): 6-9.

杜永廉, 陈尚武, 吴玉庚, 1984. 黄河小浪底坝区古滑坡机制的模型实验研究[M]//岩体工程地质力学问题(五). 北京: 科学出版社.

冯文凯, 黄润秋, 许强, 2011. 地震波效应与山体斜坡震裂机理深入分析[J]. 西北地震学报, 33(1): 20-25.

冯文凯, 许强, 黄润秋, 2009. 斜坡震裂变形力学机制初探[J]. 岩石力学与工程学报, 28(增1): 3124-3130.

韩锡勤, 徐学勇, 2010. 地下隧道工程抗震分析方法综述[J]. 大地测量与地球动力学, 30(增Ⅱ): 86-89.

韩竹军, 何玉林, 安艳芬, 等, 2009. 新生地震构造带: 马边地震构造带最新构造变形样式的初步研究[J]. 地质学报, 83(2): 218-229.

何宏林, 池田安隆, 2007. 安宁河断裂带晚第四纪运动特征及模式的讨论[J]. 地震学报, 29(5): 537-548.

何宏林, 方仲景, 李坪, 1993. 小江断裂带西支断裂南段新活动初探[J]. 地震研究, 16(3): 291-298.

胡聿贤, 1988. 地震工程学[M]. 北京: 地震出版社.

黄润秋, 李为乐, 2009. 汶川大地震触发地质灾害的断层效应分析[J]. 工程地质学报, 17(1): 19-28.

黄润秋, 王贤能, 1997. 深埋隧道地震动力响应的复反应分析[J]. 工程地质学报, 5(1): 1-7.

江在森, 丁平, 王双绪, 等, 2001. 中国西部大地形变监测与地震预测[M]. 北京: 地震出版社, 20-27.

金峰, 王光纶, 贾伟伟, 2001. 离散元-边界元动力耦合模型在地下结构动力分析中的应用[J]. 水利学报, (2): 24-28.

李功伯, 谢建清, 1997. 滑坡稳定性分析与工程治理[M]. 北京: 地震出版社.

李坪, 1993. 鲜水河-小江断裂带[M]. 北京: 地震出版社.

李守义, 吕生龙, 张长喜, 1998. 某工程边坡蠕滑机理与监测资料分析[J]. 岩石力学与工程学报, 17(2): 133-139.

李天绍, 游泽李, 杜其方, 等, 1985. 鲜水河断裂带的地质特征及其运动方式[C]//鲜水河断裂带地震学术讨论会文集. 北京: 地震出版社.

李铁明, 邓志辉, 吕弋培, 等, 2003. 川滇地区现今地壳形变及其与强震时空分布的相关性研究[J]. 中国地震, 19(2): 132-147.

李小军, 卢滔, 2009. 水电站地下厂房洞室群地震反应显式有限元分析[J]. 水力发电学报, 28(5): 41-46.

李勇, 侯中健, 司光影, 等, 2001. 藏高原东南缘晚第三纪盐源构造逸出盆地的沉积特征与构造控制[J]. 矿物岩石, 21(3): 34-43.

梁庆国, 韩文峰, 马润勇, 等, 2005. 强地震动作用下层状岩体破坏的物理模拟研究[J]. 岩土力学, 26(8): 1307-1311.

林茂炳, 苟宗海, 等, 1996. 四川龙门山造山带造动带造山模式研究[M]. 成都: 成都科技大学出版社.

刘汉龙, 费康, 高玉峰, 2003. 边坡地震稳定性时程分析方法[J]. 岩土力学, 24(4): 553-556.

刘洪兵, 朱晞, 1999. 地震中地形放大效应的观测和研究进展[J]. 世界地震工程. 15(3): 20-25.

龙思胜, 赵珠, 2000. 鲜水河、龙门山、安宁河断裂三大断裂交汇地区震源应力场特征[J]. 地震学报, 22(5): 457-464.

卢海峰, 姬志杰, 2011. 昔格达断裂晚第四纪活动特征及强震复发周期[J]. 现代地质, 25(3): 440-446.

卢华复, 阎吉柱, 李鹏举, 等, 1993. 四川前龙门山中南段推覆构造及其与天然气藏关系[J]. 南京大学学报(地球科学版), 5(2): 141-147.

吕涛, 2008. 地震作用下岩体地下洞室响应及安全评价方法研究[D]. 武汉: 中国科学院研究生院(武汉岩土力学研究所).

马杏垣, 1989. 中国岩石圈动力学图集[M]. 北京: 中国地图出版社.

潘懋, 梁海华, 蔡永恩, 等, 1994. 中国川西地区鲜水河断裂和则木河断裂几何学、运动学特征及地震活动性对比研究[J]. 中国地震, 14(1): 28-37.

彭建兵, 2006. 中国活动构造与环境灾害研究中的若干重大问题[J]. 工程地质学报, 14(1): 5-12.

彭万里, 周瑞琦, 1978. 依据三角测量资料分析云南小江断裂北段的应力场[J]. 地球物理学报, 21(4): 320-324.

祁生文, 2011. 两类地震滑坡及其动力学机理[C]. 2011年全国工程地质学术年会论文集, 西宁.

祁生文, 伍法权, 刘春玲, 等, 2004. 地震边坡稳定性的工程地质分析[J]. 岩石力学与工程学报, 23(16): 2792-2797.

祁生文, 伍法权, 孙进忠, 2003. 边坡动力响应规律研究[J]. 中国科学: 技术科学, 33(s1): 28-40.

钱洪, Allen C R, 罗灼礼, 等, 1988. 全新世以来鲜水河断裂的活动特征[J]. 中国地震, 4(2): 9-18.

钱洪, 伍先国, 马声浩, 等, 1990. 安宁河断裂带野鸡洞古地震事件初探[J]. 四川地震, 1: 8-11.

秋仁东, 石玉成, 付长华, 2007. 高边坡在水平动载荷作用下的动力响应规律研究[J]. 世界地震工程, 23(2): 131-138.

申俊峰, 申旭辉, 曹忠全, 等, 2007. 断层泥石英微形貌特征在断层活动性研究中的意义[J]. 矿物岩石, 1: 90-96.

沈军, 汪一鹏, 宋方敏, 等, 1997. 小江断裂带中段的北东向断裂与断块结构[J]. 地震地质, 19(3): 203-210.

宋方敏, 汪一鹏, 曹忠权, 等, 1992. 小江西支断裂中段活动断裂的组合特点及活动演化[M]//活动断裂研究(2)[C]. 北京: 地震出版社.

隋斌, 朱维申, 李晓静, 2008. 地震载荷作用下大型地下洞室群的动态响应模拟[J]. 岩土工程学报, 30(12): 1877-1882.

孙鸿烈, 郑度, 1998. 青藏高原形成演化与发展[M]. 广州: 广东科技出版社.

唐春安, 左宇军, 秦泗凤, 等, 2009. 汶川地震中的边坡浅层散裂与抛射模式及其动力学解释[C]. 第十届全国岩石力学与工程学术大会论文集: 258-262.

唐洪祥, 邵龙潭, 2004. 地震动力作用下有限元土石坝边坡稳定性分析[J]. 岩石力学与工程学报, 23(8): 1318-1324.

唐荣昌, 韩渭宾. 1993. 四川活动断裂与地震[M]. 北京: 地震出版社。

唐荣昌, 黄祖智, 马声浩, 等, 1995. 四川活动断裂带的基本特征[J]. 地震地质, 17(4): 390-396.

唐荣昌, 钱洪, 黄祖智, 等, 1992. 安宁河断裂带北段晚更新世以来分段活动特征[J]. 中国地震, 8(3): 60-68.

唐荣昌, 文德华, 黄祖智, 等, 1991. 松潘龙门山地区主要活动断裂带第四纪活动特征[J]. 中国地震, 7(3): 64-71.

唐文清, 刘宇平, 陈智梁, 等, 2005. 鲜水河断裂及两侧地块的 GPS 监测[J]. 西南交通大学学报, 40(3): 313-317.

唐文清, 孙志明, 1999. 四川松潘弓嘎岭-漳腊盆地新构造运动[J]. 特提斯地质, 23: 103-107.

汪明武, 章杨松, 李丽, 等, 2002. 应用断层泥石英形貌测龄评价桥基断裂活动性[J]. 合肥工业大学学报(自然科学版), 03: 335-339.

王存玉, 王思敬, 1987. 边坡模型振动实验研究-岩体工程地质力学问题(七)[M]. 北京: 科学出版社: 65-74.

王椿镛, 皇甫岗, 万登堡, 等, 2000. 腾冲火山区地壳结构的人工地震探测[J]. 地震研究, 23(2): 148-156.

王二七, Burchfiel B C, Rogden R H, 等, 1995. 滇中小江走滑剪切带晚新生代挤压变形研究[J]. 地质科学, 30(3): 209-219.

王环玲, 徐卫亚, 2005. 高烈度区水电工程岩石高边坡三维地震动力响应分析[J]. 岩石力学与工程学报, 24(a02): 5890-5895.

王如宾, 徐卫亚, 石崇, 等, 2009. 高地震烈度区岩体地下洞室动力响应分析[J]. 岩石力学与工程学报, 28(3): 568-575.

王新民, 张成贵, 裴锡瑜, 1998. 安宁河活动断裂带的新活动性[J]. 四川地震, 4: 13-33.

王运生, 罗永红, 李渝生, 等, 2014. 强震条件下斜坡动力响应及成灾机理研究报告[R]. 成都理工大学地质调查研究院.

韦敏才, 1996. 地下结构的动力特性及地震反应分析[J]. 昆明理工大学学报(自然科学版), 21(3): 59-63.

闻学泽, 1993. 小江断裂带的破裂分段与地震潜势概率估计[J]. 地震学报, 15(3): 323-330.

闻学泽, 1995. 活动断裂地震潜势的定量评估[M]. 北京: 地震出版社.

闻学泽, Allen C R, 罗灼礼, 等, 1989. 鲜水河全新世断裂带的分段性、几何特征及其地震构造意义[J]. 地震学报, 11(4): 362-372.

闻学泽, 白兰香, 李刚, 等, 1993. 活动断裂几何、构造组合及其运动学特征[M]//李玶. 鲜水河-小江断裂带. 北京: 地震出版社.

吴贵灵, 祝成宇, 王国灿, 等, 2019. 青藏高原东南缘地貌边界性质的界定及其对高原东南缘扩展模式的启示[J]. 地震地质, 41(2): 281-299.

谢红强, 何江达, 符文熹, 2010. 强地震动作用下复合堆积体边坡动力响应及稳定性研究[J]. 中国科技论文, 05(7): 569-574.

徐光兴, 姚令侃, 高召宁, 等, 2008. 边坡动力特性与动力响应的大型振动台模型试验研究[J]. 岩石力学与工程学报, 27(3): 624-632.

徐光兴, 姚令侃, 李朝红, 等, 2008. 边坡地震动力响应规律及地震动参数影响研究[J]. 岩土工程学报, 30(6): 918-923.

徐锡伟, 闻学泽, 郑荣章, 等, 2003. 川滇地区活动块体最新构造变动样式及其动力来源[J]. 中国科学(D 辑), 33(增刊): 151-162.

徐叶邦, 1986. 海原活动断裂中断层泥的特征、成因及其对断层滑动性能的影响[J]. 西北地震学报, 1: 75-90.

徐叶邦, 唐荣昌, 张天刚, 1987. 安宁河断裂带断层泥中石英表面 SEM 特征的定量分析及其对断层活动状态的估价[J]. 中国地震, 3: 70-76.

徐叶邦. 1987. 石英断口 Wallner 线、河流花样、疲劳纹 SEM 特征及其在地震研究上的意义[J]. 四川地震, 3: 42-45.

许强, 李为乐, 2010. 汶川地震诱发滑坡方向效应研究[J]. 四川大学学报(工程科学版), 42(Z1): 7-14.

许向宁, 2006. 高地震烈度区山体变形破裂机制地质分析与地质力学模拟研究[D]. 成都: 成都理工大学.

许志琴, 侯立玮, 王宗秀, 1992. 中国松潘-甘孜造山带的造山过程[M]. 北京: 地质出版社.

许志琴, 杨经绥, 姜枚, 等, 2001. 青藏高原北部东昆仑-羌塘地区的岩石圈结构及岩石圈剪切带层[J]. 中国科学(D 辑), 31(增刊): 1-7.

严松宏, 2003. 地下结构随机地震响应分析及其动力可靠度研究[D]. 成都: 西南交通大学.

言志信, 张学东, 张森, 等, 2011. 基于双向地震作用下边坡共振特性与固有频率研究[J]. 水文地质工程地质, 38(2): 46-51.

杨晓平, 蒋溥, 宋方敏, 1999. 龙门山断裂带南段错断晚更新世以来地层的证据[J]. 地震地质, 21(4): 341-345.

杨主恩, 胡碧茹, 洪汉净, 1984. 活断层中断层泥的石英碎砾的显微特征及其意义[J]. 科学通报, 8: 484-486.

易桂喜, 闻学泽, 苏有锦, 2008. 川滇活动地块东边界强震危险性研究[J]. 地球物理学报, 51(6): 1719-1725.

殷跃平, 2008. 汶川八级地震地质灾害研究[J]. 工程地质学报, 16(4): 433-444.

俞维贤, 刘玉权, 何蔚, 1997. 云南小江断裂带现今地壳形变特征与地震[J]. 地震地质, 19(1): 17-21.

俞维贤, 王彬, 毛燕, 等, 2004. 程海断裂带断层泥中石英碎砾表面 SEM 特征及断层活动状态的分析[J]. 中国地震, 20(4): 347-352.

俞维贤, 谢英情, 张建国, 等, 2004. 昆明盆地周边主要断裂活动时代研究[J]. 地震研究, 27(4): 357-362.

俞言祥, 高孟潭, 2001. 台湾集集地震近场地震动的上盘效应[J]. 地震学报, 23(6): 615-621.

张秉良, 刘桂芬, 方仲景, 等, 1994. 云南小湾断层泥中伊利石矿物特征及其意义[J]. 地震地质, 16(1): 89-96.

张崇立, 任金卫, 1995. 则木河断裂的现今活动方式及其地形变鉴别标志探讨[J]. 地震地质, 17(4): 427-431.

张宏博, 张招崇, 吕林素, 等, 2012. 四川冕宁基性岩墙的年代学、地球化学特征及其地质意义[J]. 地质论评, 58(5): 953-964.

张丽华, 陶连金, 2002. 节理岩体地下沿室群的地震动力响应分析[J]. 世界地震工程, 18(2): 158-162.

张培震, 1999. 中国大陆岩石圈最新构造变动与地震灾害[J]. 第四纪研究, 5: 404-413.

张培震, 邓起东, 张国民, 等, 2003. 中国大陆强震活动与活动地块[J]. 中国科学(D 辑), 33(增刊): 12-20.

张岳桥, 杨农, 孟晖, 等, 2004. 四川攀西地区晚新生代构造变形历史与隆升过程初步研究[J]. 中国地质, 31(1): 23-33

张世民, 聂高众, 刘旭东, 等, 2005. 荥经-马边-盐津逆冲构造带断裂运动组合及地震分段特征[J]. 地震地质, 27(2): 221-233.

张永双, 郭长宝, 姚鑫, 等, 2013. 龙门山及邻近构造带地震工程地质调查评价[R]. 中国地质科学院地质力学研究所.

张永双, 任三绍, 郭长宝, 等, 2019. 活动断裂带工程地质研究[J]. 地质学报, 93(4): 763-775.

张雨霆, 肖明, 陈俊涛, 2010. 地震作用下地下洞室群整体安全系数计算与震后加固效果评价[J]. 四川大学学报(工程科学版), 42(5): 217-223.

张雨霆, 肖明, 李玉婕, 2010. 汶川地震对映秀湾水电站地下厂房的震害影响及动力响应分析[J]. 岩石力学与工程学报, 29(s2): 3663-3671.

张玉敏, 2010. 大型地下洞室群地震响应特征研究[D]. 北京: 中国科学院研究生院.

张御阳, 2013. 强震触发摩岗岭滑坡成因机制及运动特性研究[D]. 成都: 成都理工大学.

张倬元, 王士庆, 王兰生, 1994. 工程地质分析原理[M]. 2 版. 北京: 地质出版社.

赵宝友, 2009. 大型岩体洞室地震响应及减震措施研究[D]. 大连: 大连理工大学.

赵翔, 1985. 康定断裂的重复错动特征[A]//鲜水河断裂地震学术讨论会文集[C]. 北京: 地震出版社: 41-46.

赵小麟, 邓起东, 陈社发, 等, 1994. 龙门山逆断裂带中段的构造地貌学研究[J]. 地震地质, 16(4): 422-428.

郑永来, 杨林德, 李文艺, 2005. 地下结构抗震[M]. 上海: 同济大学出版社.

周光全, 苏有锦, 王绍晋, 2003. 2001 年 10 月 27 日永胜 6.0 级地震的成因探讨[J]. 中国地震, 19(2): 166-174.

周荣军, 何玉林, 杨涛, 等, 2001. 鲜水河-安宁河断裂带磨西-冕宁段的滑动速率与强震位错[J]. 中国地震, 17(3): 253-262.

周荣军, 黎小刚, 黄祖智, 等, 2003. 四川大凉山断裂带的晚第四纪平均滑动速率[J]. 地震研究, 26(2): 191-196.

周荣军, 马声浩, 蔡长星, 1996. 甘孜—玉树断裂带的晚第四纪活动性[J]. 中国地震, 12(3): 250-260.

朱传统, 刘洪根, 梅锦煜, 1988. 地震波参数沿边坡坡面传播规律公式的选择[J]. 爆破, 02: 30-31.

左双英, 肖明, 2009. 映秀湾水电站大型地下洞室群三维非线性损伤地震响应数值分析[J]. 水力发电学报, 28(5): 127-133.

Abrahamson N A, Somerville P G, 1996. Effects of the hanging wall and foot wall on ground motions recorded during the Northridge earthquake[J]. Bull Seism Soc Amer, 86(1B): S93-S99.

Allen C R, Zhuoli L, Hong Q, et al., 1991. Field study of a highly active fault zone: the Xianshuihe fault of southwestern China[J]. Geol Soc Amer Bull, 103: 1178-1199.

Asakura T, 1997. Mountain Tunnels Performance in the 1995 Hyogoken-Nanbu Earthquake[C]. The International Symposium on Recent Advances in Exploration Gerphysice.

Burchfiel B C, Chen Z, Liu Y, et al., 1995. Tectonics of the Longmenshan and adjacent regions. International Geological Review, 8: 661-735.

Chen S F, Wilson C J L, Deng Q D, et al., 1994. Active faulting and movement associated with large earthquakes in the Min Shan and Longmen Mountains, northeastern Tibetan Plateau[J]. Journal of Geophysical Research, 9(12): 24, 025-24, 038.

David P, 2008. Earthquake induced landslides lessons from Taiwan and Pakistan[R]. Academic Report Powerpoint.

Day R W, 2008. Geotechnical Earthquake Engineering[M]. New Jersey: Prentice Hall.

Dowding, 1986. Earthquake response of caverns: empirical correlations and numerical modeling : Dowding, C H Proc of the 1985 Rapid Excavation and Tunneling Conference, New York, 16–20 June 1985 V1, P71-83. Publ New York: AIME, 1985[J]. (6): 235.

Goodman R E, Seed H B, 1966. Earthquake-induced displacements in sand embankment[J]. Journal of the Soil Mechanics and Foundations Division, ASCE, 92(SM2): 125-146.

Hashash Y M A, Hook J J, Schmidt B, et al, 2001. Seismic design and analysis of underground structures[J]. Tunnelling & Underground Space Technology, 16(4): 247-293.

Hasheminejad S M, Kazemirad S, 2008. Dynamic response of an eccentrically lined circular tunnel in poroelastic soil under seismic excitation[J]. Soil Dynamics & Earthquake Engineering, 28(4): 277-292.

Jethwa J L, Singh B, Mithal R S, 1980. Influence of geology on tunneling conditions and deformational behavior of supports in faulted zones-A case history of the Chhibro-Khodri tunnel in India[J]. Engineering Geology, 16(3-4): 291-319.

Kanaori Y, et al., 1985. Surface textures of intrafault quartz grains as an indicator of fault movement[J]. Catena, 12(4): 271-279.

Kanaori Y, Miyakoshi K, Kakuta T, et al., 1980. Dating fault activity by surface textures of quartz grains from fault gouges[J]. Engineering Geology, 16(3): 243-262.

Karakostas C Z, Manolis G D, 2002. Dynamic response of tunnels in stochastic soils by the boundary element method[J]. Engineering Analysis with Boundary Elements, 26(8): 667-680.

Kramer S. L, 1996. Geotechnical Earthquake Engineering[M]. New Jersey: Prentice-Hall Inc.

Lin J S, Whitman R V, 1986. Earthquake induced displacements of sliding blocks[J]. Journal of the Geotechnical Engineering Division, ASCE, 112(1): 44-59.

Molnar P, Deng Q, 1984. Faulting associated with large earthquakes and the average rate of deformation in Asia[J]. Journal of Geophysical Research, 89: 6203-6228.

Nam S H, Song H W, Byun K J, et al, 2006. Seismic analysis of underground reinforced concrete structures considering elasto-plastic interface element with thickness[J]. Engineering Structures, 28(8): 1122-1131.

Peng W F, Wang C L, Chen S T, et al., 2009. Incorporating the effects of topographic amplification and sliding areas in the modeling of earthquake-induced landslide hazards, using the cumulative displacement method[J]. Computers and Geosciences, 35(5): 946-966.

Qian Qihu, He Chuan, Yan Qixiang, 2010. Dynamic response characteristics of tunnel engineering and seismic damage analysis of Wenchuan earthquake tunnel. Analysis and research on earthquake of Wenchuan Earthquake Engineering[M]. Beijing: Science Press, 608-618 (in Chinese with English abstract).

Richards R, Elms D G, 1979. Seismic behavior of gravity retaining walls[J]. Journal of the Geotechnical Engineering Division, ASCE, 105(4): 449-464.

Stamos A A, Beskos D E, 2010. Dynamic analysis of large 3-D underground structures by the bem[J]. Earthquake Engineering & Structural Dynamics, 24(6): 917-934.

Sun X Y, Zhou C H, Guo Z C, et al., 2010. Wen chuan 5. 12 earthquake surface secondary disaster assessment and analysis[J]. Acta Geologica Sinica, 84(9): 1283-1291 (in Chinese with English abstract).

Tapponnier M P, 1975. Cenozonic tectonics of Asia: Effects of a continental collision. Science, 189: 410-426.